"十三五"职业教育规划教材

模具制造工艺编制与实施

主　编　关月华　陈毅培
参　编　叶伟东　罗锦雄　李耀照
　　　　张　山　武晓红　张旭宁
　　　　陈彦兆
主　审　柯黎明

U0296428

机械工业出版社

本书以模具制造工艺员及编程操作员岗位工作过程为出发点，采用项目化任务驱动教学模式编写。全书由模具零件加工工艺和模具零件装配工艺两方面内容组成，共有六个项目，每个项目下设若干个任务，通过完成各任务来完成整个项目教学内容。

　　本书前四个项目为模具零件普通机械加工工艺过程卡编制，内容包括带头导柱机械加工工艺过程卡的编制、导套机械加工工艺过程卡的编制、塑料模模板及冲模模座机械加工工艺过程卡的编制、模具成形零件机械加工工艺过程卡的编制，每个项目都涵盖模具零件毛坯选择、热处理、表面加工方法、加工阶段划分、加工顺序、工艺路线拟定、工序尺寸计算、设备及刀具、夹具及量具、机械加工工艺过程卡填写，共十个方面的教学内容。

　　项目五　凸、凹模特种加工工艺过程卡的编制介绍电火花成形加工工艺过程卡和电火花线切割加工工艺过程卡的编制方法。

　　项目六　模具装配技术介绍冲压模组件及部件装配和塑料模组件及部件装配两个方面的教学内容。

　　通过上面六个项目的学习，学生能在短期内掌握本课程核心内容，可快速适应模具专业的模具制造技术员、CNC数控编程员、模具钳工（模具安装调试和维护）、质量管理员等岗位工作内容。

　　本书可供高职高专模具设计与制造、普通高等专科学校模具设计与制造专业及成人高校模具类专业学生及教师使用，也可供机械行业工程技术人员查阅参考。

图书在版编目（CIP）数据

模具制造工艺编制与实施/关月华　陈毅培主编. —北京：机械工业出版社，2016.6

"十三五"职业教育规划教材

ISBN 978-7-111-53909-4

Ⅰ.①模…　Ⅱ.①关…②陈…　Ⅲ.①模具-制造-生产工艺-高等职业教育-教材　Ⅳ.①TG760.6

中国版本图书馆CIP数据核字（2016）第117189号

机械工业出版社（北京市百万庄大街22号　邮政编码100037）
策划编辑：齐志刚　责任编辑：齐志刚　章承林　版式设计：霍永明
责任校对：张　征　封面设计：张　静　　　　责任印制：李　洋
北京振兴源印务有限公司印刷
2016年7月第1版第1次印刷
184mm×260mm・17印张・415千字
0001—2000册
标准书号：ISBN 978-7-111-53909-4
定价：39.00元

前　言

为编写本书，编写组教师对模具行业现状进行了调研，了解了企业一线所需工作岗位技能及知识要求，并结合职业院校学生学习特点和就业情况，以知识"必需、够用"为原则，将学生毕业后所从事的模具制造技术员、CNC 数控编程员、模具钳工（模具安装调试和维护）、质量管理员等工作岗位必备的工作内容融合成六个项目，项目下设若干个任务。每个任务以任务引入、相关知识、任务实施、任务拓展的顺序展开。所涉及的知识、技能与就业岗位紧密相关，学生在学习本书后可较快提高应用知识来解决技术问题的能力。

本书内容在重视基础知识的同时，侧重知识的实用性和操作性，介绍了模具制造技术员编制工艺时的一些数据处理技巧和型材类毛坯标准选择及零件加工工艺过程卡的填写方法，以降低理论难度，帮助学生减轻阅读负担，提高学习效率，增强感性认识。

本书建议教学学时为 70~80 学时。本书配套有教学资源，选用本书作为教材的教师，可登录机械工业出版社教材服务网（www.cmpedu.com），以教师身份注册、免费下载。

本书编写分工如下：项目一由广东江门职业技术学院关月华编写；项目二由广东江门市盈隽实业有限公司叶伟东和广西理工职业技术学校陈彦兆编写；项目三由江西机电职业技术学院陈毅培编写；项目四由广东江门职业技术学院武晓红和张旭宁编写；项目五由江门职业技术学院李耀照编写；项目六由广东江门职业技术学院罗锦雄和张山编写。教材配图由广东江门职业技术学院杨海鹏提供，标准化审核工作由王尚林老师负责。全书关月华和陈毅培任主编并负责统稿，南昌航空大学柯黎明教授任主审。编写本书时参阅了一些同类教材、资料和文献，编写过程中得到了广东江门职业技术学院和广东江门市盈隽实业有限公司的大力支持，在此深表感谢！

由于编者水平有限，书中难免有疏漏之处，恳请读者和同仁海涵并不吝赐教，以便及时修改和相互交流。

编　者

目 录

带头导柱机械加工工艺过程卡的编制

[项目简介]

带头导柱是模具中标准部件（模架）的组成零件之一，用于塑料模动、定模或冲模上、下模之间的滑动导向，主要承受挤压应力和偏载载荷。该类零件结构简单，加工中采用卧式车床进行粗加工和半精加工，用淬火炉进行表面淬火处理，用磨床进行磨削精加工，以消除热处理产生的热变形，提高配合面的尺寸精度，减小表面粗糙度值。

带头导柱（图1-1-1）为实心回转零件，主要结构为外圆柱面，外径 $\phi20{-0.020 \atop -0.033}$mm 用于与导套间隙配合，$\phi20{+0.021 \atop +0.008}$mm 用于与模板过盈配合，其表面粗糙度值均为 $Ra0.8\mu m$；$\phi25$mm 用于导柱轴向定位，表面粗糙度值为 $Ra12.5\mu m$。该零件机械加工难度相对较小，用到车床和高频淬火炉及磨床三种设备，车削和磨削过程中采用设计基准与工艺基准重合的两端中心孔定位，加工的重点是保证 $\phi20{-0.020 \atop -0.033}$mm 和 $\phi20{+0.021 \atop +0.008}$mm 外圆面的同轴度及表面粗糙度。

[项目工作流程]

1. 看懂零件图，对零件进行结构工艺性分析。
2. 选择毛坯的制造方法和形状。
3. 选择定位基准，拟定工艺路线。
4. 确定各工序加工余量和工序尺寸。
5. 确定切削用量。
6. 确定各工序设备，以及刀、夹、量具。
7. 填写机械加工工艺过程卡。

[知识目标]

1. 掌握机械零件图工艺分析方法及轴类零件常用毛坯形式。
2. 熟悉车床、刀具切削运动等金属切削基本知识。
3. 掌握轴类零件的加工顺序及加工方法。
4. 熟悉机械加工余量及工序尺寸的确定方法。

模具制造工艺编制与实施

5. 掌握轴类零件常用加工工艺路线及车床加工特点。

6. 掌握车床加工用刀具及其与零件相对位置。

7. 掌握简单零件机械加工工艺过程卡的填写方法。

[能力目标]

1. 能结合导柱图样选择毛坯，确定加工方法及加工顺序。

2. 能结合导柱图样确定加工刀具和机床，制订加工工艺路线。

3. 能根据加工方法查表选择加工余量，确定加工工序尺寸。

4. 能填写简单零件的机械加工工艺过程卡。

[重点、难点]

加工顺序、加工方法、加工路线的确定。

带头导柱机械加工工艺过程卡的组成及编制步骤

已知某塑料模带头导柱材料为 T10A，$\phi20mm$ 表面经渗碳淬火处理，硬度为 58 ~ 62HRC，零件平面图及三维图分别如图 1-1-1 和图 1-1-2 所示，图号为 MS01-1，确定带头导柱机械加工工艺过程卡的编制步骤。

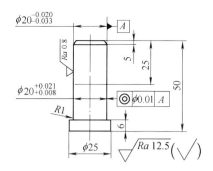

图 1-1-1 带头导柱平面图

图 1-1-2 带头导柱三维图

 相关知识

一、塑料模模架的组成及功能分析

图 1-1-3 和图 1-1-4 所示分别为塑料模模架平面图及三维图，从图中可看出，塑料模模架由定模座板、定模板、导套、导柱、动模板、动模支承板、垫块、推杆固定板、推板、动模座板及螺钉和复位杆组成。导套和导柱在塑料模开合模时起导向作用，两零件为间隙配合，有相对滑移运动，确保动模、定模合模时恢复到上次的工作位置，使上、下模工作时型芯、型腔中心完全重合，生产出合格的塑件。

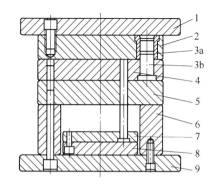

图 1-1-3 塑料模模架平面图

1—定模座板 2—定模板 3a—导套 3b—导柱
4—动模板 5—动模支承板 6—垫块
7—推杆固定板 8—推板 9—动模座板

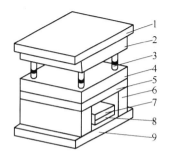

图 1-1-4 塑料模模架三维图

1—定模座板 2—定模板 3—导柱及导套
4—动模板 5—动模支承板 6—垫块
7—推杆固定板 8—推板 9—动模座板

塑料模工作时，定模部分（由定模座板和定模板组成）和动模部分（由导柱、导套、动模板、动模支承板、垫块、推杆固定板、推板和动模座板组成）通过相对的滑移运动来实现开、合模，从而推出已成型的塑件或注射成型塑件。模架是注射模的结构部件，注射模厂家一般在生产前购入模架，然后拆开模架，根据模具零件图加工模架各组成零件，最后把加工好的模具零件装配成整套注射模。我国已将模架结构、尺寸、规格标准化和系列化。

二、冲模模架的组成及功能分析

图 1-1-5 和图 1-1-6 所示分别为冲模模架平面图及三维图，从图中可看出，冲模模架由导套、上模座板、导柱和下模座板组成。装配时，上模座板与凸模（或凹模）及其他模板组成整体，形成上模部分；下模座板与凹模（或凸模）及其他模板组成整体，形成下模部分。

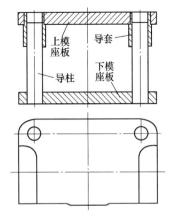

图 1-1-5 冲模模架平面图

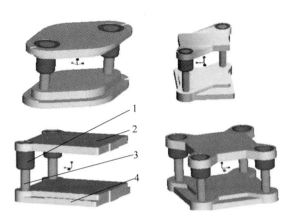

图 1-1-6 冲模模架三维图

1—导套 2—上模座板 3—导柱 4—下模座板

冲模模架用来安装模具的工作零件（凸凹模）和其他结构零件（卸料板、凸模固定板、凹模固定板等），以保证模具凸凹模在工作时有正确的相对位置。在冲压结束时，冲模上部分随压力机滑块上移，下模固定不动，取出毛坯或工件；冲压加工时，冲模上部分随压力机滑块下移，直到与冲模下部分闭合以冲压产品。导套和导柱在冲模上、下模两部分开合模时起导向作用，确保上、下模合模时恢复到上次的工作位置，使上、下模工作时凸凹模中心完全重合，生产出合格的冲压件。

三、模具中常见的圆柱形零件

模具中常见的圆柱形零件有：①塑料模中各圆形型芯及型芯镶件；②塑料模中导柱、斜销、推杆、复位杆、拉杆、定位销、拉料杆、支承柱、支承钉等；③冲模中各圆柱形冲头、导柱、定位销等，如图 1-1-7 所示。

四、模具生产过程和模具加工工艺过程

1. 生产过程的定义

生产过程是指机械产品制造时，将原材料转变为产品的全部劳动过程。

2. 模具生产过程

模具生产过程是指模具产品制造时，将原材料转变为产品的全部劳动过程。它具体包

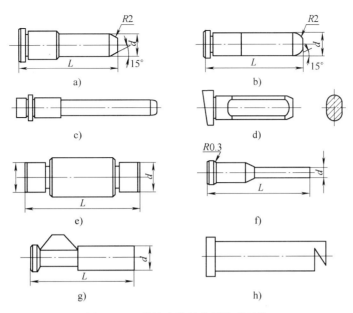

图 1-1-7 模具中常见的圆柱形零件

a）A型导柱 b）B型导柱 c）有肩导柱 d）斜导柱

e）推板导柱 f）推杆 g）复位杆 h）拉料杆

括：①原材料采购；②生产技术准备；③毛坯制造过程；④零件机械加工及热处理；⑤模具装配；⑥模具调试。

3. 模具加工工艺过程的定义及其分类

（1）模具加工工艺过程的定义　模具加工工艺过程是指生产过程中从零件毛坯制造到模具装配、试模为止的过程。

（2）模具加工工艺过程的分类　模具加工工艺过程分为模具零件机械加工工艺过程、模具装配工艺过程两大类。

1）模具零件机械加工工艺过程是指直接改变模具零件的形状、尺寸、相互位置及其性能，将其转变为成品或半成品的过程。模具零件机械加工工艺过程一般由一个或若干个顺序排列的工序组成。

2）模具装配工艺过程是指按模具装配图技术要求，将模具零件（部件）装配成组件或整体的过程。

4. 模具零件机械加工工艺过程基本术语

（1）走刀　走刀是指切削刀具在同一个工件表面上每切削去一层金属所完成的那部分工艺过程。

（2）安装　安装是指加工前，使工件在机床上（或夹具中）先定位（即占据正确位置）后夹紧的过程。

（3）工位　工位是指工件在机床上所占据的每一个待加工位置。如图 1-1-8 所示，在机床工作台上同时安装 4 个工件，工位 1 为装卸工件，工位 2 为钻孔，工位 3 为扩孔，工位 4 为铰孔。

（4）工序　工序是指一个（或一组）工人，在一个工作地点（或一台机床上），对同一个零件（或一组零件）进行加工所连续完成的那部分工艺过程。

划分工序的主要依据是：①工作地点（或机床）是否改变；②加工是否连续；③加工工件是否改变。

（5）工步　工步是指在一道工序中，当加工表面不变、切削工具不变、切削用量中的进给量和切削速度不变的情况下所完成的那部分工艺过程。

1）对于一次安装中连续进行的若干相同多工位加工的工步，通常看作一个工步。如图1-1-8所示，首先在工位2处进行钻孔加工，接着在工位3处完成扩孔加工，最后在工位4处进行铰孔加工。即钻孔工序分成三个工步，工步1钻孔，工步2扩孔，工步3铰孔。

2）连续进行的若干相同工步，都看作一个工步。如图1-1-9所示，在同一工序中，连续钻4个ϕ15mm孔，看作一个工步。

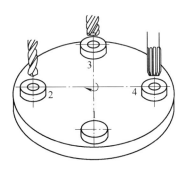

图1-1-8　普通立钻上用夹具旋转工件的多工位加工

图1-1-9　复合工步

3）同一表面相同工序的粗、精加工一般看作两个工步。

4）用几把不同刀具或复合刀具同时加工一个零件的几个表面的工步，常看作一个工步，称为复合工步。为提高生产率，用几把刀具同时切削几个表面，也看作一个工步，称为复合工步。

如图1-1-10所示，在自定心卡盘上用同一把钻头进行钻、扩孔加工，刀具前段是麻花钻，后段为扩孔钻，钻、扩零件孔加工工步为同一复合工步。如图1-1-11所示，用6把铣刀同时铣削工件的外平面、上平面及沟槽，这些加工工步也视为同一复合工步。

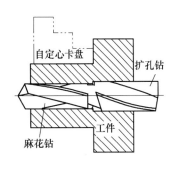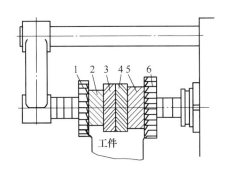

图1-1-10　钻、扩孔复合工步

图1-1-11　组合铣刀铣平面复合工步
1、2、3、4、5、6—铣刀

如图1-1-12所示，工件铣端面、钻中心孔，每个工位都是用两把刀具同时铣两端面或钻两端中心孔，铣端面、钻中心孔视为两个复合工步。

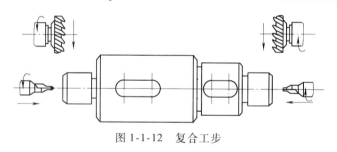

图 1-1-12 复合工步

五、生产类型

生产类型分为单件生产、大量生产和批量生产三种。

1. 单件生产

单件生产是指单个生产不同结构和尺寸的产品，很少重复甚至不重复。其特点是品种多，产量小，工作地点的加工对象经常改变。

2. 大量生产

大量生产是指同一产品生产数量很大，大多数工作地点按一定节奏重复进行某一零件某一道工序的加工。其特点是产量大，工作地点的加工对象较少改变，加工过程重复。

3. 批量生产

批量生产是指一年中分批轮流制造几种不同产品，每种产品均有一定数量，工作地点的加工对象周期性重复。其特点是有一定的生产数量，加工对象周期性地改变，加工过程周期性重复。

六、获得零件加工尺寸、位置精度及表面粗糙度的方法

1. 获得零件加工尺寸精度的方法

获得零件加工尺寸精度的方法有试切法、调整法、定尺寸刀具法、自动控制法和主动测量法。

（1）试切法 试切法是指通过试切→测量→调整→再试切，反复进行加工，直到工件尺寸达到规定要求为止的方法，用于单件小批生产。

（2）调整法 调整法是指先调整好刀具和工件在机床上的相对位置，并在一批零件的加工过程中保持这个位置不变，以保证工件被加工尺寸的方法，用于带夹具的铣削大批量生产。

（3）定尺寸刀具法 定尺寸刀具法是指通过刀具相应尺寸保证加工表面的尺寸精度的方法，常用的刀具有麻花钻、铰刀和拉刀等。

（4）自动控制法 自动控制法是指将测量、进给装置和控制系统组成一个自动加工系统，通过自动测量和数字控制装置，在达到尺寸精度后自动停止加工的方法，如加工中心的加工。

（5）主动测量法 主动测量法是指边加工边测量加工尺寸的方法，如镗刀的加工。

2. 获得零件加工位置精度的方法

获得零件加工位置精度的方法有直接找正定位法、划线找正定位法、夹具定位法和机床控制法。

（1）直接找正定位法 直接找正定位法是指用划针或百分表直接在机床上找正工件位置的方法。

（2）划线找正定位法：划线找正定位法是指先按零件图在毛坯上划好线，再以所划的线为基准找正工件在机床上位置的方法。

（3）夹具定位法　夹具定位法是指在机床上安装好夹具，工件放在夹具中定位的方法。

（4）机床控制法　机床控制法是指利用机床的相对位置精度保证位置精度的方法。

七、机械加工工艺过程卡

机械加工工艺过程卡是机械零部件生产过程中最主要的技术文件之一，是生产一线的法规性文件。它是衡量生产部门技术力量的标志，是产品设计和技术革新的内容之一。

机械加工工艺过程卡是用于指导生产的主要技术文件，是组织和管理生产的基本依据，是新建和扩建工厂的基本资料，也是交流和推广经验的基本文件。

机械加工工艺过程卡的常用形式见表1-1-1。

表1-1-1　机械加工工艺过程卡的常用形式

（单位名称）		机械加工工艺过程卡			共　1　页		第　1　页	
零件图号					件号			
零件名称					数量			
材料牌号			毛坯种类			毛坯外形		
工序号	工序名称	工序主要内容			主要设备	工装夹具		工时
						夹具	刀具	量具
编制	×××	校对	×××	定额员	×××		批准	×××

八、机械加工工艺过程卡的编制过程及步骤

1）将零件图号及名称、件号、数量、材料填入机械加工工艺过程卡。

2）分析零件图和产品装配图。

3）选择毛坯的制造方法和形状。

4）拟定工艺路线。

5）选择定位基准。

6）确定各工序设备、工装及其加工余量，计算工序尺寸和公差。

7）确定各工序设备、刀具、夹具、量具和辅助工具。

8）确定各主要工序的技术要求及检验方法。

9）确定切削用量和工时定额。

10）进行经济分析，选择最佳方案。

11）填写工艺文件。

12）编写人签名、校对人签名及主管审核签名。

任务实施

带头导柱机械加工工艺过程卡的编制步骤

1）据带头导柱设计图样，在机械加工工艺过程卡材料牌号栏填 T10A，数量栏填 4，零件名称栏填带头导柱，零件图号栏填 MS01-1。

2）毛坯种类、加工顺序、加工方法、刀具、量具及机床和工序尺寸、零件安装等在其后各任务完成后填入机械加工工艺过程卡中。

任务拓展

已知冲模 B 型滑动导柱材料为 Cr12，各圆柱面表面渗碳深度为 0.8～1.2mm，淬火硬度为 58～62HRC，零件平面图及三维图分别如图 1-1-13 和图 1-1-14 所示，图号为 MC01-1，确定 B 型滑动导柱机械加工工艺过程卡的编制步骤。

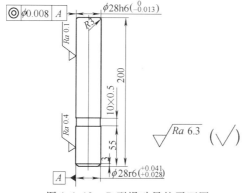

图 1-1-13　B 型滑动导柱平面图

图 1-1-14　B 型滑动导柱三维图

1）根据 B 型滑动导柱设计图样，在机械加工工艺过程卡材料牌号栏填 Cr12，数量栏填 2，零件名称栏填 B 型滑动导柱，图号栏填 MC01-1。

2）毛坯种类、加工顺序、加工方法、刀具、量具及机床和工序尺寸、零件安装等在其后各任务完成后填入机械加工工艺过程卡中。

思考与练习

一、填空题

1. 工序是指一个（或一组）工人，在_____对同一个零件（或一组零件）进行加工所_____的那部分工艺过程。

2. 工步是指在一道工序中，当_____不变、_____不变、_____不变和_____不变的情况下所完成的那部分工艺过程。

3. 走刀是指切削刀具在同一个工件_____每切削去一层金属所完成的那部分_____。

4. 安装是指加工前，使工件在机床上（或夹具中）先_____（即占据正确位置）

后_____的过程。

    5. 工位是指工件在机床上所占据的每一个_____位置。

二、判断题

    1. 用几把不同刀具同时加工同一零件的几个表面的加工，看作不同工步。   (   )

    2. 同一表面的粗、精加工属于同一工步。   (   )

    3. 大量生产与批量生产没什么区别。   (   )

    4. 塑料模模架与冲模模架都由导柱、导套用于模具导向。   (   )

    5. 机械加工工艺过程卡用于生产指导、生产组织和生产管理。   (   )

任务二 带头导柱的结构特点、结构工艺性及技术要求分析

任务引入

已知某塑料模带头导柱材料为 T10A，φ20mm 表面经渗碳淬火处理，硬度为 58 ~ 62HRC，零件平面图及三维图分别如图 1-1-1 和图 1-1-2 所示，图号为 MS01-1，分析带头导柱的结构特点、结构工艺性及技术要求。

相关知识

一、轴类零件的作用、特点及分类

1. 轴类零件的作用

轴类零件用于支承传动零件（如齿轮、蜗轮等）、承受载荷及传递转矩。

2. 轴类零件的结构特点及分类

轴类零件的常见结构如图 1-2-1 所示。轴类零件大多是长度 L 大于直径 d 的回转件。其中，$L/d \leqslant 12$ 的为刚性轴，$L/d > 12$ 的为挠性轴。轴类零件被加工面有内外圆柱面、圆锥面、螺纹、花键、键槽、中心孔和沟槽。

在图 1-2-1 中，图 1-2-1a 所示轴的各外径相同，为光轴；图 1-2-1b 所示轴中心有孔，为空心轴；图 1-2-1c 所示为半轴；图 1-2-1d 所示轴的外径呈阶梯状，为阶梯轴；图 1-2-1e 所示轴的外圆柱面为外花键，为花键轴；图 1-2-1f 所示轴在上下、左右四个方向分布，呈"十"字形，为十字轴；图 1-2-1g 所示有一圆柱面中心偏离其他圆柱面中心一定距离，为偏心轴；图 1-2-1h 所示结构上有曲拐（连杆轴颈）和曲臂，为曲轴；图 1-2-1i 所示外圆柱面上分布有凸轮结构，为凸轮轴。

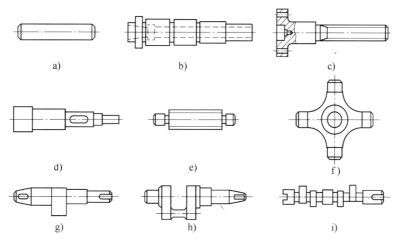

图 1-2-1 轴类零件的常见结构

a）光轴 b）空心轴 c）半轴 d）阶梯轴 e）花键轴

f）十字轴 g）偏心轴 h）曲轴 i）凸轮轴

二、轴类零件的技术要求分析

1. 加工表面的尺寸精度

轴上与轴承内圈配合的外圆面（支承轴颈），用于确定轴的位置并支承轴，尺寸公差等级为 IT7 ~ IT5；

与传动件装配的轴颈尺寸公差等级为 IT9 ~ IT6。

2. 主要加工表面的形状精度

轴类零件的形状精度主要有：轴颈表面、外圆锥面、莫氏锥孔等重要面的圆度及圆柱度，其误差值应小于尺寸公差；对精密轴，应在零件图上特别标注其形状精度。

3. 主要加工表面之间的位置精度

轴类零件的位置精度取决于轴在部件中的装配位置和功用。通常应保证安装传动件的轴颈和支承轴颈之间的同轴度，否则会影响传动件的传动精度，产生噪声。对普通精度轴，其配合段对支承轴颈的径向圆跳动为 0.01 ~ 0.03mm，高精度轴则为 0.001 ~ 0.005mm。此外，还有重要端面对轴线的垂直度、端面间的平行度要求等。

4. 轴加工表面的表面粗糙度

轴的支承轴颈表面粗糙度值为 $Ra1.6 ~ 0.2\mu m$，与传动件配合的轴颈表面粗糙度值为 $Ra3.2 ~ 0.4\mu m$，其他表面的表面粗糙度值为 $Ra6.3 ~ 1.6\mu m$。轴上各表面的表面粗糙度值 Ra 见表 1-2-1。

表 1-2-1　轴上各表面的表面粗糙度值 Ra　　　　　（单位：μm）

表面项目		普通精度轴	精密精度轴
支承轴颈	滑动轴承	0.2	0.1 ~ 0.05
	滚动轴承	0.4	0.4
与传动轴配合的轴颈		0.8 ~ 0.4	0.4 ~ 0.2
重要定位配合面		0.8 ~ 0.4	0.4 ~ 0.05
一般表面		6.3 ~ 1.6	3.2 ~ 0.8

三、零件结构工艺性分析

1. 零件结构工艺性的定义

零件结构工艺性是指零件在满足使用性能的前提下，制造的可行性和经济性，即零件机械（电火花）加工的难易程度。零件的结构难加工或难达到图样要求的称为结构工艺性差；零件的结构易加工或易达到图样要求的称为结构工艺性好。

2. 零件结构工艺性的衡量指标

1）加工零件时是否易达到零件图样要求的质量。

2）是否能够用高生产率的加工方法加工零件。

3）是否能使零件加工工作量少，刀具、电极或原材料消耗少。

4）零件定位、装夹时间是否短。

3. 零件结构工艺性具体分析

从零件结构的要求出发，由零件机械加工过程中是否便于测量、便于加工、便于装夹和便于拆装等方面来分析零件结构工艺性。

4. 零件结构工艺性分析典型实例

表 1-2-2 列举了几种典型零件结构工艺性分析。

表 1-2-2 典型零件结构工艺性分析

序 号	工艺性差	工艺性好	说 明
1			键槽的尺寸、方位相同,可在一次装夹中加工出全部键槽,以提高生产率
2			孔中心与箱体壁之间尺寸太小,无法引进刀具
3			减少接触面积,可减少加工量,提高稳定性
4			应设计退刀槽,以减少刀具或砂轮的磨损
5			钻头容易引偏或折断
6			避免深孔加工,可提高连接强度,节约材料,减少加工量
7	4 5 2	4 4 4	为减少刀具种类和换刀时间,应设计为相同的宽度
8			为便于加工,槽的底面不应与其他加工面重合
9			为便于加工,内螺纹根部应有退刀槽
10			为便于一次加工,提高生产率,凸台表面应处于同一水平面

 任务实施

带头导柱的结构特点、结构工艺性及技术要求分析

1. 带头导柱的作用

带头导柱用于模具部件之间导向,主要承受挤压应力。

2. 带头导柱的结构特点

带头导柱为实心回转零件，其主要结构是外圆柱面。

3. 带头导柱的技术要求分析

带头导柱两轴颈 $\phi20_{-0.033}^{-0.020}$ mm 与 $\phi20_{+0.008}^{+0.021}$ mm 的尺寸公差等级都为 IT7，两轴颈有同轴度要求，表面粗糙度值为 $Ra0.8\mu m$；$\phi25$ mm 用于导柱轴向定位，表面粗糙度值为 $Ra12.5\mu m$。

4. 带头导柱的结构工艺性分析

带头导柱的机械加工难度相对简单，只须通过车、磨即可达到技术要求，测量方便，加工装夹容易，所以其结构工艺性较好。

 任务拓展

已知冲模 B 型滑动导柱材料为 Cr12，各圆柱面表面，渗碳深度为 0.8～1.2mm，淬火硬度为 58～62HRC，零件平面图及三维图分别如图 1-1-13 和图 1-1-14 所示，图号为 MC01-1，分析该导柱的结构特点、结构工艺性及技术要求。

1. B 型滑动导柱的作用

B 型滑动导柱用于模具部件之间导向，主要承受挤压应力。

2. B 型滑动导柱的结构特点

B 型滑动导柱为实心回转零件，其主要结构是外圆柱面。

3. B 型滑动导柱的技术要求分析

B 型滑动导柱 $\phi28_{-0.013}^{0}$ mm 和 $\phi28_{+0.028}^{+0.041}$ mm 的尺寸公差等级都为 IT6，两轴颈有同轴度要求，表面粗糙度值分别为 $Ra0.4\mu m$ 和 $Ra0.1\mu m$。

4. B 型滑动导柱的结构工艺性分析

B 型滑动导柱的机械加工难度相对较小，只须通过车、磨及研磨即可达到技术要求，测量方便，加工装夹容易，所以其结构工艺性较好。

 思考与练习

一、填空题

1. 零件结构工艺性指零件在满足_____的前提下，制造的_____和_____性，即零件机械（电火花）加工的_____程度。零件的结构_____或难达到图样要求的称为结构工艺性差；零件的结构_____或易达到图样要求的称为结构工艺性好。

2. 轴类零件用于_____传动零件（如齿轮、蜗轮等）、_____载荷及_____转矩。

二、判断题

1. 加工表面尺寸精度为轴类零件技术要求之一。 （   ）

2. 加工表面硬度也属于轴类零件技术要求。 （   ）

任务三 带头导柱毛坯的选择

任务引入

已知某塑料模带头导柱材料为 T10A，ϕ20mm 表面经渗碳淬火处理，硬度为 58 ~ 62HRC，零件平面图及三维图分别如图 1-1-1 和图 1-1-2 所示，图号为 MS01-1，选择带头导柱毛坯的种类及尺寸。

相关知识

一、毛坯的种类

机械零件毛坯种类有铸件、锻件、型材、冲压件和焊接件，如图 1-3-1 所示。

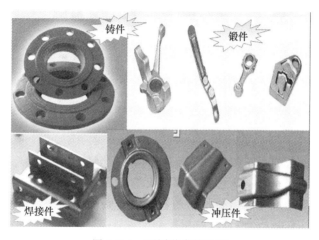

图 1-3-1 不同种类的毛坯

1. 铸件

铸件有铸钢和铸铁两类，用于形状较复杂的零件，一般铸铁件上直径 <30mm 和铸钢件上直径 <60mm 的孔可以不铸出。

零件材质为铸铁时，常用铸件毛坯；零件材质为钢时，形状复杂的零件选铸钢毛坯。

2. 锻件

锻造有自由锻和模锻两种，中小批量生产多采用自由锻，大批量生产则采用模锻。自由锻锻件的孔径小于 30mm 或长径比大于 3 的孔可以不锻出；锻件应考虑锻造圆角和模锻斜度。带孔的模锻件不能直接锻出通孔，应留冲孔连皮等。

（1）锻件的使用场合

1）力学性能要求高的重要零件常用锻件毛坯，以改善零件的力学性能。

2）外形尺寸差异较大或棒料无所需规格时用锻件毛坯（如大型尺寸的盘类零件），可减少机械加工工作量。

3）零件材质一般为中、低碳钢或中、低碳合金钢，以确保锻造时的毛坯质量。

（2）锻件锻造前圆棒料下料尺寸的计算

1) 绘制锻件图，确定锻件体积 $V_{锻}$。复杂的锻件体积可先用 UG 造型，再在 UG 软件中查找。

2) 计算锻前坯料体积 $V_{锻前}$。其计算公式为

$$V_{锻前} = KV_{锻}$$

式中　K——损耗系数，为 $1.05 \sim 1.1$。

锻件在锻造过程中的总损耗量包括烧损量、切头损耗、芯料损耗三部分。为计算方便，一般总损耗量按锻件质量的 $5\% \sim 10\%$ 选取，锻造时加热次数少时取小值，锻造时加热次数多时取大值。

3) 计算锻件在锻造前圆棒料下料直径 $D_{理}$ 和 $D_{实}$。其计算公式为

$$D_{理} = (0.637 V_{坯})^{1/3}$$

将所计算的圆棒料下料直径 $D_{理}$ 与圆棒料标准规格直径 $D_{实}$ 进行比较后选取。

4) 圆棒料的长度尺寸 $L_{理}$ 和 $L_{实}$。其计算公式为

$$L_{理} = \frac{4V_{锻前}}{\pi D_{实}^2}$$

取整数，即为 $L_{实}$ 大小。

5) 校核所选的圆棒料长度尺寸 $L_{实}$ 和直径 $D_{实}$。所选择的圆棒料长度尺寸 $L_{实}$ 和直径 $D_{实}$ 需满足

$$\frac{L_{实}}{D_{实}} = 1.25 \sim 2.5$$

3. 型材下料件

型材下料件是指从各种不同截面形状的热轧和冷拉型材上切下的毛坯件，由钢厂直接提供，生产企业买进后直接通过锯床切断棒料或火焰（数控）切割机切割钢板和剪板机剪切钢板达到需要的零件毛坯尺寸。型材规格的选取应查阅国家标准，根据型材截面形状（圆形、方形、六角形和特殊截面），型材有圆棒料、方钢、六角钢和型钢（角钢、工字钢、槽钢）及钢管和钢板等形式，有热轧和冷拉两种类型。

1) 热轧钢型材尺寸较大，精度较低，用于普通要求的机械零件。

2) 冷拉钢型材精度较高，用于毛坯精度要求较高的中小型零件和自动机床上加工的零件毛坯。

3) 型材毛坯有规格要求，棒料、钢管常用锯床下料，钢板常用剪板机（矩形、三角形薄板）或切割机下料（形状复杂）。

4) 常用型材标准规格见表 1-3-1 ～ 表 1-3-3。

表 1-3-1　常用棒料标准规格　　　　　　　　　　（单位：mm）

类　　别	尺寸系列（圆钢时为直径 ϕd，方钢为边长 a，六角钢为对边长 S）
热轧钢类 圆钢、方钢、六角钢 （GB/T 702—2008）	5.5、6、6.5、7、8、9、10、12、14、15、16、18、20、22、24、25、26、28、30、32、34、35、36、38、40、42、45、48、50、52、55、56、58、60、65、70、75、80、85、90、100、105、110、115、120、125、130～250（十进位）
冷拉钢类 圆钢、方钢和六角钢 （GB/T 905—1994）	7.0、7.5、8、8.5、9、9.5、10、10.5、11、11.5、12、13、14、15、16、17、18、19、20、21、22、24、25、26、28、30、32、34、35、36、38、40、42、45、48、50、53、55、56、58、60、63、65、67、70、75、80

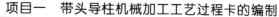
表 1-3-2　常用无缝钢管标准规格 （GB/T17395—2008）　（单位：mm）

钢管外径	4	6	8	10	12	14	18	20	22	25	30
热轧钢管壁厚	0.25~1.2	0.25~2.0	0.25~2.5	0.25~3.5	0.25~4.0	0.25~4.0	0.25~5.0	0.25~6.0	无	无	无
冷轧钢管壁厚									0.4~6	0.4~6	0.4~8
钢管外径	32	38	42	45	50	54	57	60	65	68	70
热轧钢管壁厚	2.5~8	2.5~8	2.5~10	2.5~10	2.5~10	3~11	3~13	3~14	无	3~16	3~16
冷轧钢管壁厚	0.4~8	0.4~9	1~9	1~10	1~12	1~12	1~12	1~12	1~12	1~12	1~12
钢管外径	75	76	83	89	95	100	102	110	133	140	150
热轧钢管壁厚	无	3~19	3.5~24	3.5~24	3.5~24	无	3.5~28	无	4~32	4.5~36	无
冷轧钢管壁厚	1~12	无	1.2~12	1.2~12	1.2~12	1.2~12	1.2~12	1.2~12	2.5~12	3~12	3~12
壁厚尺寸系列	0.25、0.3、0.4、0.5、0.6、0.8、1.0、1.2、1.4、1.5、1.6、1.8、2.0、2.2、2.5、2.8、3.0、3.2、3.5、4.0、4.5、5.0、5.5、6.0、6.5、7.0、7.5、8.0、8.5、9、9.5、10、11、12、13、14、15、16、17、18、19、20、22、25、28、32、36、40、50										

表 1-3-3　常用钢板标准规格　（单位：mm）

类　别	钢板厚度系列
热轧钢板 （GB/T 709—2006）	0.35、0.50、0.55、0.60、0.65、0.70、0.75、0.80、0.90、1.0、1.2、1.3、1.4、1.5、1.6、1.8、2.0、2.2、2.5、2.8、3.0、3.2、3.5、3.8、3.9、4.0、4.5、5、6、7、8、9、10、11、12、13、14、15、16、17、18、19、20、21、22、25、26、28、30、32、34、36、38、40、42、45、48、50、52、55、60、65、70、75、80、85、90、95、100、105、110、120、125、130、140、150、160、165、170、180、185、190、195、200
冷拉钢板 （GB/T 708—2006）	0.2、0.25、0.27、0.3、0.35、0.4、0.45、0.5、0.55、0.6、0.7、0.75、0.8、0.9、1.0、1.1、1.2、1.25、1.4、1.5、1.6、1.8、2.0、2.2、2.5、2.8、3、3.2、3.5、4、4.5、5.5、6、6.3、7、7.5、8.5、9、9.5、10、10.5、11、11.5、12、13、14、15、16、17、18、19、20、21、22、24、25、26、28、30、32、34、35、36、38、40、42、45、48、50、52、55、56、60、63、65、67、70、75、80

4. 焊接件

焊接件是指用焊接方法将同种材料或不同种材料焊接在一起获得的毛坯。常用的焊接方法有焊条电弧焊、CO_2 气体保护焊、氩弧焊、电阻焊等。焊接件主要用于大型毛坯、结构复杂毛坯（一般是机架结构的毛坯）。

焊接件毛坯的优点是制造简单，生产周期短，生产率高，加工成本低，能节省材料和减小毛坯质量；其缺点是焊接变形比较大，各焊接零件不可拆，抗振性较差，须经时效处理后才能进行机械加工。

二、毛坯的选择方法

1. 选择毛坯应考虑的因素

（1）零件材料的工艺性　零件材料的工艺性是指材料零件的铸造性能、可锻性、可加工性和热处理性能等和零件对材料组织和力学性能方面的要求，例如材料为铸铁或青铜的零件，应选择铸件毛坯。

（2）零件的结构形状与外形尺寸　一般用途的阶梯轴，如台阶直径相差不大，单件生产时可用棒料；若台阶直径相差较大，则宜用锻件，以节约材料和减少机械加工量。大型零件毛坯受设备条件限制，一般只能用自由锻件或砂型铸件；中小型零件根据需要可选用模锻件或特种铸件。

（3）生产类型　大批大量生产时，应选择毛坯精度和生产率均高的先进毛坯制造方法，使毛坯的形状、尺寸尽量接近零件的形状、尺寸，以节约材料和减少机械加工量，由此而节约的费用往往会超出毛坯制造所增加的费用，以获得良好的经济效益。

（4）生产条件　选择毛坯时，应考虑现有生产条件，如现有毛坯的制造水平和设备情况，以及外协的可能性等。

2. 模具中各类零件常用毛坯的选择

（1）导柱类零件毛坯的选择　导柱受力小，宜选圆棒料做毛坯。

（2）导套类零件毛坯的选择　导套一般用圆棒料或钢管做毛坯。

（3）模座及模板类零件毛坯的选择　模板类零件用钢板做毛坯，模座类零件用铸件做毛坯。

3. 毛坯形状与尺寸的确定

（1）导柱类零件毛坯形状与尺寸的确定

1）当导柱长度较小、径向尺寸相差小，力学性能又无要求时，采用多件合成一个毛坯，如图 1-3-2 所示。先加工外圆，再钻孔，最后用切断刀切断成若干个零件，以节省材料，确保产品质量。毛坯径向尺寸＝零件图样中最大外圆直径＋5～8mm 的加工余量，毛坯长度尺寸＝$nL+(n-1)B+5$～8mm，其中，n 为一次装夹可加工的零件数，B 为切断刀的宽度，L 为单个零件的长度。

2）当导柱长度较大、径向尺寸小且零件力学性能无特别要求时，常采用单件圆棒料；毛坯长度尺寸＝零件公称尺寸＋5mm 左右的加工余量；毛坯径向尺寸＝零件图样中最大外圆直径＋5～8mm 的加工余量。

3）长度较大且径向尺寸相差大或力学性能有较高要求时，一般单件锻件毛坯下料，长度方向尺寸留 5mm 左右的加工余量，直径方向以最大外圆直径留 3～5mm 加工余量为宜。

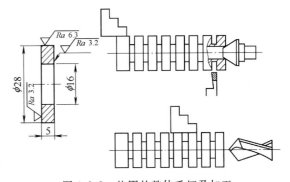

图 1-3-2　垫圈的整体毛坯及加工

4）长度较小且径向尺寸相差大或力学性能有较高要求时，一般多件合成一件下料。滑块的零件图及整体毛坯如图 1-3-3 所示。

（2）导套类零件的总加工余量及下料尺寸　导套类零件孔径大于 ϕ20mm 时，常采用型材（如无缝钢管）、带孔的锻件或铸件；导套类零件孔径小于 ϕ20mm 时，常选择热轧或冷拉棒料；直径方向尺寸以最大外圆直径留 5mm 的加工余量，长度方向尺寸留 5mm 左右的端面加工余量。

（3）模板类零件的总加工余量及下料尺寸

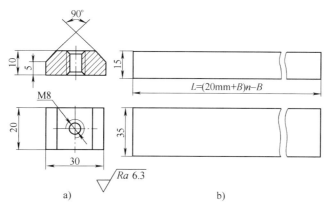

图 1-3-3　滑块的零件图及整体毛坯

a) 零件图　b) 毛坯图

1) 对一般厚度的低碳钢零件，用数控切割机或仿形切割机单件下料。

2) 对毛坯厚度 <12mm 且外形为矩形、方形、三角形等的规则零件，可用剪板机单件下料，厚度方向留 5～8mm 的双面加工余量；当零件周边需要机械加工时，则四周留 3～5mm 的单边加工余量。

(4) 模座类零件毛坯形状与尺寸的确定　模座类零件铸孔留双面加工余量 8～10mm，不需要机械加工的毛坯尺寸 = 图样尺寸，需要机械加工的端面留单面加工余量 3～5mm。

 任务实施

带头导柱毛坯种类及尺寸确定

1) 由于带头导柱在上、下模相互运动时起导向作用，故带头导柱为导向零件，其机械强度及工作表面硬度高，带头导柱材料为 T10A，表面需渗碳淬火处理，其外形结构简单，采用铸件毛坯成本高，且易出现气孔等铸造缺陷，难以保证带头导柱强度。

2) 若带头导柱用圆棒料直接下料做毛坯，虽然原材料没经过锻造，但这种毛坯的力学性能能满足其工作时的受力要求，这种毛坯可选。

3) 带头导柱外形结构简单，若用焊接件做毛坯，毛坯变形大，机械加工难以纠正，这种毛坯不合适。

4) 锻件由于经过锻造，具有锻造流线、力学性能好，工件外形结构简单，锻造容易，用于受力较大或工件直径相差较大的场合，成本较高，这种毛坯不合适。

经过以上分析，选择圆棒料作为带头导柱的毛坯。

5) 毛坯尺寸：外圆柱面和端面都留 5mm 的双面加工余量，由于带头导柱长度较短，采用可加工 8 件带头导柱的整体圆棒料，带头导柱图样最大外形尺寸为 $\phi25mm$，总长 50mm，则毛坯尺寸为 $\phi30mm \times (435mm/8件)$。

 任务拓展

已知冲模 B 型滑动导柱材料为 Cr12，各圆柱面表面渗碳深度为 0.8～1.2mm，淬火硬度为 58～62HRC，零件平面图及三维图分别如图 1-1-13 和图 1-1-14 所示，图号为 MC01-1，确定其毛坯种类及尺寸。

分析：B 型滑动导柱受力情况与带头导柱相同，其直径无台阶，为光轴结构，毛坯同样采用圆棒料。外圆柱面和端面都留 5mm 的双面加工余量，由于工件长度较大，采用单件下料，工件加工后最大外形尺寸为 φ28mm，总长 200mm，则毛坯尺寸为 φ32mm×205mm。

 思考与练习

一、填空题

1. 机械零件毛坯种类有 ＿＿＿＿＿、＿＿＿＿＿、＿＿＿＿＿、＿＿＿＿＿和＿＿＿＿＿。

2. 型材中棒料、钢管常用＿＿＿＿＿设备下料；钢板常用＿＿＿＿＿设备（矩形、三角形薄板）或＿＿＿＿＿设备下料（形状复杂）。

3. 对轴类零件，当各直径方向尺寸相差较大时，常选择＿＿＿＿＿做毛坯，当轴类零件受力小且各直径方向尺寸相差较小时，常选择＿＿＿＿＿做毛坯。

4. 厚度小的低碳钢板类零件大多采用＿＿＿＿＿设备下料，厚度较大的低碳钢板类零件大多采用＿＿＿＿＿设备下料。

5. 焊接件毛坯的优点是生产周期＿＿＿＿＿，生产率＿＿＿＿＿，加工成本＿＿＿＿＿。

二、判断题

1. 零件结构形状与外形尺寸不会影响毛坯的选择。 （　　）
2. 小尺寸轴类零件的下料一般采用多件下料，待车削时用车刀切开。 （　　）
3. 结构简单且力学性能要求高的中碳钢轴类零件常用铸件做毛坯。 （　　）
4. 热轧钢型材精度较低，用于高精度要求的零件毛坯。 （　　）
5. 对多件一起下料的轴类零件毛坯，其下料长度要考虑切断刀的宽度。 （　　）

任务四 带头导柱热处理安排及表面加工方法的选择

任务引入

已知某塑料模带头导柱材料为 T10A，$\phi20$mm 表面经渗碳淬火处理，硬度为 58 ~ 62HRC，零件平面图及三维图分别如图 1-1-1 和图 1-1-2 所示，图号为 MS01-1，确定带头导柱热处理安排并选择表面加工方法。

相关知识

一、模具零件的热处理

1. 模具零件热处理的目的

模具零件热处理的目的是改善工件的可加工性，提高工件使用寿命。

2. 轴的常用材料及其热处理

若是锻件毛坯，C 的质量分数 <0.5% 时，一般在机械加工前进行正火处理；C 的质量分数 >0.5% 时，一般在机械加工前进行退火处理，以去除应力，改善可加工性，细化金属组织，降低材料硬度。

1）对承载小或不太重要的轴，常用材料为 Q235A、Q275A、Q345A 等。

2）对中等精度且转速较高的轴类零件，其综合力学性能及可加工性要求高，常用材料为 45 钢及 40Cr 等。此类零件在粗加工后半精加工前，须进行调质处理，硬度为 28 ~ 32HRC，以获得良好的综合力学性能。另外，此类零件在精加工（磨削）前，须安排表面淬火处理，表面硬度为 40 ~ 45HRC。

3）对高速、重载荷轴，常用 20CrMnTi、18CrMnTi、20Mn2B、20Cr 等高合金钢，通常在精加工前安排表面渗碳淬火处理。

3. 冲模零件常用材料及其热处理

1）模柄：材料为 45 钢，调质处理，表面硬度为 28 ~ 32HRC。

2）上、下模座：材料为 HT200 或 HT250，机械加工前常进行去应力退火处理。

3）导柱、导套：材料为 T8A、T10A，工作表面常经渗碳淬火，表面硬度为 50 ~ 55 HRC。

4）垫板、凸凹模固定板、卸料板、导料板：材料常为 45 钢，调质处理，表面硬度为 28 ~ 32HRC。

5）凸模、凹模或凸凹模：材料为 T10A、9Mn2V、9SiCr、Cr12、Cr12MoV、CrWMn 钢，刃口工作表面经淬火处理，表面经硬度为 54 ~ 58HRC。

4. 塑料模零件常用材料及其热处理

1）对导柱、导套、推杆、拉料杆、推件板、分流锥、浇口套、斜导柱、滑块及楔紧块等零件，材料为 T8A、T10A，经表面淬火处理，硬度为 50 ~ 55HRC。

2）对复位杆、推板、推块、支承板等零件，材料为 45 钢，经淬火处理，表面硬度为 43 ~ 48HRC。

3）对定位圈、推杆固定板、定模板、动模板，动座板、定模座板、流道推板、垫块等零件，材料为 45 钢，经调质处理，表面硬度为 28～32HRC。

4）对成形零件（前、后模仁），材料为 30Cr13、3Cr2Mo、4Cr5MoSiV1、CrWMn、9Mn2V 等，经表面淬火处理，硬度为 54～58HRC；若材料为 Cr12、Cr12MoV 等，则经表面淬火处理，硬度为 52～58HRC。

5. 热处理加工工序的安排

锻件毛坯一般在机械加工前进行正火处理，铸件毛坯在机械加工前进行退火或时效处理。钢质材料的零件在粗加工后安排调质处理，在磨削或电火花加工前须安排淬火处理。热处理加工工序的安排如图 1-4-1 所示。

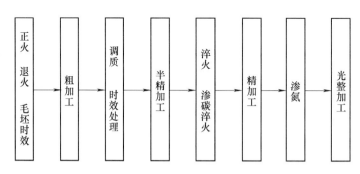

图 1-4-1　热处理加工工序的安排

二、外圆表面加工方法

1）对普通结构钢、工具钢材料，中等要求的外圆面，其加工方法为：粗车→半精车→精车。

2）对淬硬钢材料，要求较高的外圆面，其加工方法为：粗车→半精车→粗磨→精磨。

3）对技术要求高的铜、铝材料及其合金外圆面，其加工方法为：粗车→半精车→精车→金刚石车。

4）对淬硬钢材料，表面精度、表面质量要求高的外圆面，其加工方法为：粗车→半精车→粗磨→光整加工或（超）精密加工。

外圆表面常用加工方法、尺寸公差等级和表面粗糙度值如图 1-4-2 所示。

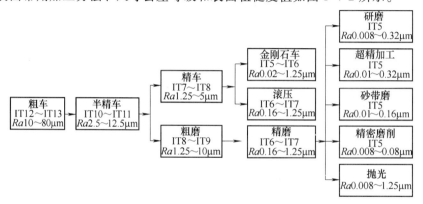

图 1-4-2　外圆表面常用加工方法、尺寸公差等级和表面粗糙度值

三、外圆车削的工件装夹方法

1. 工件安装要求

保证工件被加工面的回转中心与车床主轴轴线同轴。

2. 工件安装方式

1）工件仅一端用自定心卡盘或单动卡盘夹持，用于较短工件的安装。

2）工件一端用卡箍加拨盘，另一端用顶尖夹持，用于较长工件的安装。

3）采用专用夹具夹持，用于大批量生产时技术要求较高工件的安装。

3. 车床各类通用夹具的特点

（1）自定心卡盘 在平面螺纹驱动下，能保证 3 个卡爪同步径向移动，可自动定心且快速夹紧，用于快速装夹截面为圆形、正三角形、正六边形的轴类和小型盘套类工件，定位精度为 0.05～0.15mm，夹紧力小。自定心卡盘如图 1-4-3 所示。

（2）单动卡盘 其单个卡爪都可单独移动，夹紧可靠，但工件不能自动定心，车削工件前须用划针盘、百分表找正工件加工部位的中心，操作费时，装夹效率低，夹紧力比自定心卡盘大，用于装夹截面为方形等的轴类、盘套类工件。单动卡盘如图 1-4-4 所示。

（3）卡箍、顶尖、拨盘 车削长度较长或工序较多的工件时，一般采用顶尖装夹，有以下两种装夹方式。

1）工件一端用卡盘用装夹，另一端用顶尖顶持（一顶一夹）。此方式传递的转矩较大，用于外圆柱面粗车或半精车。

2）工件两端都用顶尖顶持，用卡箍和拨盘来传递转矩（两端顶持）。此方式用于外圆柱面的精车，一次装夹加工的各圆柱面同轴度精度高。卡箍，顶尖、拨盘装夹工件如图 1-4-5 所示。

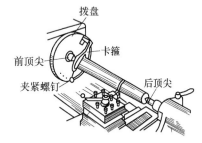

图 1-4-3 自定心卡盘　　　图 1-4-4 单动卡盘　　　图 1-4-5 卡箍、顶尖、拨盘装夹工件

（4）花盘或花盘-弯板 花盘是安装在车床上的一个大铸铁圆盘，盘上有许多用于安放螺栓的"T"形槽，用于加工某些形状不规则且要求所车削的外圆（孔）轴线与安装面垂直（或平行）的工件，一般需要在花盘对面增设平衡块，以减小车削时工件的振动。花盘及花盘-弯板装夹工件如图 1-4-6 所示。

4. 车床随机通用附件——中心架和跟刀架

（1）中心架 中心架用压板和螺栓固定在车床导轨上，安装工件时，调整三个可调支承爪使工件与外圆接触，从而支承工件，通常用于细长光轴的加工。中心架及其应用如图 1-4-7 所示。

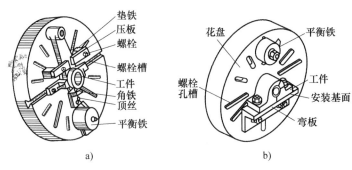

图 1-4-6　花盘及花盘-弯板装夹工件

a）用花盘安装工件　　b）用花盘-弯板安装工件

（2）跟刀架　跟刀架安装在车床刀架上，随刀架一起移动。它只有两个可调支承爪，用来防止切削时背向力所引起的工件变形，用于细长光轴工件的加工。跟刀架及其应用如图1-4-8所示。

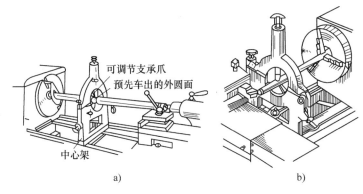

图 1-4-7　中心架及其应用

a）用中心架车外圆　　b）用中心架车端面

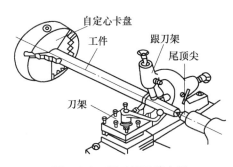

图 1-4-8　跟刀架及其应用

 任务实施

1）由图1-4-1可知，带头导柱调质处理安排在粗车后、半精车之前，淬火处理安排在磨外圆前。

2）由图1-4-2可知，带头导柱外圆面采用磨削加工做精加工，用车削完成其粗加工和半精加工。

3）带头导柱外圆面加工方法为：粗车→调质→半精车→表面淬火→磨外圆。

 任务拓展

已知冲模 B 型滑动导柱材料为 Cr12，各圆柱面表面渗碳深度为 0.8～1.2mm，淬火硬度为 58～62HRC，零件平面图及三维图分别如图 1-1-13 和图 1-1-14 所示，图号为 MC01-1，确定其热处理安排及表面加工方法。

1）B 型滑动导柱调质处理安排在粗车后、半精车之前，淬火处理安排在外圆磨削前。

2）B 型滑动导柱外圆面采用磨削加工做精加工，用车削完成其粗加工和半精加工。

3）B 型滑动导柱外圆面加工方法为：粗车外圆→外圆表面调质处理→半精车外圆→外圆表面淬火→磨削外圆→研磨外圆。

思考与练习

一、填空题

1. 工件热处理的目的是改善＿＿＿＿＿＿＿，提高＿＿＿＿＿＿。

2. 冲模模柄常采用＿＿＿＿＿＿材料，用＿＿＿＿＿＿热处理，而模座采用＿＿＿＿＿＿材料，用＿＿＿＿＿＿热处理。

3. 塑料模各模板通常采用＿＿＿＿＿＿材料，用＿＿＿＿＿＿热处理。

4. 锻件毛坯在机械加工前进行＿＿＿＿＿＿处理，铸件毛坯在机械加工前用＿＿＿＿＿＿热处理或＿＿＿＿＿＿热处理。

5. 钢质材料零件在＿＿＿＿＿＿或＿＿＿＿＿＿加工工序前须安排淬火热处理。

二、判断题

1. 模具导柱、导套材料通常选用 45 钢。　　　　　　　　　　　（　　）

2. 塑料模中定位圈材料通常采用 Q235A。　　　　　　　　　　（　　）

3. 对淬硬钢材料，要求较高的外圆面的加工方法为：粗车→半精车→精车。　（　　）

4. 中心架通常用于细长光轴的车削加工。　　　　　　　　　　　（　　）

5. 对技术要求高的铝合金外圆面，其加工方法为：粗车→半精车→精车→金刚石车。

　　　　　　　　　　　　　　　　　　　　　　　　　　　　　　（　　）

任务五 带头导柱加工阶段划分及加工顺序安排

任务引入

已知某塑料模带头导柱材料为 T10A，$\phi 20mm$ 表面经渗碳淬火处理，硬度为 58～62HRC，零件平面图及三维图分别如图 1-1-1 和图 1-1-2 所示，图号为 MS01-1，确定带头导柱的加工阶段及加工顺序安排。

相关知识

一、加工阶段的划分

1. 机械加工工艺过程中划分加工阶段的作用

1）可消除和减少工件因切削力产生的变形，确保工件加工质量。粗加工阶段切削余量大，切削力大，切削过程中工件切削热大，且内应力重新分布而使零件变形大。划分加工阶段后，粗加工引起的工件变形能在后续加工工序中给予修正，能够确保工件加工质量。

2）可合理使用设备，缓解生产率与加工质量之间的矛盾。粗加工阶段切削力大，工件表面温度高，加工精度一般，需选功率大、普通精度的加工设备；而精加工阶段切削力小，工件表面温度低，加工精度要求高，应选功率小、精度高的加工设备。

3）便于安排热处理工序。为改善零件的力学性能，须在各机械加工工序间穿插热处理工序，这样，工件因热处理产生的变形可通过后续机加工工序来消除。如锻件毛坯机械加工前安排正火处理（铸件毛坯机械加工前安排时效处理或去应力退火处理）；钢质工件在粗加工后安排调质处理；钢质工件精加工前安排淬火处理，既能消除热处理变形，又可改善零件的力学性能。

4）便于及时发现毛坯缺陷，减少加工过程中因毛坯缺陷造成的损失。有些毛坯尤其是铸件毛坯、锻件毛坯，内部缺陷须及时被发现，以便及时进行修补或报废，避免盲目加工造成加工周期长或成本高的情况。

2. 机械加工工艺过程中加工阶段的划分及主要解决的问题

（1）粗加工阶段　此阶段主要切除各加工表面的大部分加工余量，应尽量提高生产率。

（2）半精加工阶段　此阶段主要完成次要表面的终加工，并为主要表面的精加工做准备。

（3）精加工阶段　此阶段主要是保证各主要表面达到图样的全部技术要求，保证零件的加工质量。

（4）超精加工阶段　当零件上有要求特别高的表面时，须在精加工后再安排精密磨削、金刚石车削、金刚镗、研磨、珩磨、抛光或无屑加工等来达到图样要求的精度。

二、加工顺序的确定原则

1. 先粗后精原则

工件同一表面应先进行粗加工后进行精加工，即粗加工→半精加工→精加工，最后安排主要表面的终加工。

2. 先主后次原则

应先进行主要表面的加工，后进行次要表面的加工，工件的主要工作表面及装配基准面应先加工，以便为工件的后续加工工序提供精基准。

3. 先面后孔原则

由于平面定位稳定可靠，对箱体、支架、连杆等平面轮廓尺寸较大的零件，一般先安排平面加工，然后以加工好的平面作为定位基准去加工工件的内孔。

4. 基面先行原则

应先加工（设计、定位）基准面，再以其作为定位基准加工工件其他表面。

除基准面外，精度高、表面粗糙度值小的表面都应放在后面加工，以防切屑划伤工件表面。

 任务实施

1）为避免带头导柱在加工过程中产生基准转换误差，所有表面精加工都用中心孔定位。

2）带头导柱加工阶段划分为粗加工、半精加工和精加工三个阶段。

3）带头导柱两个主要表面的加工顺序：车端面→钻中心孔→粗车各外圆→半精车各外圆→切断→车另一端面→钻中心孔→顶尖顶持，磨外圆→研磨外圆。

 任务拓展

已知冲模 B 型滑动导柱材料为 Cr12，各圆柱面表面渗碳深度为 0.8～1.2mm，淬火硬度为 58～62HRC，零件平面图及三维图分别如图 1-1-13 和图 1-1-14 所示，图号为 MC01-1，分析其加工特点、加工阶段的划分及加工顺序安排。

1）B 型滑动导柱加工工艺特点是：轴的设计基准为轴线，为使设计基准与定位基准一致，使基准不重合误差为零，采用中心孔定位，顶尖顶持磨床进行磨削加工。

2）B 型滑动导柱外圆表面加工阶段划分为粗加工、半精加工和精加工三个阶段。

3）B 型滑动导柱两个主要表面的加工顺序：车端面→钻中心孔→粗车外圆→车另一端面→钻中心孔→顶尖顶持，半精车各外圆→顶尖顶持，磨外圆→研磨外圆。

 思考与练习

一、填空题

1. 划分加工阶段可＿＿＿＿＿＿和＿＿＿＿＿＿工件因切削力产生的变形，确保产品加工质量。

2. 粗加工阶段切削力＿＿＿＿＿，变形＿＿＿＿＿，尺寸精度＿＿＿＿＿，须选＿＿＿＿＿的加工设备。

3. 为改善零件的力学性能，须在机加工之间穿插＿＿＿＿＿工序，这样，工件因热处理产生的变形，可通过后续＿＿＿＿＿工序来消除。

4. 粗加工阶段主要切除各加工表面的大部分＿＿＿＿＿＿＿＿，此阶段应尽量提高＿＿＿＿＿＿＿＿。

5. 先粗后精指的是应先进行＿＿＿＿＿＿＿加工，后进行＿＿＿＿＿＿＿加工。

二、判断题

1. 加工顺序一般为先加工内孔，再以内孔定位加工平面。 （　　）

2. 精加工阶段主要是保证零件的加工质量。 （　　）

3. 划分加工阶段可及时发现毛坯缺陷。 （　　）

4. 精加工阶段应选功率大、精度低的加工设备。 （　　）

5. 应先进行次要表面的加工，后进行主要表面的加工。 （　　）

任务六　带头导柱机械零件加工工艺路线的拟定

任务引入

已知某塑料模带头导柱材料为 T10A，$\phi20mm$ 表面经渗碳淬火处理，硬度为 58 ~ 62HRC，零件平面图及三维图分别如图 1-1-1 和图 1-1-2 所示，图号为 MS01-1，拟定带头导柱加工工艺路线。

相关知识

一、工序集中与工序分散

选定零件各表面加工方法及加工顺序后，制订工艺路线时可采用两种完全相反的原则，一种是工序集中原则，另一种是工序分散原则。所谓工序集中原则，就是每一工序中尽可能包含多的加工内容，从而使工序总数减少，实现工序集中；工序分散原则与工序集中原则含义相反。工序集中与工序分散各有特点，在制订工艺路线时，究竟采用哪种原则须视具体情况决定。

1. 工序集中

（1）工序集中的优点

1）可减少工件装夹次数。在一次装夹中能把工件各表面全部加工出来，有利于保证工件各表面间的位置精度，减少装夹次数，用于表面之间位置精度要求高的工件加工。

2）可减少机床数量和占地面积，便于采用高效率机床加工，有利于提高生产率。

3）简化生产计划与调度工作。因为工序少、设备少、工人少，自然便于生产组织与管理。

（2）工序集中的缺点　工序集中的缺点是不利于划分加工阶段，所需设备与工装复杂，机床调整、维修时的投资大，产品转型困难。

（3）工序集中的使用场合　工序集中常以数控机床或加工中心作为加工设备，其加工性质为单件或小批生产、多品种、零件形状复杂且尺寸和质量大。

2. 工序分散

（1）工序分散的优点　工序分散的优点是每道工序加工内容少，设备工装简单、维修方便，对工人技术水平要求较低，在加工时可采用合理的切削用量，更换产品容易。

（2）工序分散的缺点　工序分散的缺点是加工工艺路线较长。

（3）工序分散的使用场合　工序分散常用于加工设备为普通机床或简单零件的大批量生产。

二、工艺路线的拟定方法和步骤

1）根据工件图样中各加工面精度等级和表面粗糙度，拟定工件各表面机械加工工艺路线。

2）采用工序集中方法，将工件不同表面在同一设备上加工的工序进行加工顺序的组合。

3）根据先主后次、先粗后精、先面后孔、基准先行的原则，进行机械加工工序组合。

4）在组合后的加工工序间插入热处理工序，完成整个工件加工工艺路线的拟定。

工艺路线的拟定方法如图 1-6-1 所示。

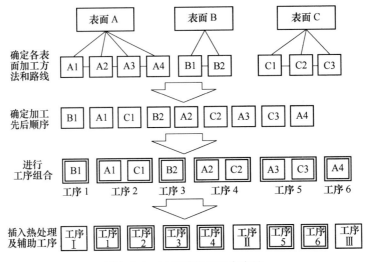

图 1-6-1　工艺路线的拟定方法

 任务实施

1）根据本项目任务三，带头导柱毛坯选择为圆棒料。

2）热处理工序为在粗加工后半精加工前安排调质处理，主要加工方法为车削和磨削。

3）主要表面加工顺序为粗车→半精车→磨外圆。

4）同一表面加工阶段分为粗加工阶段→半精加工阶段→精加工阶段。

5）带头导柱加工工艺路线拟定为：下料→车端面→钻中心孔→粗车外圆→调质→半精车外圆→淬火→磨外圆→研磨中心孔→研磨外圆。

 任务拓展

已知冲模 B 型滑动导柱材料为 Cr12，各圆柱面表面渗碳深度为 0.8～1.2mm，淬火硬度为 58～62HRC，零件平面图及三维图分别如图 1-1-13 和图 1-1-14 所示，图号为 MC01-1，拟定其机械加工工艺路线。

1）根据本项目任务三，B 型滑动导柱毛坯选择为圆棒料。

2）热处理工序在粗加工后半精加工前安排调质处理，主要加工方法为车削和磨削。

3）主要表面加工顺序为粗车→半精车→磨外圆，次要表面铣键槽。

4）加工阶段分为粗加工阶段→半精加工阶段→精加工阶段。

5）B 型滑动导柱加工工艺路线拟定为：下料→车端面→钻中心孔→粗车外圆→调质→

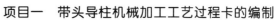

半精车外圆→淬火→磨外圆→研磨中心孔→研磨外圆。

 思考与练习

一、填空题

1. 工序集中是指每一工序中尽可能包含多的＿＿＿＿＿＿，减少工序＿＿＿＿＿＿，实现工序＿＿＿＿＿＿。

2. 工序分散的缺点是＿＿＿＿＿＿较长，常用加工设备为＿＿＿＿＿＿。

3. 工序集中的优点是可减少工件的＿＿＿＿＿＿，减少机床＿＿＿＿＿＿和＿＿＿＿＿＿。

4. 工序集中的缺点是不利于划分＿＿＿＿＿＿，常用于加工设备为＿＿＿＿＿＿或＿＿＿＿＿＿。

5. 工序分散的优点是设备工装＿＿＿＿＿＿、维修＿＿＿＿＿＿，对工人技术水平要求＿＿＿＿＿＿。

二、判断题

1. 工序分散常用于单件小批量生产的场合。　　　　　　　　　　（　　）
2. 工序集中加工设备多为数控机床。　　　　　　　　　　　　　（　　）
3. 拟定工艺路线时在组合机械加工工序后，再在工序之间插入热处理工序。（　　）
4. 工序集中尤其适合于表面位置精度要求低的工件加工。　　　　（　　）
5. 拟定工艺路线首先确定工件各加工面的机械加工路线。　　　　（　　）

任务七 带头导柱工序尺寸的计算

任务引入

已知某塑料模带头导柱材料为 T10A，$\phi20mm$ 表面经渗碳淬火处理，硬度为 58 ~ 62HRC，零件平面图及三维图分别如图 1-1-1 和图 1-1-2 所示，图号为 MS01-1，加工工艺路线为：下料→车端面→钻中心孔→粗车外圆→调质→半精车外圆→淬火→磨外圆→研磨中心孔→研磨外圆，确定带头导柱各工序加工尺寸及余量。

相关知识

一、加工余量的确定

1. 加工余量的定义

加工余量是指机械加工时从加工表面切去的金属层厚度。零件的加工余量等于其各加工工序余量的总和。而工序余量是指某一表面在一道工序中切除的金属层厚度。轴类与孔类尺寸的加工余量如图 1-7-1 所示。

2. 工序余量 Z 的计算

对回转类零件的尺寸，其工序余量 Z 有单边余量和双边余量之分，如图 1-7-1c、d 所示。平面加工余量一般指单边余量。

工序余量 Z = 相邻的前、后两道工序尺寸之差。对轴类尺寸，工序单边余量 $Z = a - b$，如图 1-7-1a 所示；对孔类尺寸，工序单边余量 $Z = b - a$，如图 1-7-1b 所示。

3. 工序基本余量、最大余量、最小余量、余量公差的概念

由于毛坯制造和各个工序尺寸都存在误差，故工序加工余量是个变动值，分为基本余量、最大余量、最小余量，如图 1-7-2 所示。

（1）基本余量 基本余量是指工序尺寸用公称尺寸计算时所得的加工余量。

轴类尺寸的精加工基本加工余量 = 粗加工工序公称尺寸 - 精加工工序公称尺寸

孔类尺寸的精加工基本加工余量 = 精加工工序公称尺寸 - 粗加工工序公称尺寸

（2）最大余量 最大余量是指工序余量的最大值。

最大加工余量 = 基本加工余量 + 该工序尺寸公差

（3）最小余量 最小余量是指确保某工序加工面的精度和质量所须切除的金属层最小厚度。

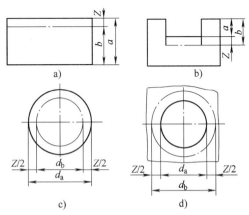

图 1-7-1 轴类与孔类尺寸的加工余量

最小加工余量 = 基本加工余量 - 该工序尺寸公差

（4）余量公差　余量公差是指前工序与本工序的工序尺寸公差之和。

精加工加工余量公差 = 精加工工序尺寸公差 + 粗加工工序尺寸公差

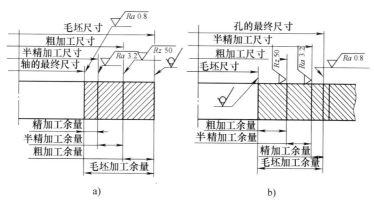

图 1-7-2　加工余量及公差

a）轴类尺寸　b）孔类尺寸

4. 总加工余量

（1）总加工余量的定义　总加工余量是指零件从毛坯变为成品时，从某一表面所切除的金属层总厚度，即毛坯尺寸与零件图样设计尺寸之差。

（2）总加工余量的计算　总加工余量等于该表面各工序余量之和，即

$$Z_{总} = \sum_{i=1}^{n} Z_i$$

（3）总加工余量对工艺过程的影响

1）若工件总加工余量不足，则其加工质量难以得到保证。

2）若工件总加工余量太大，会增加机械加工的劳动量，延长生产周期，提高成本。

3）工件总加工余量与毛坯精度、生产类型和生产批量有关。

5. 确定加工余量的方法

（1）经验估算法　根据工艺人员的经验确定加工余量，用于单件、小批量生产。

（2）查表修正法　先查手册，然后根据实际情况进行适当修正，这种方法被广泛采用。

（3）分析计算法　分析各因素，根据关系式计算，用于贵重材料零件的大批生产，较少采用。

6. 中等尺寸常用加工余量

中等尺寸常用加工余量见表 1-7-1。

表 1-7-1　中等尺寸常用加工余量

上工序	本工序	本工序表面粗糙度值 $Ra/\mu m$	本工序单面余量/mm	说　明
锯	锻		型材尺寸小于 250 时取 2 ~ 4，大于 250 时取 3 ~ 6；加工中心孔时，长度方向余量 3 ~ 5，夹头长度大于 70 时；取 8 ~ 10，夹头长度小于 70 时取 6 ~ 8	锯床下料端面余量
锻	粗车	12.5	2 ~ 3	

（续）

上工序	本工序	本工序表面粗糙度值 Ra/μm	本工序单面余量/mm						说　明

上工序	本工序	本工序表面粗糙度值 Ra/μm	工件外径	工件长度					说　明
				≤100	>100~250	>250~500	>500~800	>800~1200	
粗车	半精车	6.3	≤10	0.4	0.45	0.5			工艺夹头量
			>10~18	0.45	0.45	0.5	0.55		
			>18~30	0.45	0.5	0.65	0.65	0.7	
			>30~50	0.5	0.5	0.55	0.65	0.75	
			>50~80	0.55	0.55	0.6	0.7	0.8	
			>80~120	0.55	0.6	0.6	0.7	0.8	
			>120~180	0.6	0.6	0.65	0.75	0.85	
			>180~260	0.65	0.65	0.7	0.8	0.9	
			>260~360	0.65	0.7	0.75	0.85	0.95	
			>360~500	0.7	0.75	0.75	0.85	0.95	

上工序	本工序	本工序表面粗糙度值 Ra/μm	工件材料	非铁材料合金		青铜及铸铁		钢		说明
				d≤100	d>100	d≤100	d>100	d≤100	d>100	
半精车	精车	1.6	加工余量	0.15	0.25	0.15	0.2	0.1	0.15	

上工序	本工序	本工序表面粗糙度值 Ra/μm	本工序单面余量/mm	说　明
钳工	插、铣	3.2	排孔与线边距0.3~0.5,孔距0.1~0.3	用于排孔挖料
铣	插		5~10	型孔、窄槽的清角加工
刨	铣	6.3	0.5~1	加工面垂直度、平行度 = 本工序余量/3
铣、插	精铣	1.6	0.5~1	加工面垂直度、平行度 = 本工序余量/3
	仿刨			
钻	镗孔	0.8	1~2	孔径 >φ30mm 时,余量酌增
	铰孔	1.6	0.05~0.1	φ14mm 的孔

上工序	本工序	本工序表面粗糙度值 Ra/μm	工件外径	工件长度			说明
				≤30	>30~60	>60~120	
车	磨外圆	0.8	3~30	0.1~0.12	0.12~0.17	0.17~0.22	加工面垂直度和平行度 = 本工序余量/3
			>30~60	0.12~0.17	0.17~0.22	0.22~0.28	
			>60~120	0.17~0.22	0.22~0.28	0.28~0.33	

上工序	本工序	本工序表面粗糙度值 Ra/μm	工件孔深	工件孔径			说明
				≤4	>4~10	>10~50	
车	磨孔	1.6	3~15	0.02~0.05	0.05~0.08	0.08~0.12	
			>15~30	0.05~0.08	0.08~0.12	0.12~0.18	

（续）

上工序	本工序	本工序表面粗糙度值 $Ra/\mu m$	本工序单面余量/mm	说　明
刨铣	磨	0.8	平面尺寸 <250 时取 0.3~0.5,平面尺寸 >250 时取 0.4~0.6。轴类尺寸取 0.2~0.3,孔类尺寸取 0.1~0.2	加工面垂直度和平行度 = 本工序余量/3
仿刨插			0.15~0.25	
			0.1~0.2	
精铣插		1.6	0.1~0.15	加工要求垂直度和平行度的表面
	钳工锉修打光	3.2	0.1~0.2	
仿刨		3.2	0.015~0.025	要求上下锥度 <0.03
仿形铣		3.2	0.05~0.15	仿形刀痕与理论型面的最小余量
精铣钳修	研磨、抛光	0.8	<0.05	加工要求形状精度、尺寸精度和表面粗糙度的表面
		0.8	0.01~0.02	
车镗磨		0.4	0.005~0.01	
电火花成形加工	研磨、抛光	0.4~0.2	0.01~0.03	用于型腔表面加工等
电火花线切割	研磨、抛光	0.8~0.4	<0.01	冲压凹、凸模、导向卸料板、固定板
		0.4	0.02~0.03	型腔、型芯、镶块等
平磨		0.4	0.15~0.25	用于准备电火花线切割、成形磨削和铣削等划线坯料

二、基准重合时工序尺寸及其偏差的确定

当工序基准、定位基准或测量基准与设计基准重合，表面多次加工时，计算顺序是由最后一道工序开始，即由设计尺寸开始向前推算到毛坯尺寸。

1. 工序尺寸及其偏差计算的步骤

1）查表确定毛坯总余量和工序余量。

2）计算工序公称尺寸。

3）确定工序偏差。

4）标注工序尺寸及偏差。

2. 工序公称尺寸及偏差计算

1）对轴类及键宽尺寸：

① 最终工序尺寸 = 图样尺寸。

② 本工序公称尺寸 = 后工序公称尺寸 + 后工序间余量。

③ 本工序尺寸偏差为 $_{-\delta}^{0}$，δ 为本工序尺寸公差值，按本工序尺寸和相应的公差等级查表即可。

2）对孔类及键槽宽度尺寸：

① 最终工序尺寸 = 图样尺寸。

② 本工序公称尺寸 = 后工序公称尺寸 - 后工序间余量。

③ 本工序尺寸偏差为 $_{0}^{+\delta}$，δ 为本工序尺寸公差值，按工序尺寸和相应的精度等级查表即可。

3）对中心距类尺寸，尺寸偏差取 $\pm\delta/2$。

4）毛坯尺寸按"双向"布置上、下极限偏差，偏差取 $\delta/2$。

三、基准重合时工序尺寸及其偏差的计算实例

例如，某模板孔的设计要求为 $\phi100_{0}^{+0.035}$mm，表面粗糙度值 Ra 为 0.8μm，毛坯为铸铁件，其加工路线为：毛坯→粗镗→半精镗→精镗→浮动镗，求各工序尺寸及偏差。

1）查加工余量表，确定模板孔各工序双面加工余量分别为：浮动镗，0.1mm；精镗，0.5mm；半精镗，2.4mm；粗镗，5mm。

2）将工件加工工序从后往前推移，计算模板孔各工序尺寸。

① 浮动镗工序尺寸 = 设计尺寸 $\phi100$mm，浮动镗工序尺寸偏差 = 设计尺寸偏差 $_{0}^{+0.035}$mm。

② 精镗工序尺寸 = 浮动镗工序尺寸 - 浮动镗双面加工余量 = ϕ（100 - 0.1）mm = $\phi99.9$mm。

③ 半精镗工序尺寸 = 精镗工序尺寸 - 精镗双面加工余量 = ϕ（99.9 - 0.5）mm = $\phi99.4$mm。

④ 粗镗工序尺寸 = 半精镗工序尺寸 - 半精镗双面加工余量 = ϕ（99.4 - 2.4）mm = $\phi97$mm。

⑤ 毛坯工序尺寸 = 粗镗工序尺寸 - 粗镗双面加工余量 = ϕ（97 - 5）mm = $\phi92$mm。

3）查项目二中的孔的加工路线图（图 2-1-3），找到各加工工序能达到的经济公差等级。精镗工序尺寸经济公差等级 IT9，半精镗工序尺寸经济公差等级 IT11，粗镗工序尺寸经济公差等级 IT13，毛坯工序尺寸加工精度为 ±1.2mm。

4）采用"入体"原则，标注模板孔各工序尺寸的尺寸偏差。精镗工序尺寸公差带为 H9，半精镗工序尺寸公差带为 H11，粗镗工序尺寸公差带为 H13，毛坯工序尺寸的偏差为 ±1.2mm。

5）将以上计算的各工序尺寸和相应尺寸公差带分别填入到表 1-7-2 中。

表 1-7-2　模板孔各工序尺寸及偏差　　　　　（单位：mm）

工序名称	双面工序余量	工序公称尺寸	工序经济公差带及尺寸偏差	工序尺寸及极限偏差
浮动镗	0.1	100	H7（$_{0}^{+0.035}$）	$\phi100_{0}^{+0.035}$
精镗	0.5	100 - 0.1 = 99.9	H9（$_{0}^{+0.087}$）	$\phi99.9_{0}^{+0.087}$

（续）

工序名称	双面工序余量	工序公称尺寸	工序经济公差带及尺寸偏差	工序尺寸及极限偏差
半精镗	2.4	$99.9 - 0.5 = 99.4$	$H11\left(^{+0.22}_{\ 0}\right)$	$\phi99.4^{+0.22}_{\ 0}$
粗镗	5	$99.4 - 2.4 = 97$	$H13\left(^{+0.54}_{\ 0}\right)$	$\phi97^{+0.54}_{\ 0}$
毛坯	8	$97 - 5 = 92$ 或 $100 - 8 = 92$	±1.2	$\phi(92 \pm 1.2)$

 任务实施

1）找到图样中高精度要求尺寸 $\phi20^{-0.020}_{-0.033}$ mm 及 $\phi20^{+0.021}_{+0.008}$ mm。

2）查表确定带头导柱磨削单面余量为 0.22～0.28mm，取 0.25mm，双面余量为 0.5mm；半精车工序单面余量为 0.4～1.1mm，取 0.75mm，双面余量为 1.5mm；粗车工序单面余量为 2～3mm，取 2mm，双面余量为 4mm。

3）查表确定各工序的尺寸公差等级。粗车工序尺寸公差等级为 IT12～IT13，取 IT12；半精车工序尺寸公差等级为 IT10～IT11，取 IT10。

4）确定各工序加工工序尺寸。磨削工序工序尺寸为 $\phi20^{-0.020}_{-0.033}$ mm 及 $\phi20^{+0.021}_{+0.008}$ mm；粗车工序工序尺寸为 $\phi22$ mm；半精车工序工序尺寸为 $\phi20.5$ mm，毛坯尺寸按工件最大尺寸为 $\phi30$ mm。

5）带头导柱各加工工序的工序尺寸偏差。磨两外圆到图样尺寸分别为 $\phi20^{+0.021}_{+0.008}$ mm、$\phi20^{-0.020}_{-0.033}$ mm；半精车 $\phi20$ mm 为 $\phi20.5$h10$\left(^{\ 0}_{-0.1}\right)$，半精车 $\phi25$ mm 为 $\phi25$h10$\left(^{\ 0}_{-0.1}\right)$；粗车 $\phi20$ mm 为 $\phi22$h12$\left(^{\ 0}_{-0.25}\right)$，粗车 $\phi25$ mm 为 $\phi26.5$h12$\left(^{\ 0}_{-0.25}\right)$；毛坯工序尺寸为 $\phi(30 \pm 2)$ mm；两端面加工余量按单面 2～4mm，则毛坯长度尺寸为 215mm。

6）将以上计算的各工序尺寸和相应尺寸公差带分别填入表 1-7-3 中。

表 1-7-3　带头导柱各工序尺寸及偏差　　　　　　　　　（单位：mm）

工序名称	双面工序余量	工序公称尺寸	工序经济公差带及尺寸偏差	工序尺寸及偏差
磨	0.5	20		$\phi20^{+0.021}_{+0.008}$、$\phi20^{-0.020}_{-0.033}$
半精车	1.5	$20 + 0.5 = 20.5$	$h10\left(^{\ 0}_{-0.1}\right)$	$\phi20.5^{\ 0}_{-0.1}$
粗车	4	$20.5 + 1.5 = 22$	$h12\left(^{\ 0}_{-0.25}\right)$	$\phi22^{\ 0}_{-0.25}$
毛坯	6	$22 + 4 = 26$ 或 $20 + 6 = 26$	±1.2	$\phi(26 \pm 1.2)$

 任务拓展

已知冲模 B 型滑动导柱材料为 Cr12，各圆柱面表面渗碳深度为 0.8～1.2mm，淬火硬度为 58～62HRC，零件平面图及三维图分别如图 1-1-13 和图 1-1-14 所示，图号为 MC01-1，计算其各工序尺寸及偏差。

1）B 型滑动导柱高精度要求的设计尺寸分别为 $\phi28^{\ 0}_{-0.013}$ mm 和 $\phi28^{+0.041}_{+0.028}$ mm。

2）确定 B 型滑动导柱的磨削加工工序的单面余量，查表为 0.22 ~ 0.28mm，取 0.25mm，双面余量为 0.5mm；半精车加工工序单面余量 0.4 ~ 1.1mm，取 0.75mm，双面余量为 1.5mm；粗车加工工序单面余量 2 ~ 3mm，取 2mm，双面余量为 4mm。

3）查表确定各工序的工序尺寸及尺寸公差等级。

① 粗车工序尺寸公差等级为 IT12 ~ IT13，取 IT12；半精车工序尺寸公差等级为 IT10 ~ IT11，取 IT10。

② 粗车工序尺寸为 $\phi30$mm，尺寸公差等级为 IT12；半精车外圆尺寸为 $\phi28.5$mm，尺寸公差等级为 IT10；毛坯外圆尺寸为 $\phi34$mm，加工精度取 ±2mm。

4）B 型滑动导柱工序尺寸及偏差。磨两外圆到图样尺寸分别为 $\phi28_{-0.013}^{0}$mm、$\phi28_{+0.028}^{+0.041}$mm；半精车工序尺寸及偏差为 $\phi28.5$ h10（$_{-0.1}^{0}$）；粗车工序尺寸及偏差为 $\phi30$h12（$_{-0.25}^{0}$）；毛坯工序尺寸及偏差为 $\phi(34 \pm 2)$mm；两端面加工余量按单面 2 ~ 4mm，则毛坯长度方向尺寸为 215mm，精度取 ±2mm。

5）将以上计算的各工序尺寸和相应尺寸公差带分别填入表 1-7-4 中。

表 1-7-4　B 型滑动导柱各工序尺寸及偏差　　　　　　　　　　（单位：mm）

工序名称	双面工序余量	工序公称尺寸	工序经济公差带及尺寸偏差	工序尺寸及偏差
磨	0.5	28		$\phi28_{-0.013}^{0}$、$\phi28_{+0.028}^{+0.041}$
半精车	1.5	28 + 0.5 = 28.5	h10（$_{-0.1}^{0}$）	$\phi28.5_{-0.1}^{0}$
粗车	4	28.5 + 1.5 = 30	h12（$_{-0.25}^{0}$）	$\phi30_{-0.25}^{0}$
毛坯	6	30 + 4 = 34 或 28 + 6 = 34	±2	$\phi(34 \pm 2)$

 思考与练习

一、填空题

1. 加工余量是指_____时从_____切去的_____厚度。

2. 工序余量是指_____在一道工序中_____的金属层厚度。

3. 孔类及键槽宽度尺寸偏差为_____，对中心距类尺寸，尺寸偏差取_____。

4. 对轴类及键宽尺寸偏差为_____，δ 为本工序尺寸_____。

5. 基准重合时工序尺寸计算顺序是由_____开始向前推算到_____。

二、判断题

1. 总加工余量指零件从毛坯变为成品时从某一表面所切除的金属层总厚度。　　（　　）

2. 对轴类及键宽尺寸，本工序公称尺寸 = 后工序公称尺寸 - 后工序间余量。　　（　　）

3. 无论轴类还是孔类尺寸，其最终加工工序尺寸 = 图样尺寸。　　（　　）

4. 毛坯尺寸偏差按"单向"布置，按 $_{-\delta}^{0}$ 标注。　　（　　）

5. 某表面机械加工总余量等于该表面各工序余量之差。　　（　　）

任务八 带头导柱加工用车床及刀具、尺寸测量用量具

任务引入

某塑料模带头导柱材料为 T10A，φ20mm 表面经渗碳淬火处理，硬度为 58~62HRC，零件平面图及三维图分别如图 1-1-1 和图 1-1-2 所示，图号为 MS01-1，确定加工带头导柱用车床及刀具、尺寸测量用量具。

相关知识

一、车床的种类及型号的含义

轴类零件外圆加工用机床——车床，主要用于轴类及盘套类等零件的内圆柱面、外圆柱面、圆锥面、螺纹面及其端面粗加工和半精加工，也可用于非铁金属材料合金和未淬火钢材料的内圆柱面、外圆柱面、圆锥面及其端面的精加工。

普通车床的外形结构如图 1-8-1 所示，数控车床的外形结构如图 1-8-2 所示。

1. 机床型号的编制

（1）通用机床的型号编制 按 GB/T 15375—2008《金属切削机床 型号编制方法》，通用机床型号含义如下：

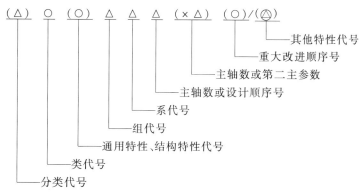

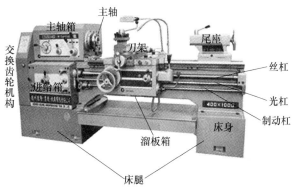

图 1-8-1 普通车床的外形结构

图 1-8-2　数控车床的外形结构

（2）通用机床类、组划分　见表 1-8-1。

表 1-8-1　通用机床类、组划分

类别 ＼ 组别	0	1	2	3	4	5	6	7	8	9
车床 C	仪表小型车床	单轴自动车床	多轴自动、半自动车床	回轮、转塔车床	曲轴及凸轮轴车床	立式车床	落地及卧式车床	仿形及多刀车床	轮、轴、辊、锭及铲齿车床	其他车床
钻床 Z		坐标镗钻床	深孔钻床	摇臂钻床	台式钻床	立式钻床	卧式钻床	铣钻床	中心孔钻床	其他钻床
镗床 T			深孔镗床		坐标镗床	立式镗床	卧式铣镗床	精镗床	汽车、拖拉机修理用镗床	其他镗床
磨床 M	仪表磨床	外圆磨床	内圆磨床	砂轮机	坐标磨床	导轨磨床	刀具刃磨床	平面及端面磨床	曲轴、轮轴、花键轴及轧辊磨床	工具磨床
磨床 2M		超精机	内圆珩磨机	外圆及其他珩磨机	抛光机	砂带抛光及磨削机床	刀具刃磨及研磨机床	可转位刀片磨床	研磨机	其他磨床
磨床 3M		球轴承套圈沟磨床	滚子轴承套圈滚道磨床	轴承套圈超精磨床		叶片磨削机床	滚子加工机床	钢球加工机床	气门、活塞及活塞环磨削机床	汽车、拖拉机修磨机
齿轮加工机床 Y	仪表齿轮加工机		锥齿轮加工机	滚齿及铣齿机	剃齿及珩齿机	插齿机	花键轴铣床	齿轮磨齿机	其他齿轮加工机	齿轮倒角及检查机
螺纹加工机床 S			套螺纹机	攻螺纹机			螺纹铣床	螺纹磨床		螺纹车床
铣床 X	仪表铣床	悬臂及滑枕铣床	龙门铣床	平面铣床	仿形铣床	立式升降台铣床	卧式升降台铣床	床身铣床	工具铣床	其他铣床
刨插床 B		悬臂刨床	龙门刨床				插床	牛头刨床	边缘及模具刨床	其他刨床
拉床 L			侧拉床	卧式外拉床	连续拉床	立式内拉床	卧式内拉床	立式外拉床	键槽及螺纹拉床	其他拉床
锯床 G			砂轮片锯床		卧式带锯床	立式带锯床	圆锯床	弓锯床	锉锯床	
其他机床 Q	其他仪表机床	管子加工机床	木螺钉加工机床	刻线机	切断机	多功能机床				

（3）机床的通用特性代号　见表 1-8-2。

表 1-8-2　机床的通用特性代号

通用特性	高精度	精密	自动	半自动	数控	加工中心（自动换刀）	仿型	轻型	加重型	柔性加工单元	数显	高速
代号	G	M	Z	B	K	H	F	Q	C	R	X	S
读音	高	密	自	半	控	换	仿	轻	重	柔	显	速

（4）各类机床主参数折算系数　见表 1-8-3。

表 1-8-3　各类机床主参数折算系数

机床名称	主参数名称	折算系数	机床名称	主参数名称	折算系数
卧式车床	床身上最大回转直径	1/10	矩台平面磨床	工作台面宽度	1/10
立式车床	最大车削直径	1/100	齿轮加工机床	最大工件直径	1/10
摇臂钻床	最大钻孔直径	1/1	龙门铣床	工作台面宽度	1/100
卧式镗床	镗轴直径	1/10	升降台铣床	工作台面宽度	1/10
坐标镗床	工作台面宽度	1/10	龙门刨床	最大刨削宽度	1/100
外圆磨床	最大磨削直径	1/10	插床及牛头刨床	最大插削及刨削长度	1/10
内圆磨床	最大磨削孔径	1/10	拉床	额定拉力	1/10

2. 机床型号的含义举例

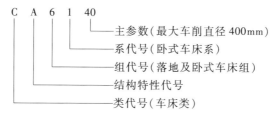

CA6140 机床型号含义为：表示最大车削直径为 φ400mm 的卧式车床。

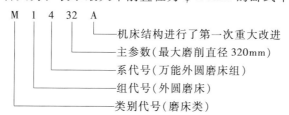

M1432A 机床型号含义为：表示最大磨削直径为 φ320mm 的万能外圆磨床。

3. 车削加工典型加工面及所用刀具

车削加工典型加工面及所用刀具如图 1-8-3 所示。

图 1-8-3a 所示为用外圆车刀车削外圆柱面；图 1-8-3b 所示为用弯头车刀车削外圆柱面和端面；图 1-8-3c 所示为用端面车刀车削端面；图 1-8-3d 所示为用切槽刀车削环槽；图 1-8-3e 所示为用内孔车刀车削内孔；图 1-8-3f 所示为用外螺纹车刀车削外螺纹；图 1-8-3g 所示为用成形车刀车削成形面；图 1-8-3h 所示为用中心钻钻削中心孔；图 1-8-3i 所示为用麻花钻钻削轴类工件实体材料上位于旋转中心线上的孔；图 1-8-3j 所示为用滚轮滚削加工外花纹；图 1-8-3k 所示为用外圆车刀车削外圆锥面；图 1-8-3l 所示为用丝锥攻内螺纹。

4. 外圆加工用车刀的结构

图 1-8-4a 所示为焊接式车刀，把硬质合金刀片焊接在车刀刀体上，这种车刀刚性好，强度高，用于粗加工外圆柱面。图 1-8-4b 所示为整体式车刀，采用高速钢材料，这种车刀受振动相对较小，用于精加工外圆柱面；图 1-8-4c 所示为机夹可转位式车刀，硬质合金刀

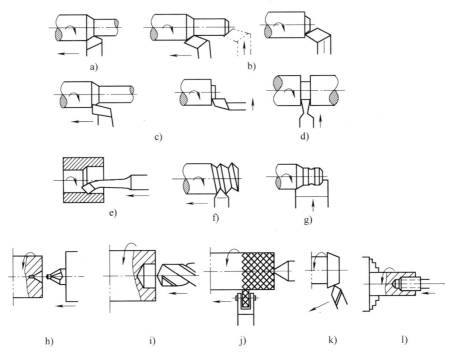

图 1-8-3　车削加工典型加工面及所用刀具

片（图 1-8-4d）用圆柱销固定、螺钉拧紧在刀体上，当刀片切削刃碰伤时，松开螺钉，旋转刀片可更换刀片新的切削刃。

5. 中心钻

中心钻用来在各种轴类工件实体材料上加工中心孔。中心钻的结构如图 1-8-5 所示。

（1）中心孔的型式　中心孔分为 A、B、C、R 四个型式。

（2）中心孔的结构、标准及其标注　中心孔的结构如图 1-8-6 所示，中心孔国家标准号为 GB/T 4459.5—1999，中心孔的标注如图 1-8-7 所示。

中心孔的标记及其含义见表 1-8-4。

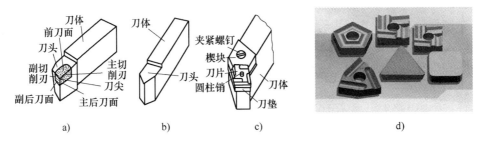

图 1-8-4　外圆加工用车刀的结构

表 1-8-4　中心孔的标记及其含义

中心孔的型式	中心孔标记示例	中心孔标记的含义
R（弧形）	GB/T 4459.5-R3.15/6.7	$D = 3.15mm, D_1 = 6.7mm$
A（不带护锥）	GB/T 4459.5-A4/8.5	$D = 4mm, D_1 = 8.5mm$
B（带护锥）	GB/T 4459.5-B2.5/8	$D = 2.5mm, D_1 = 8mm$
C（带螺纹）	GB/T 4459.5-CM10L30/16.3	$D = M10, L = 30mm, D_2 = 16.3mm$

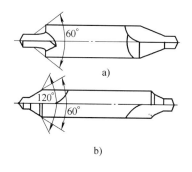

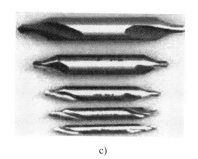

图 1-8-5　中心钻的结构

a）无护锥中心钻　b）有护锥中心钻　c）中心钻实体

（3）中心孔的尺寸　中心孔的尺寸见表 1-8-5 和表 1-8-6。

表 1-8-5　R 型、A 型、B 型中心孔的尺寸　　　　　　　　　　（单位：mm）

D 公称尺寸	型　式				
	R	A		B	
	D_1	D_1	t	D_1	t
	公称尺寸	公称尺寸	参考尺寸	公称尺寸	参考尺寸
(0.5)		1.06	0.5		
(0.63)		1.32	0.6		
(0.8)		1.70	0.7		
1.0	2.12	2.12	0.9	3.15	0.9
(1.25)	2.65	2.65	1.1	4	1.1
1.6	3.35	3.35	1.4	5	1.4
2.0	4.25	4.25	1.8	6.3	1.8
2.5	5.3	5.30	2.2	8	2.2
3.15	6.7	6.70	2.8	10	2.8
4.0	8.5	8.50	3.5	12.5	3.5
(5.0)	10.6	10.60	4.4	16	4.4
6.3	13.2	13.20	5.5	18	5.5
(8.0)	17.0	17.00	7.0	22.4	7.0
10.0	21.2	21.20	8.7	28	8.7

注：尽量避免选用括号中的尺寸。

表 1-8-6　C 型中心孔的尺寸　　　　　　　　　　（单位：mm）

D 公称尺寸	M3	M4	M5	M6	M8	M10	M12	M16	M20	M24
D_2 公称尺寸	5.8	7.4	8.8	10.5	13.2	16.3	19.8	25.3	31.3	38.0

二、磨床的种类

1. 无心外圆磨床

无心外圆磨床的外形结构如图 1-8-8 所示。

无心外圆磨削的特点：

1）工件无须钻中心孔，支承刚性好，磨削余量小而均匀，生产率高，易实现自动化，适合成批生产。

2）加工精度高，其中尺寸公差等级可达 IT5～IT6，形状精度也比较好，表面粗糙度值可达 $Ra1.25～0.16\mu m$。

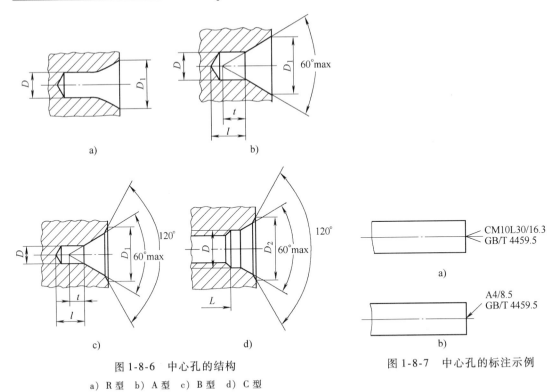

图 1-8-6　中心孔的结构

a）R 型　b）A 型　c）B 型　d）C 型

图 1-8-7　中心孔的标注示例

3）不能加工断续表面，如花键、单键槽表面。

4）只能加工尺寸较小且形状简单的零件。

2. 万能外圆磨床

万能外圆磨床的外形结构如图 1-8-9 所示。

万能外圆磨床主要用于内、外圆柱和圆锥表面的精加工和磨削加工，也能磨削阶梯轴轴肩和端面，可获得公差等级为 IT6～IT7 的尺寸精度及几何精度，表面粗糙度值为 $Ra1.25～0.08\mu m$。

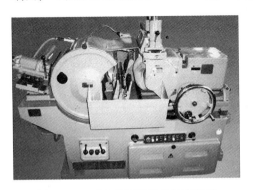

图 1-8-8　无心外圆磨床的外形结构

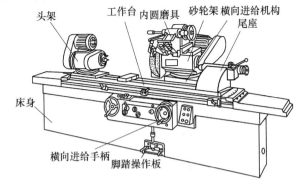

图 1-8-9　万能外圆磨床的外形结构

三、轴类零件外圆面的研磨

1. 研磨原理

研磨是使用研具及游离磨料对工件被加工面进行微量加工的精密加工方法。被加工面与研具之间置以游离磨料和润滑剂，使被加工面和研具之间产生相对运动并施加一定压力，磨料产生切削、挤压等作用，从而去除表面凸起处，使工件被加工面精度得到提高，减小表面粗糙度值。研磨表面粗糙度值为 $Ra0.1 \sim 0.2\mu m$，加工尺寸公差等级可达 IT5，可提高工件表面形状精度，但不能改善工件表面相互的位置精度。

2. 研磨设备

研磨一般采用车床或外圆磨床，也可在专用研磨机上完成。

3. 外圆柱面研磨用研具

外圆柱面研磨用研具材料较软，如铸铁、铜或硬木等。外圆柱面用研具为研磨环，研磨环有固定式和可调式两种，固定式研磨环研磨内径不可调节，而可调式研磨环研磨内径可以在一定范围内调节，以适应研磨外圆的变化。如图 1-8-10 所示，可调式研磨环研由研磨套1、研磨环2、螺钉3和调节螺钉4组成。调节螺钉4控制工件与研磨环接触的紧密程度。研磨环尺寸如下：

研磨环内径 = 轴外径 + （0.02 ~ 0.04mm），研磨套长度 = （0.6 ~ 0.8）工件长度。

4. 外圆柱面研磨原理

研磨前，分别在工件和研磨环上涂研磨剂，将研磨环调节螺钉4松开，将工件放入研磨环内，压紧调节螺钉4和螺钉3，以使工件与研磨环紧密接触，

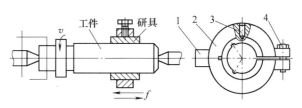

图 1-8-10 可调式研磨环
1—研磨套 2—研磨环 3—螺钉 4—调节螺钉

再将工件两端的中心孔分别置于机床前、后顶尖中，在机床主轴和拨盘带动下，工件旋转（转速为 50 ~ 100r/min），手工移动研磨环轴做轴向进给，实现外圆柱面的研磨。

5. 外圆柱面研磨加工余量

研磨加工余量一般为 0.01 ~ 0.02mm。淬硬后的外圆表面研磨加工余量见表 1-8-7。

表 1-8-7 淬硬后的外圆表面研磨加工余量 （单位：mm）

零件公称尺寸	研磨加工余量	零件公称尺寸	研磨加工余量
≤10	0.005 ~ 0.008	>50 ~ 80	0.008 ~ 0.012
>10 ~ 18	0.006 ~ 0.009	>80 ~ 120	0.01 ~ 0.014
>18 ~ 30	0.007 ~ 0.01	>120 ~ 180	0.012 ~ 0.016
>30 ~ 50	0.008 ~ 0.011	>180 ~ 250	0.015 ~ 0.02

6. 中心孔的修正（研磨）

中心孔的研磨一般安排在轴的粗加工后、磨削前进行。如图 1-8-11 所示，用自定心卡盘夹持锥形砂轮，在被修正中心孔处加入少许煤油或机油，手持工件，利用车床尾座顶尖支承，利用车床主轴的转动进行磨削。此方法效率高，质量较好，但砂轮易磨损，需经常修整。

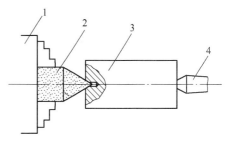

图 1-8-11 锥形砂轮修正中心定位孔
1—自定心卡盘 2—锥形砂轮
3—工件 4—尾座顶尖

四、零件机械加工中测量用量具

零件机械加工中测量用的量具主要有数显游标卡

尺、外径千分尺、内径百分表、内径千分尺、深度千分尺和游标万能角度尺，如图1-8-12～图1-8-17所示。

1. 游标卡尺

游标卡尺是中等精度测量量具，用于测量工件的内、外尺寸和深度尺寸，有 0 ~ 125mm、0 ~ 150mm、0 ~ 200mm、0 ~ 500mm、0 ~ 1000mm5 种规格，有 0.1mm、0.05mm、0.02 mm 三种分度值。数显游标卡尺如图 1-8-12 所示。

2. 外径千分尺

外径千分尺为精密测量量具，用于测量工件的外形尺寸，测量尺寸小于或等于500mm时，每25mm为一档，如 0 ~ 25mm、25 ~ 50mm；测量尺寸大于500mm 时，每100mm为一档，如 500 ~ 600mm、600 ~ 700mm，其分度值为0.01mm。外径千分尺如图 1-8-13 所示。

3. 内径百分表

内径百分表用来测量工件的内形尺寸和几何公差，有 0 ~ 3mm、0 ~ 5mm、0 ~ 10mm 三种规格，分度值为0.01mm。内径百分表如图 1-8-14 所示。

4. 内径千分尺

内径千分尺用来测量内径及槽宽等尺寸，有 5 ~ 30mm 和 25 ~ 50mm 两种规格，分度值为 0.01mm。内径千分尺如图 1-8-15 所示。

5. 深度千分尺

深度千分尺用来测量台阶的高度、孔深和槽深，分度值为 0.01 mm。深度千分尺如图 1-8-16所示。

6. 游标万能角度尺

游标万能角度尺用来测量工件和样板内、外角度及角度划线，有 0° ~ 320°、0° ~ 360° 两种规格，分度值有 5′ 和 2′ 两种。游标万能角度尺如图 1-8-17 所示。

7. 专用量具

专用量具有极限量规，在生产批量较大时采用。

图 1-8-12　数显游标卡尺

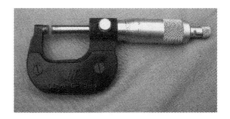

图 1-8-13　外径千分尺

图 1-8-14　内径百分表

图 1-8-15　内径千分尺

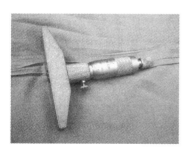

图 1-8-16　深度千分尺

图 1-8-17　游标万能角度尺

任务实施

1）带头导柱加工面：外圆柱面、端面和退刀槽。

2）带头导柱加工机床：粗加工及半精加工外圆柱面、退刀槽用车床，精加工外圆柱面用磨床。

3）带头导柱加工刀具：粗加工及半精加工外圆柱面用外圆车刀，车退刀槽用切槽刀；外圆精加工用砂轮，端面加工用端面车刀，加工装夹工件用顶尖孔用中心钻。

4）带头导柱尺寸及几何公差测量用量具：测量粗加工及半精加工外圆及退刀槽量具为游标卡尺，测量精加工外圆用量具为千分尺。

任务拓展

已知冲模 B 型滑动导柱材料为 Cr12，各圆柱面表面渗碳深度为 0.8～1.2mm，淬火硬度为 58～62HRC，零件平面图及三维图分别如图 1-1-13 和图 1-1-14 所示，图号为 MC01-1，确定其加工用车床及刀具、尺寸测量用量具。

1）B 型滑动导柱加工面：外圆柱面、端面和退刀槽。

2）B 型滑动导柱加工机床：粗加工及半精加工外圆柱面和退刀槽用车床，精加工外圆柱面用磨床。

3）B 型滑动导柱加工刀具：粗加工及半精加工外圆柱面用外圆车刀，车退刀槽用切槽刀；外圆精加工用砂轮，端面加工用端面车刀，加工装夹工件用顶尖孔用中心钻。

4）B 型滑动导柱尺寸及几何公差测量用量具：粗加工及半精加工外圆及退刀槽量具为游标卡尺，测量精加工外圆用量具为千分尺。

思考与练习

一、填空题

1. 万能外圆磨床主要用于磨削_____和_____，也能磨削_____和_____。

2. 研磨是使用_____及_____对工件被加工面进行_____的精密加工方法。

3. 游标卡尺为_____精度测量量具，用于测量工件的_____尺寸和_____尺寸。

4. 内径百分表用来测量工件的_____和_____。

二、判断题

1. 机床型号 M7140 的含义为最大加工直径为 $\phi400mm$ 的卧式车床。 （　　）

2. CA6132 的含义为最大加工直径为 $\phi320mm$ 的卧式车床。 （　　）

3. 在车床上可用麻花钻加工位于实心轴旋转中心线上的孔。 （　　）

4. 丝锥用于加工工件内螺纹孔。 （　　）

任务九 带头导柱机械加工工艺过程卡的填写

任务引入

已知某塑料模带头导柱材料为 T10A，$\phi20mm$ 表面经渗碳淬火处理，硬度为 58 ~ 62HRC，零件平面图及三维图分别如图 1-1-1 和图 1-1-2 所示，图号为 MS01-1，按工艺路线，填写带头导柱机械加工工艺过程卡。

相关知识

一、机械加工工艺过程卡的填写顺序

1）看懂零件图，对零件进行结构工艺性分析。

2）选择毛坯的制造方法和形状。

3）选择定位基准，拟定工艺路线。

4）确定各工序加工余量和工序尺寸。

5）确定切削用量。

6）确定各工序设备，刀具、夹具、量具。

7）填写机械加工工艺过程卡

二、切削用量三要素

切削速度 v_c、进给量 f 和背吃刀量 a_p 称为切削用量三要素。车削外圆时的切削层参数如图 1-9-1 所示。

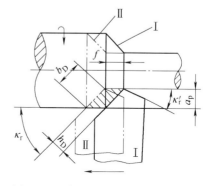

图 1-9-1 车削外圆时的切削层参数

1. 切削速度 v_c

车削加工主运动为回转运动。回转体（刀具或工件）上外圆或内孔某一点的切削速度计算公式为

$$v_c = \frac{\pi dn}{1000}$$

式中 v_c——切削速度（m/s 或 m/min）；

d——工件或刀具上某一点的回转直径（mm）；

n——工件或刀具的转速（r/s 或 r/min），车削外圆时指待加工表面上的速度，车削内孔时指已加工表面上的速度，钻削时指钻头外径处的速度。

2. 进给速度 v_f、进给量 f 和每齿进给量

1）进给速度 v_f 是指单位时间的进给量，单位为 m/s（mm/min）。

2）进给量 f 是指工件或刀具每回转一周时两者沿进给运动方向的相对位移（对于车削、钻削、铰削），单位为 mm/r。

3）刨削、插削、铣削等主运动为往复直线运动的加工，虽然可以不规定进给速度，却需要规定间歇进给的进给量，其单位为 mm/dst（毫米/双行程）。

4）对铣刀、铰刀、拉刀、齿轮滚刀等多刃刀具，还应规定每个刀齿的进给量，即后一个刀齿相对于前一个刀齿的进给量，单位为 mm/z（毫米/齿）。

3. 背吃刀量 a_p

对于车削和刨削加工来说，背吃刀量 a_p 为工件上已加工表面和待加工表面间的垂直距离。

（1）车削外圆柱表面时

$$a_p = \frac{d_w - d_m}{2}$$

式中　　d_m——已加工表面直径（mm）；

　　　　d_w——待加工表面直径（mm）。

（2）对于钻孔

$$a_p = \frac{d_m}{2}$$

4. 切削用量的选择原则

在保证零件表面粗糙度及加工精度的前提下，充分利用刀具切削性能及机床功率，选用最大的切削用量。

5. 切削用量的影响因素和选择顺序

（1）切削用量的影响因素

1）生产率：尽量优先增大背吃刀量 a_p。

2）机床功率：粗加工时加大进给量 f。

3）刀具寿命：尽量增大背吃刀量 a_p。

4）零件加工面表面粗糙度：尽量加大进给量 f。

（2）切削用量的选择顺序

1）选大的背吃刀量 a_p。

2）选大的进给量 f。

3）根据进给量 f 和背吃刀量 a_p，结合刀具寿命和机床功率，选一个合理的切削速度 v_c。

 任务实施

1）根据带头导柱图填写机械加工工艺过程卡，材料牌号为 T10A，生产数量为 4，零件名称为带头导柱，零件图号为 MS01-1。

2）根据带头导柱加工工艺路线，填写工序及工序内容。

3）将各工序内容所需的加工刀具、量具、夹具，填入到机械加工工艺过程卡中，见表 1-9-1。

表 1-9-1　带头导柱机械加工工艺过程卡

工序号	工 序 内 容	设备	夹具	刀具	量具
1	1）车端面 2）钻中心孔 3）粗车外圆柱面 $\phi25mm$ 至 $\phi26.5_{-0.25}^{0}mm$ 4）粗车外圆柱面 $\phi20mm$ 至 $\phi22_{-0.25}^{0}mm$ 5）半精车外圆柱面至 $\phi25_{-0.1}^{0}mm$ 6）半精车外圆柱面至 $\phi20.5_{-0.1}^{0}mm$ 7）切断，定长50.5mm	CA6132	自定心卡盘	外圆车刀、中心钻、切槽刀	游标卡尺
2	1）调头，车端面，定长50mm 2）钻中心孔	CA6132	自定心卡盘	外圆车刀、中心钻	游标卡尺
3	调质处理				
4	研磨中心孔				
5	外圆柱面 $\phi20mm$ 表面淬火处理				
6	研磨中心孔	CA6132			
7	$\phi20mm$ 外圆柱面磨削至 $\phi20.01_{+0.008}^{+0.021}mm$	M1432		砂轮	千分尺
8	研磨 $\phi20_{+0.008}^{+0.021}mm$ 和 $\phi20_{-0.033}^{-0.020}mm$ 外圆柱面	CA6132			

 任务拓展

已知冲模 B 型滑动导柱材料为 Cr12，各圆柱面表面渗碳深度为 0.8～1.2mm，淬火硬度为 58～62HRC，零件平面图及三维图分别如图 1-1-13 和图 1-1-14 所示，图号为 MC01-1，填写其机械加工工艺过程卡。

1）根据 B 型滑动导柱图填写机械加工工艺过程卡，材料牌号为 T10A，生产数量为 4，零件名称为 B 型滑动导柱，零件图号为 MC01-1。

2）根据 B 型滑动导柱加工工艺路线，填写工序及工序内容。

3）将各工序内容所需的加工刀具、量具、夹具，填入到机械加工工艺过程卡中，见表 1-9-2。

表 1-9-2　B 型滑动导柱机械加工工艺过程卡

工序号	工 序 内 容	设备	夹具	刀具	量具
1	1）车端面 2）钻中心孔 3）粗车外圆柱面 $\phi28_{-0.013}^{0}mm$ 至 $\phi30mm$ 4）半精车外圆柱面 $\phi28_{-0.013}^{0}mm$ 至 $\phi28.5mm$	CA6140	自定心卡盘	外圆车刀、中心钻	游标卡尺
2	1）调头，车端面，定长200mm 2）钻中心孔 3）粗车外圆柱面 $\phi28_{+0.028}^{+0.041}mm$ 至 $\phi30_{-0.25}^{0}mm$ 4）半精车外圆柱面 $\phi28_{+0.028}^{+0.041}mm$ 至 $\phi28.5_{-0.1}^{0}mm$	CA6140	自定心卡盘	外圆车刀、中心钻	游标卡尺
3	调质处理				

（续）

工序号	工序内容	设备	夹具	刀具	量具
4	$\phi28$mm 外圆柱面淬火处理				
5	顶尖顶持,磨 $\phi28$mm 外圆柱面到 $\phi28.01^{+0.041}_{+0.028}$mm	M131W	顶尖	砂轮	千分尺
6	研磨 $\phi28^{\ 0}_{-0.013}$mm 及 $\phi28^{+0.041}_{+0.028}$mm 外圆柱面到图样尺寸	CA6140	顶尖		

思考与练习

一、填空题

1. 切削用量三要素指的是＿＿＿＿＿＿、＿＿＿＿＿＿和＿＿＿＿＿＿。

2. 切削层截面的两个参数是＿＿＿＿＿＿和＿＿＿＿＿＿。

3. 工艺装备指的是＿＿＿＿＿＿、＿＿＿＿＿＿和＿＿＿＿＿＿。

二、判断题

1. 切削运动就是刀具与工件间的相对运动。　　　　　　　　　　　（　　　）

2. 要进行金属切削加工,只要有主运动就可以。　　　　　　　　　（　　　）

3. 在切削用量中对切削温度影响最大的是切削速度,影响最小的是背吃刀量。（　　　）

项目二
导套机械加工工艺过程卡的编制

[项目简介]

  导套也是模具中标准部件（模架）的组成零件，与项目一的导柱配合用于塑料模动、定模或冲模上、下模之间的导向。由项目一模架结构组成可知，导套类零件在模具中起滑动导向作用，在模具开、合模时与导柱有相对滑动，在模具成形时承受挤压压力和偏载载荷，要求内、外表面耐磨性好，中心具有一定的韧性，其外圆表面与模板孔为过盈（过渡）配合，内孔与导柱为小间隙配合。该零件机械加工难度中等，也要用到车床、万能磨床及高频感应淬火炉三种设备，加工的重点是保证各外圆面之间和内外表面之间的同轴度要求。

[项目工作流程]

  1. 看懂零件图，对零件进行结构工艺性分析。

  2. 选择毛坯的制造方法和形状。

  3. 选择定位基准，拟定工艺路线。

  4. 确定各工序加工余量和工序尺寸。

  5. 确定切削用量。

  6. 确定各工序设备，以及刀具、夹具、量具。

  7. 填写机械加工工艺过程卡。

[知识目标]

  1. 掌握基准的含义、分类、选择原则及其应用。

  2. 掌握导套类零件的加工工艺方法、特点及加工时的注意事项。

  3. 掌握基准不重合时工艺尺寸链的计算方法及步骤。

[能力目标]

  1. 能够就导套类零件图样选择定位基准，确定毛坯、加工方法及加工顺序。

2. 能够在设计基准与工艺基准不重合时，计算导套类零件的工艺尺寸链。

3. 能够确定导套类零件的机械加工装夹方法。

4. 能够确定加工导套类零件用设备和刀具，拟定加工工艺路线。

5. 能够填写各类零件的机械加工工艺过程卡。

[重点、难点]

工艺尺寸链的计算方法、步骤。

任务一　导套机械加工工艺特点、毛坯选择及加工工序内容的拟定

任务引入

图 2-1-1 和图 2-1-2 所示分别为塑料模导套平面图和三维图，图号为 MS01-2。塑料模导套材料为 20Cr，要求表面渗碳淬火，硬度为 58~62HRC，分析其加工工艺特点，选择其毛坯，拟定工序内容。

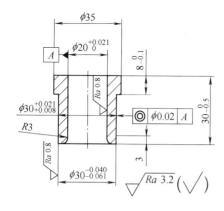

图 2-1-1　塑料模导套平面图

图 2-1-2　塑料模导套三维图

相关知识

一、导套类零件的功用、结构特点及其技术要求

1. 导套类零件的功用

导套类零件为空心薄壁回转体零件，在模具中对模具运动方向和位置起导向和定位的作用，其常见形式有直导套和带头导套。

2. 导套类零件的结构特点

导套类零件形状比较简单，内、外径尺寸相差小，壁薄易变形，内、外圆柱面同轴度要求高，结构简单。

3. 导套类零件的技术要求

导套类零件的外圆柱面与模具模板为过盈或过渡配合，其内孔与导柱为间隙配合；导套端面承受有载荷。其具体技术要求如下：

（1）尺寸精度及表面粗糙度　外圆柱面尺寸公差等级为 IT7~IT6，表面粗糙度值为 $Ra0.8~0.4\mu m$；内孔尺寸公差等级为 IT7~IT6，表面粗糙度值为 $Ra0.8~0.1\mu m$。

（2）形状精度　一般要求控制在尺寸公差内。

（3）位置精度　与导套在装配图中的功用和要求有关，通常内、外圆柱面同轴度公差为 $\phi0.01~\phi0.06mm$。

二、孔加工方法及加工路线

1. 常用孔加工方法及加工路线

1）加工路线为：钻孔→扩孔→粗铰→精铰，用于未淬火钢或铸铁类材质孔径 $d < 50\text{mm}$ 精密孔的加工。

2）加工路线为：钻或扩（粗镗）→粗拉→精拉，用于中等尺寸圆柱孔、花键孔或键槽孔的加工。

3）加工路线为：钻或粗镗→半精镗→精镗→浮动镗→金刚镗，用于直径 $d > 60\text{mm}$ 未淬火钢、铸铁及非铁金属材料孔系加工或精密孔的加工。

4）加工路线为：钻或粗镗→半精镗→粗磨→精磨→珩磨或研磨，用于淬硬钢零件孔加工或技术要求高的孔的加工。

2. 孔的加工路线图

孔的加工路线图如图 2-1-3 所示。

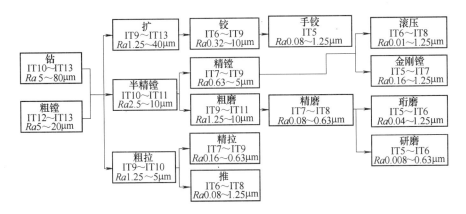

图 2-1-3　孔的加工路线图

三、导套类零件的基本工艺过程

导套类零件的基本工艺过程为：下料→粗车外圆、车端面及钻内孔→半精车外圆及铰（半精车）内孔→切断→调头，车另一端面到总长→内、外圆柱面表面淬火→夹外圆，磨内孔→内孔上心轴定位，磨外圆。

四、导套类零件的加工工艺特点

由于导套类零件壁薄、长径比大、受力后极易变形等，其加工工艺有以下三个特点。

1. 导套类零件的主要加工过程

首先在卧式或立式车床上粗车、半精车（镗）内外圆，接着进行淬火处理，以消除热处理产生的变形，提高表面尺寸精度值，减小表面粗糙度值；最后磨削加工内、外圆淬火表面。对与导柱配合精度高的导套内表面，还须增加研磨工序，以减小表面粗糙度值。

导套类零件主要加工面为在同一回转轴线上的内孔和外圆，要求在一次装夹中完成所有面的切削加工，以保证导套类零件的几何精度要求。

2. 导套类零件的加工关键为防止变形，保证各加工面之间的位置精度

导套类零件大多壁薄、长径比大，加工中受夹紧力、切削力、切削热等作用后极易变形，而主要加工面间的位置精度要求高，因此如何确保主要表面间位置精度和防止其加工中的变形是导套类零件加工的关键。

3. 使用通用设备和专用工艺装备进行加工

导套类零件技术要求较高，加工中又易变形，主要加工方法为车削和磨削，故广泛采用卧式车床和万能外圆磨床等通用设备。常用专用心轴装夹来保证主要加工面间的位置精度。

五、减少导套类零件加工变形的措施

1. 减少装夹时夹紧力对零件变形的影响

1）使夹紧力分布均匀。为防止工件因局部受力引起变形，应使夹紧力均匀分布，用自定心卡盘夹紧圆形截面导套时的夹紧情况如图 2-1-4 所示。如图 2-1-4a 所示，夹紧力分布不均，夹紧后导套呈菱形；如图 2-1-4b 所示，夹紧力分布均匀，能加工出符合要求的圆孔；如图 2-1-4c 所示，松开卡爪，导套外圆因弹性变形恢复成圆形，而已加工出的圆孔却变成了菱形；如图 2-1-4d 所示，为避免出现这种现象，应采用开口过渡环或专用卡爪装夹导套（图 2-1-4e）。

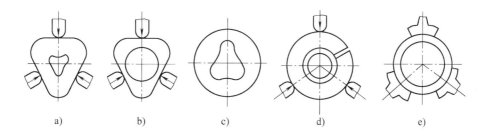

a)　　　　　b)　　　　　c)　　　　　d)　　　　　e)

图 2-1-4　自定心卡盘夹紧导套类零件外圆柱面引起的变形

2）变径向夹紧为轴向夹紧。由于导套类工件径向刚性比轴向刚性差，为减少夹紧力引起的变形，当导套类工件结构允许时，可采用轴向夹紧的夹具，以改变夹紧力方向，如图 2-1-5 所示。

3）提高导套类零件的毛坯刚性。在导套类零件夹持部分增设几根工艺肋或凸边，使夹紧力作用在刚性较好的部位以减少变形，待加工终了时再将工艺肋或凸边切去。

2. 减小切削力对导套类零件变形的影响

1）减小背向力。增大刀具主偏角 κ_r，可有效减小切削时的背向力 F_p，使作用在套筒件刚度较差部位的背向力明显减小，从而减小径向变形量。

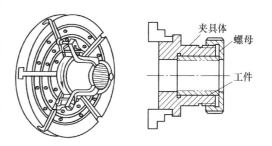

图 2-1-5　轴向夹紧薄壁套筒

2）使切削力平衡。内外圆同时加工，可使切削时的背向力相互平衡（内、外圆车刀刀尖相对），从而大大减小甚至消除套筒件的径向变形。

3. 减小切削热对导套类零件变形的影响

切削热引起的温度升降和分布不均匀会使零件产生热变形。合理选择刀具几何角度和切削用量，可减少切削热的产生，使用切削液可加快切削热的传散，精加工时使零件在轴向或径向有自由延伸的可能，这些措施都可以减少切削热引起的零件变形。

4. 粗、精加工应分开进行

将导套类零件的粗、精加工分开，用精加工来纠正因粗加工夹紧力、切削力、切削热产生的变形和热处理产生的变形。

六、导套类零件位置精度的保证方法

对精度要求较高的导套类零件，可在粗车或半精车后，使外圆和内孔互为基准，进行反复磨削，最后以内孔为定位基准精磨外圆和端面，以确保导套类零件的位置精度。对非铁金属材料的高精度要求的回转面，不宜采用磨削，则用精细车作为终加工工序来确保其位置精度。

1. 短导套零件的加工方法

对无凸缘的短导套，加工时可用自定心卡盘或单动卡盘正爪夹紧工件外圆面（图2-1-6a），也可用反爪夹工件内孔（图2-1-6b），一次完成所有面的加工。这样可消除多次装夹产生的定位误差，保证工件内圆、外圆、端面之间的位置精度和表面粗糙度要求。

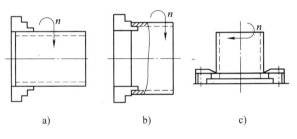

图 2-1-6　短导套件的安装

对有凸缘的短导套，可先车凸缘端，然后以凸缘端定位和夹紧，可防止导套刚度降低而产生变形，多用于尺寸较小的导套的车削，如图2-1-6c所示。

2. 长导套类零件的加工方法

为保证内外表面的同轴度要求，加工外圆时，用两顶尖或用三爪夹一端、顶尖顶一端的方法装夹；加工孔时，用夹一端，另一端用中心架托住的方法来装夹工件外圆。加工路线为：钻孔→粗镗、半精镗→精镗孔（浮动镗孔），表面粗糙度值 Ra 可达 $0.2\mu m$。

七、导套类零件的加工设备

1. 导套类零件外圆柱面的加工设备

1）外圆粗加工用设备：车床，见项目一。

2）外圆精加工用设备：万能磨床，见项目一。

2. 导套类零件内孔的加工设备

1）内孔粗加工用设备：车床，见项目一。

2）内孔精加工用设备：可用万能磨床，见项目一；也可用内圆磨床精加工内孔。

八、导套类零件加工中的切削运动

1. 导套类零件车削加工中的切削运动（见项目一）

2. 导套类零件磨削加工中的切削运动

1）导套类零件外圆磨削中的切削运动见项目一。

2）典型内孔磨削加工如图 2-1-7 所示。内孔磨削分为通孔磨削、不通孔磨削和孔口端面磨削；主运动为砂轮的旋转运动 n_0，进给运动为工件的旋转运动 n_w、砂轮纵向往复移动 f_a 和横向进给运动 f_p。内圆磨削的特点如下：

① 砂轮直径小，易磨钝，须经常修整和更换。

② 为保证磨削速度，砂轮转速要求高。

③ 砂轮轴细小，悬伸长度大，刚性差，砂轮易弯曲和振动，加工精度和表面粗糙度难以控制。

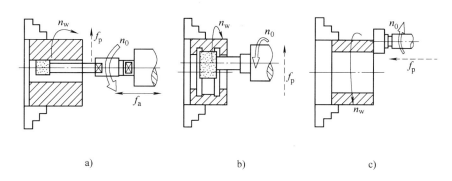

图 2-1-7 典型内孔磨削加工

a）纵磨法磨内孔 b）切入法磨内孔 c）磨端面

九、导套类零件加工时的装夹

1. 卡盘装夹工件

卡盘装夹工件用于导套类零件的内孔磨削，如图 2-1-8 所示，自定心卡盘夹持工件 3 的圆柱面，用砂轮 2 磨削内孔。

2. 心轴装夹工件，用卡箍、拨盘及拨杆带动工件旋转

对某些形状复杂或内、外圆柱面圆柱度要求高的导套类零件，一般先加工内孔，再以加工好的内孔上心轴车（磨）外圆柱面。心轴两端有中心孔，用机床前、后顶尖顶持心轴中心孔，如图 2-1-9 所示。心轴有三种结构形式，一种是小锥度心轴（锥度为 1:1000 ~ 1:5000），这种心轴不需要夹紧装置，如图 2-1-10a 所示；一种为圆柱心轴，工件在径向方向需要夹紧装置，如图 2-1-10b 所示；还有一种是胀式心轴，这种心轴在轴线方向上开了纵向槽，工件在轴向方向需要夹紧装置，如图 2-1-10c、d 所示。

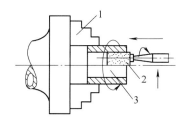

图 2-1-8 卡盘装夹工件

1—卡盘 2—砂轮 3—套类工件

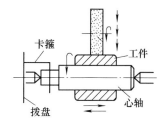

图 2-1-9 心轴与机床的安装

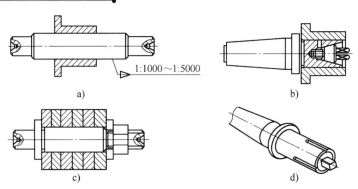

图 2-1-10　心轴装夹工件

a）小锥度心轴　b）圆柱心轴　c）胀开式心轴　d）胀开套筒铣槽成三等分

十、导套类零件的研磨

1. 导套类零件内孔研磨工具及其工作原理

如图 2-1-11 所示，锥度心轴 2 两端有外螺纹且加工出中心孔，其上套有可胀式研磨棒 3。研磨前，将工件 1 套在可胀式研磨棒上，通过调整研磨工具上的螺母来调整可胀式研磨棒 3 的外径大小，以适应工件的内孔大小，使可胀式研磨棒 3 与工件紧密接触；然后将工件 1、可胀式研磨棒 3 和锥度心轴 2 安装在车床（磨床）的前后顶尖上，在机床主轴带动下，拨盘带动工件做旋转运动，同时手握工件，带动工件

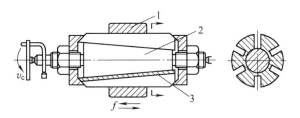

图 2-1-11　导套类零件内孔的研磨工具

1—工件　2—锥度心轴　3—可胀式研磨棒

做轴线方向的往复运动，以实现工件的轴向进给，机床主轴带动研磨工具旋转。

2. 导套类零件内孔研磨棒尺寸的确定

1）研磨棒外径 = 工件内孔直径 – (0.02 ~ 0.04)mm。

2）研磨棒长度 = 1.25 ~ 1.5 倍的工件内孔研磨面长度。

 任务实施

导套机械加工工艺特点、毛坯选择及加工工序内容拟定

1. 毛坯选择

由于导套材料为 20Cr，导套与导柱配合，上、下模运动时起导向作用，受力要求低，内孔有较高的耐磨要求，且外圆尺寸相差不大，故不采用锻件，而棒料加工工序多，故选择棒料作为其毛坯。其毛坯外圆尺寸为 $\phi40$mm，长度尺寸为（340mm/10），故毛坯尺寸为 $\phi40$mm × （340mm/10）。

2. 拟定工序内容

导套类零件加工的基本工艺过程为：备料→热处理（锻件调质或正火、铸件退火）→粗车外圆及端面→调头粗车另一端面及外圆→钻孔和粗车内孔→热处理（调质或时效）→精车内孔→热处理（$\phi20$mm 内孔、$\phi30$mm 外圆柱面）→磨内孔→磨外圆。

此处外圆需要加工，内孔需要钻孔，无键槽，故导套的加工过程为：下料→车端面、车 $\phi30mm$ 及 $\phi35mm$ 外圆及钻内孔为 $18H12$ ($^{+0.18}_{0}$)，倒角→切断，定尺寸 $30.5mm$ →调头，车端面，铰内孔 $\phi19.5H7$ ($^{+0.021}_{0}$)，定尺寸 $30mm$ →内孔渗碳淬火，硬度为 $52\sim56HRC$ →夹持 $\phi30^{-0.04}_{-0.061}mm$ 外圆，磨内孔 $\phi20^{+0.021}_{0}mm$ 到图样要求→以内孔上定位心轴，磨外圆到 $\phi30r6$ ($^{+0.021}_{+0.008}$) 及 $\phi30^{-0.04}_{-0.061}mm$。

3. 双面加工余量及工序尺寸

粗车加工余量为 $3mm$，工序尺寸：外圆 $\phi32h12$ ($^{0}_{-0.25}$)，内孔 $\phi18H12$ ($^{+0.18}_{0}$)；

半精车加工余量为 $1.5mm$，工序尺寸：外圆 $\phi30.5h10$ ($^{0}_{-0.1}$)，内孔 $\phi19.5H7$ ($^{+0.021}_{0}$)；

磨削加工余量为 $0.5mm$，工序尺寸：外圆 $\phi30r6$ ($^{+0.021}_{+0.008}$)，内孔 $\phi20H7$ ($^{+0.021}_{0}$)，表面粗糙度值为 $Ra0.8\mu m$。

4. 机床及刀具

卧式车床，采用外圆车刀、麻花钻、切断刀及铰刀；万能外圆磨床，采用砂轮。

5. 量具

游标卡尺和千分尺。

　任务拓展

图 2-1-12 和图 2-1-13 所示分别为冲模滑动导套平面图和三维图，材料为 20Cr，图号为 MC01-2，要求表面渗碳淬火，硬度为 $52\sim56HRC$，选择其毛坯并拟定工序内容。

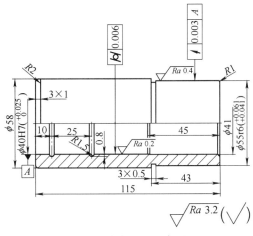

图 2-1-12　冲模滑动导套平面图

图 2-1-13　冲模滑动导套三维图

1. 冲模滑动导套毛坯的选择

由于冲模滑动导套材料为 20Cr，导套与导柱配合，上、下模运动时起导向作用，受力要求低，内孔有较高的耐磨要求，且外圆尺寸相差不大，故不采用锻件，而棒料加工工序多，选择棒料作为其毛坯。其毛坯外圆直径为 $\phi60mm$，长度为（595mm/5），故毛坯尺寸为 $\phi60mm\times$（595mm/5）。

2. 冲模滑动导套工序过程的拟定

导套类零件的加工过程为：备料→热处理（锻件调质或正火、铸件退火）→粗车外圆及端面→调头粗车另一端面及外圆→钻孔和粗车内孔→热处理（调质或时效）→精车内孔→热处理（$\phi40$mm 内孔、$\phi55$mm 外圆柱面）→磨孔→磨外圆。

由于冲模滑动导套外圆、内孔都需要加工，且无键槽加工要求，故其加工过程为：下料→车端面、粗车 $\phi58$mm 及 $\phi55$mm 外圆；钻孔 $\phi38$mm、车内孔 $\phi41$mm，倒角→切断，定尺寸 115.5mm→调头，车端面，定尺寸 115mm；半精车内孔至 $\phi39.49$mm→内外圆表面渗碳淬火，硬度为 52~56HRC→夹持 $\phi55.5$h10（$^{\ 0}_{-0.12}$）外圆，磨内孔至 $\phi39.99^{+0.025}_{\ \ \ 0}$mm→以 $\phi39.99^{+0.025}_{\ \ \ 0}$mm 孔上定位心轴，磨外圆到 $\phi55$r6（$^{+0.061}_{+0.041}$）→研磨内孔 $\phi40$H7（$^{+0.025}_{\ \ \ 0}$）。

3. 冲模滑动导套工序尺寸及双面加工余量

粗车加工余量为 3mm；工序尺寸为：外圆 $\phi57$h12（$^{\ \ \ 0}_{-0.3}$），内孔 $\phi37.99$H12（$^{+0.25}_{\ \ \ 0}$）；

半精车加工余量为 1.5mm；工序尺寸为：外圆 $\phi55.5$h10（$^{\ \ \ 0}_{-0.12}$），内孔 $\phi39.49$H7（$^{+0.025}_{\ \ \ 0}$）；

磨削加工余量为 0.5mm，工序尺寸为：外圆 $\phi55$r6（$^{+0.061}_{+0.041}$），内孔 $\phi39.99$H7（$^{+0.025}_{\ \ \ 0}$）；

研磨加工余量为 0.01mm；工序尺寸为：内孔 $\phi40$H7（$^{+0.025}_{\ \ \ 0}$）。

4. 冲模滑动导套加工用机床及刀具

卧式车床，采用外圆车刀、麻花钻、切断刀及内孔车刀；万能外圆磨床，采用砂轮。

5. 冲模滑动导套测量用量具

游标卡尺和千分尺。

 思考与练习

一、填空题

1. 导套类零件在模具中对模具运动_____和_____起定位和导向的作用，常见形式有_____导套和_____导套。

2. 导套类零件外圆柱面与模具模板为_____或_____配合，其内孔与模具导柱为_____配合。

3. 导套类零件加工一般先在车床上_____车内、外圆柱面，再进行淬火处理，接着在磨床上对内、外淬火面进行_____加工；对导柱导套配合精度要求高的表面还要进行_____处理。

二、判断题

1. 导套类零件加工设备主要是车床和磨床。　　　　　　　　　　　　（　　）

2. 导套类零件内孔研磨工具为心轴。　　　　　　　　　　　　　　　（　　）

3. 对导套类零件，常先加工外圆柱面，再以外圆柱面定位磨内孔。　　（　　）

三、简答题

1. 导套类零件的加工工艺特点是什么？

2. 短导套零件的加工方法有哪些？

3. 怎样确定导套类零件内孔研磨棒尺寸？

导套机械加工工艺路线的拟定及其机械加工工艺过程卡的填写

 任务引入

图 2-1-1 和图 2-1-2 所示分别为塑料模导套平面图和三维图，图号为 MS01-2。塑料模导套材料为 20Cr，要求表面渗碳淬火，硬度为 52～56HRC，拟定导套的工艺路线，填写其机械加工工艺过程卡。

 相关知识

一、机械加工中设计基准与工艺基准不重合时工序尺寸及其偏差的计算

当零件加工过程中多次转换工艺基准，使测量基准、定位基准或工序基准与设计基准不重合时，须利用工艺尺寸链来计算工序尺寸及其偏差。

1. 工艺尺寸链的基本概念

1）尺寸链是指相互联系的尺寸按一定顺序首尾相接排列成的尺寸封闭图形。

2）工艺尺寸链是指单个零件在机械加工工艺过程中的相关尺寸所形成的尺寸链，如装配尺寸链。

2. 尺寸链的组成

尺寸链由封闭环和组成环组成。

（1）封闭环 封闭环是指最终被间接保证精度的那个尺寸。

（2）组成环 组成环是指除封闭环之外的所有其他环。它又分为增环和减环。

1）增环：当其余各组成环不变，该环增大时则封闭环也增大。

2）减环：当其余各组成环不变，该环增大时则封闭环却减小。

3. 尺寸链图

将尺寸链中各相应环用尺寸及符号标注在示意图上，这种尺寸图形称为尺寸链图。

尺寸链图的作图步骤如下：

1）确定加工后间接保证的尺寸，该尺寸为封闭环。

2）从封闭环两端起，分别向前查找最近一次的加工尺寸，直到两边的尺寸汇合为止，所经过的尺寸都为该尺寸链的组成环。

3）使封闭环、组成环尺寸首尾相接，顺着一个方向标注箭头，构成封闭图形。

绘制尺寸链图的关键是确定封闭环，一个尺寸链图只能有一个封闭环。

尺寸链图的形式如图 2-2-1 所示。

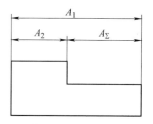

图 2-2-1 尺寸链图的形式

4. 尺寸链图中增环、减环的判断依据

与封闭环同向者为减环，与封闭环异向者为增环。

5. 尺寸链的形式

1）按环的几何特征可分为长度尺寸链、角度尺寸链和组合尺寸链。

2）按应用场合可分为装配尺寸链、工艺尺寸链和机械设计尺寸链。

3）按各环所处空间位置可分为直线尺寸链、平面尺寸链和空间尺寸链。

6. 尺寸链的特性

（1）封闭性　尺寸链必是一组有关尺寸首尾相接所形成的尺寸封闭图。其中应包含一个间接保证的尺寸和若干个对此有影响的直接获得的尺寸。

（2）关联性　尺寸链中那个间接保证的尺寸精度受直接保证的尺寸精度影响，且间接保证的尺寸精度必然低于直接获得的尺寸精度。

7. 尺寸链的计算公式

（1）用表格计算封闭环的竖式　计算口诀：增环上、下极限偏差照抄；减环上、下极限偏差对调且反号。

（2）尺寸链箭头方向　与封闭环同向者为减环；与封闭环异向者为增环。

（3）计算公式

$$封闭环尺寸 = 各公称尺寸的代数和$$
$$封闭环尺寸上极限偏差 = 各尺寸上极限偏差的代数和$$
$$封闭环尺寸下极限偏差 = 各尺寸下极限偏差的代数和$$

8. 尺寸链计算举例

（1）测量基准与设计基准不重合时工艺尺寸链计算举例　图 2-2-2a 所示为轴套零件图，加工时先加工好尺寸 (26 ± 0.05) mm 及 $36_{-0.05}^{0}$ mm，尺寸 (6 ± 0.1) mm 在加工时不便测量（间接保证），须通过直接测量尺寸 L 来间接保证 (6 ± 0.1) mm。试求工序尺寸 L 及其上、下极限偏差。

【解】轴套加工工艺尺寸链计算步骤如下：

1）加工后间接保证的尺寸为 (6 ± 0.1) mm 是轴套加工工艺尺寸链中的封闭环。

2）绘制封闭尺寸链图。从封闭环 (6 ± 0.1) mm 两端起，分别向前查找最近一次加工的尺寸 L、(26 ± 0.05) mm 及 $36_{-0.05}^{0}$ mm，直到尺寸 (6 ± 0.1) mm 两边的尺寸汇合，所绘尺寸链图如图 2-2-2b 所示。

3）判断增环和减环。从 $L_0 = (6 \pm 0.1)$ mm 封闭环尺寸两边开始绘制箭头，在封闭尺

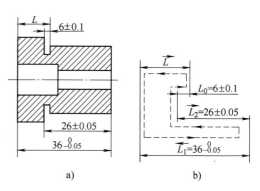

图 2-2-2　轴套加工工艺尺寸链的计算

寸链图中一直沿同一方向分别在尺寸 L、$L_1 = 36_{-0.05}^{0}$ mm、$L_2 = (26 \pm 0.05)$ mm 上绘制箭头（图 2-2-2b 中虚线），以封闭环 L_0 从左到右方向为准，判断其他尺寸是增环还是减环。

尺寸 $L_1 = 36_{-0.05}^{0}$ mm 是从左到右的尺寸方向，与封闭环 L_0 方向相同，为减环；而尺寸 L 及 $L_2 = (26 \pm 0.05)$ mm 是从右到左的尺寸方向，与封闭环 L_0 方向相反，为增环。

4）用表格计算封闭环的竖式。

① 将增环 L_y^x、$L_2 = (26 \pm 0.05)$ mm 及封闭环 $L_0 = (6 \pm 0.1)$ mm 的上极限偏差、下极限

偏差分别照抄，见表 2-2-1。

② 减环 $L_1 = 36_{-0.05}^{\ 0}$ mm 上、下极限偏差对调，且为原来的反号，原上极限偏差为 0，先写在下极限偏差列；而原尺寸的下极限偏差为 -0.05mm，写在上极限偏差列，且反号，写成 $+0.05$mm；原有公称尺寸 36mm 反号，写为 -36mm。

表 2-2-1　轴套加工工艺尺寸链计算　　　　　　（单位：mm）

尺寸类型	公称尺寸	上极限偏差	下极限偏差
增环 L	L	x	y
增环 L_2	26	$+0.05$	-0.05
减环 L_1	-36	$+0.05$	0
封闭环 L_0	$+6$	$+0.1$	-0.1

5）分别就表 2-2-1 中公称尺寸列、上极限偏差列、下极限偏差列列出计算竖式。

① 公称尺寸列：封闭环尺寸 = 各公称尺寸的代数和

$$+6\text{mm} = L + 26\text{mm} - 36\text{mm}$$

得到 $L = 16$mm。

② 上极限偏差列：

封闭环尺寸上极限偏差 = 各尺寸上极限偏差的代数和

$$+0.1\text{mm} = x + 0.05\text{mm} + 0.05\text{mm}$$

得到 $x = 0$mm。

③ 下极限偏差列：封闭环尺寸下极限偏差 = 各尺寸下极限偏差的代数和

$$-0.1\text{mm} = y - 0.05\text{mm} + 0\text{mm}$$

得到 $y = -0.05$mm。

6）综上所述，增环 L 的尺寸及极限偏差为 $L_y^x = 16_{-0.05}^{\ 0}$mm。

（2）定位基准与设计基准不重合时工艺尺寸链计算举例　图 2-2-3a 所示为底座零件图，孔的设计基准是表面 C，要求加工后孔中心到表面 C 的尺寸为 $L_0 = (120 \pm 0.15)$mm。镗孔前表面 A、B、C 已加工好，$L_1 = 300_{\ 0}^{+0.1}$ mm，$L_2 = 100_{-0.06}^{\ 0}$mm。镗孔时选 A 面作为定位基准。显然，定位基准（表面 A）与设计基准（表面 C）不重合，此时设计尺寸 $L_0 = (120 \pm 0.15)$mm 通过测量工序尺寸 L_3 及其极限偏差来间接得到，是封闭环。为保证设计尺寸 (120 ± 0.15)mm，计算工艺尺寸链，当工序尺寸 L_3 的公称尺寸及

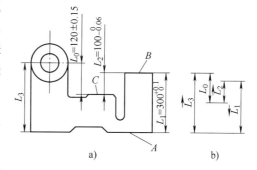

图 2-2-3　底座定位基准与设计基准不重合工艺尺寸链的计算

上、下极限偏差为多少时才能间接保证孔设计尺寸 $L_0 = (120 \pm 0.15)$mm。

【解】底座加工工艺尺寸链的计算步骤如下：

1）加工后间接保证的尺寸为 $L_0 = (120 \pm 0.15)$mm，定为工艺尺寸链中的封闭环。

2）绘制封闭尺寸链图。从封闭环 L_0 两端起，分别向前查找最近一次加工的尺寸 L_3、

$L_2 = 100_{-0.06}^{0}$ mm 及 $L_1 = 300_{0}^{+0.1}$ mm，直到尺寸 $L_0 = (120 \pm 0.15)$ mm 两边的尺寸汇合，所绘尺寸链图如图 2-2-3b 所示。

3）判断增环和减环。从 $L_0 = (120 \pm 0.15)$ mm 封闭环尺寸两边开始绘制箭头，在封闭尺寸链图中一直沿同一方向分别在各尺寸 $L_2 = 100_{-0.06}^{0}$ mm、$L_1 = 300_{0}^{+0.1}$ mm、L_3 上绘制箭头，以封闭环 L_0 从上到下方向为准，判断其他尺寸是增环还是减环。

尺寸 $L_1 = 300_{0}^{+0.1}$ mm 是从上到下的尺寸方向，与封闭环 L_0 方向相同，为减环；而尺寸 L_3 及 $L_2 = 100_{-0.06}^{0}$ mm 是从右到左的尺寸方向，与封闭环 L_0 方向相反，为增环。

4）用表格计算封闭环的竖式。

① 将增环 L_{3y}^{x}、$L_2 = 100_{-0.06}^{0}$ mm 及封闭环 $L_0 = (120 \pm 0.15)$ mm 的上极限偏差、下极限偏差分别照抄，见表 2-2-2。

② 减环 $300_{0}^{+0.1}$ mm 上、下极限偏差对调，且为原来的反号，原上极限偏差为 + 0.1mm，先写在下极限偏差列，且反号，写成 - 0.1mm；而原尺寸的下极限偏差为 0mm，写在上极限偏差列，且反号，写成 0mm；原有公称尺寸 300mm 反号，写为 - 300mm。

表 2-2-2　底座加工工艺尺寸链计算　　　　　　　　　　　（单位：mm）

尺寸类型	公称尺寸	上极限偏差	下极限偏差
增环 L_3	L_3	x	y
增环 L_1	+ 100	0	- 0.06
减环 L_2	- 300	0	- 0.1
封闭环 L_0	+ 120	+ 0.15	- 0.15

5）对公称尺寸列、上极限偏差列、下极限偏差列分别列出计算竖式。

① 公称尺寸列：

封闭环尺寸 = 各公称尺寸的代数和 + 120mm = L_3 + 100mm - 300mm

得到 $L_3 = 320$mm。

② 上极限偏差列：

封闭环尺寸上极限偏差 = 各尺寸上极限偏差的代数和 + 0.15mm = x + 0mm + 0mm

得到 $x = + 0.15$mm。

③ 下极限偏差列：

封闭环尺寸下极限偏差 = 各尺寸下极限偏差的代数和 - 0.15mm = y - 0.06mm - 0.1mm

得到 $y = + 0.01$mm。

6）综上所述，增环 L_3 的尺寸及极限偏差为 $L_{3y}^{x} = 320_{-0.01}^{+0.15}$ mm。

（3）利用工艺尺寸链未知工序尺寸及其偏差的计算举例　图 2-2-4 所示键槽孔的加工过程为：①拉内孔至 $D_1 = \phi 57.75_{0}^{+0.03}$ mm；②插键槽，保证尺寸 L；③热处理；④磨内孔至 $D_2 = \phi 58_{0}^{+0.03}$ mm；保证尺寸 $H = 62_{0}^{+0.25}$ mm，确定插键槽工序的工序尺寸 L 及偏差。

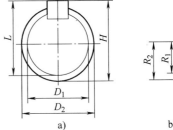

图 2-2-4　键槽孔加工工序尺寸计算

【解】1）建立尺寸链，如图 2-2-4b 所示，由于 H 是间接保证的尺寸，故是封闭环。

2）绘制封闭尺寸链图。从封闭环 H 两端起，分别向前查找最近一次加工的尺寸——孔磨削后的半径 $R_2 = 29^{+0.015}_{0}$ mm、尺寸镗孔后的半径 $R_1 = 28.875^{+0.015}_{0}$ mm 及插键槽的工序尺寸 L，直到尺寸 $H = 62^{+0.25}_{0}$ mm 两边的尺寸汇合，所绘尺寸链图如图 2-2-4b 所示。

3）判断其他尺寸是增环还是减环。从 $H = 62^{+0.25}_{0}$ mm 封闭环尺寸两边开始绘制箭头，在封闭尺寸链图中一直沿同一方向分别在各尺寸 L、$R_1 = 28.875^{+0.015}_{0}$ mm 及 $R_2 = 29^{+0.015}_{0}$ mm 上绘制箭头，以封闭环尺寸 H 的下到上方向为准，判断其他尺寸是增环还是减环。

尺寸 $R_1 = 28.875^{+0.015}_{0}$ mm 是从下到上的尺寸方向，与封闭环 H 方向相同，为减环；而尺寸 L 及 $R_2 = 29^{+0.015}_{0}$ mm 是从上到下的尺寸方向，与封闭环 H 方向相反，为增环。

4）表格计算封闭环的竖式。

① 将增环 L^x_y、$R_2 = 29^{+0.015}_{0}$ mm 及封闭环 $H = 62^{+0.25}_{0}$ mm 的上极限偏差、下极限偏差分别照抄，见表 2-2-3。

表 2-2-3　键槽孔加工工艺尺寸链计算　　　　　　　　　　（单位：mm）

尺寸类型	公称尺寸	上极限偏差	下极限偏差
增环 L	L	x	y
增环 R_2	$+29$	$+0.015$	0
减环 R_1	-28.875	0	-0.015
封闭环 H	$+62$	$+0.25$	0

② 将减环 $R_1 = 28.875^{+0.015}_{0}$ mm 上、下极限偏差对调，且为原来的反号，原上极限偏差为 $+0.015$mm，先写在下极限偏差列，且反号，写成 -0.015mm；而原下极限偏差为 0mm，写在上极限偏差列，且反号，写成 0mm；原公称尺寸 28.875mm 反号，写为 -28.875mm。

5）分别就公称尺寸列、上极限偏差列、下极限偏差列列出计算竖式。

① 公称尺寸列：

封闭链尺寸 = 各公称尺寸的代数和，即 $+62$mm $= L + 29$mm $- 28.875$mm

得到 $L = 61.875$mm。

② 上极限偏差列：

封闭链尺寸上极限偏差 = 各尺寸上极限偏差的代数和，即

$$+0.25\text{mm} = x + 0.015\text{mm} + 0\text{mm}$$

得到 $x = +0.235$mm。

③ 下极限偏差列：

封闭链尺寸下极限偏差 = 各尺寸下极限偏差的代数和，即

$$0\text{mm} = y + 0\text{mm} - 0.015\text{mm}$$

得到 $y = +0.015$mm。

6）综上所述，增环 L 的尺寸及偏差为 $L^x_y = 61.875^{+0.235}_{+0.015}$ mm $= 61.89^{+0.22}_{0}$ mm。

二、导套类零件机械加工用设备、刀具、夹具及量具

1. 导套类零件机械加工用设备

1）内、外圆柱面粗加工设备为车床，见项目一。

2）内、外圆柱面精加工设备为万能外圆磨床，见项目一。

2. 导套类零件机械加工用刀具

1）外圆柱面车削加工用外圆车刀，退刀槽加工用切槽刀，内孔加工用麻花钻和铰刀（内孔车刀）。

2）外圆柱面及内孔磨削加工以砂轮做刀具。

3. 导套类零件加工用夹具

1）外圆柱面及内孔粗加工和半精加工采用自定心卡盘装夹。

2）内孔磨削加工用自定心卡盘装夹，外圆柱面磨削加工用可胀心轴装夹。

 任务实施

1）根据塑料模导套图填写机械加工工艺过程卡，材料牌号为20Cr，生产数量为10，零件名称为塑料模导套，零件图号为MS01-2。

2）根据本项目任务一的内容，填写塑料模导套机械加工工艺过程卡，见表2-2-4。

表 2-2-4　塑料模导套机械加工工艺过程卡

工序	工序名称	工序内容	设备	夹具	刀具	量具
1	下料	圆棒 $\phi40$mm×（340mm/10）	锯床			
2	车	1）车端面 2）钻孔 $\phi18(^{+0.18}_{0})$mm，深50mm 3）粗车外圆 $\phi35$mm为 $\phi36.5(^{0}_{-0.25})$mm，长120mm 4）半精车外圆 $\phi35(^{0}_{-0.1})$mm到尺寸 5）粗车外圆 $\phi30$mm为 $\phi32(^{0}_{-0.25})$mm 6）半精车外圆 $\phi30$mm为 $\phi30.5(^{0}_{-0.1})$mm，定长 $8(^{0}_{-0.1})$mm 7）车退刀槽 3mm×1mm，倒角 3mm×30° 8）切断，定长30.5mm	CA6140	自定心卡盘	外圆车刀、圆弧车刀、端面车刀、麻花钻、镗刀	游标卡尺
3	车	1）调头，车端面，定长 $30(^{0}_{-0.5})$mm 2）铰内孔 $\phi20$mm为 $\phi19.5(^{+0.021}_{0})$mm				
4	热	内孔渗碳淬火，硬度为58~62HRC	高频淬火炉			
5	磨	以 $\phi19.5(^{+0.021}_{0})$mm孔上定位心轴，磨外圆 $\phi30r6(^{+0.021}_{+0.008})$及 $\phi30^{-0.040}_{-0.061}$mm（长3mm）	M120W	心轴		千分尺
6	磨	夹持 $\phi30r6$ 外圆，磨内孔至 $\phi20H7(^{+0.021}_{0})$				
7	检验					

 任务拓展

图 2-1-12 和图 2-1-13 所示分别为冲模滑动导套平面图和三维图，材料为20Cr，图号为MC01-2，要求表面渗碳淬火，硬度为52~56HRC，拟定机械加工工艺路线，填写其机械加

工工艺过程卡。

1）根据导套图填写机械加工工艺过程卡，材料为 20Cr，生产数量为 5，零件名称为冲模滑动导套，零件图号为 MC01-2。

2）根据本项目任务一的内容，填写冲模滑动导套机械加工工艺过程卡，见表 2-2-5。

表 2-2-5　冲模滑动导套机械加工工艺过程卡

工序	工序名称	工 序 内 容	设备	夹具	刀具	量具
1	下料	圆棒 $\phi60\text{mm} \times (595\text{mm}/5)$	锯床			
2	车	1）车端面 2）钻孔 $\phi38(^{0}_{-0.25})$ mm 3）粗车外圆 $\phi58\text{mm}$ 至 $\phi59.5(^{0}_{-0.25})$ mm 4）半精车外圆 $\phi58(^{0}_{-0.12})$ mm 至尺寸 5）粗车外圆 $\phi55\text{mm}$ 至 $\phi57(^{0}_{-0.3})$ mm 6）半精车外圆 $\phi55\text{mm}$ 至 $\phi55.5(^{0}_{-0.12})$ mm，定长 43mm 7）车退刀槽 3mm×0.5mm，内孔倒角 1.5mm×30° 8）切断，定长 115.5mm	CA6140	自定心卡盘	外圆车刀、圆弧车刀、端面车刀、$\phi38$ 麻花钻、镗刀	游标卡尺
3	车	1）调头，车端面，定长 115mm 2）半精车内孔 $\phi40\text{mm}$ 至 $\phi39.49(^{+0.025}_{0})$ mm 3）车油槽 $R1.5\text{mm}$，深 0.8mm				
4	热	内孔渗碳淬火，硬度为 58~62HRC				
5	磨	以 $\phi39.49(^{+0.025}_{0})$ mm 孔上定位心轴，磨外圆 $\phi55r6(^{+0.061}_{+0.041})$	M131W	心轴	砂轮	千分尺
6	磨	夹持 $\phi55r6$ 外圆，磨内孔 $\phi40\text{mm}$ 为 $\phi39.99\text{H7}(^{+0.025}_{0})$				
7	研磨	研磨内孔 $\phi40\text{H7}(^{+0.025}_{0})$，达图样要求	CA6140			千分尺
8	检验					

思考与练习

一、填空题

1. 尺寸链是指相互联系的尺寸按一定顺序首尾相接排列成的尺寸_____。

2. 封闭环的上极限偏差等于所有增环的_____极限偏差之和减去所有减环的_____极限偏差之和。

3. 在尺寸链中，当其余组成环不变时，将某一环_____或_____，封闭环也随之_____或_____，该环称为增环。

4. 工艺尺寸链用于工件加工过程中定位基准与_____或_____或_____不重合时，尺寸及偏差的求解。

二、计算题

1. 如图 2-2-5a 所示，以工件底面 1 为定位基准镗孔 2，然后以同样的定位基准镗孔 3，

设计尺寸 $25^{+0.4}_{+0.05}$ mm 不是直接获得的，试分析：①加工后，如果 $A_1 = 60^{+0.2}_{0}$ mm，$A_2 = 35^{0}_{-0.2}$ mm，尺寸 $25^{+0.4}_{+0.05}$ mm 能否得到保证？②如果在加工时确定 $A_1 = 60^{+0.2}_{0}$ mm，A_2 为何值时才能保证尺寸 $25^{+0.4}_{+0.05}$ mm 的精度？

2. 如图 2-2-5b 所示，某套类零件用端面 A 定位铣削加工表面 B，以间接保证尺寸 $10^{+0.2}_{0}$ mm，试求铣此缺口时 A、B 面之间的工序尺寸及偏差。

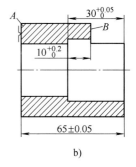

图 2-2-5　计算题图

三、简答题

1. 什么是工艺尺寸链？

2. 什么是封闭环和组成环？

3. 什么是减环？

塑料模模板及冲模模座机械加工工艺过程卡的编制

[项目简介]

模板和模座也是模具标准部件（模架）的组成零件，由项目一中模架结构组成可知，模板及模座类零件在模具中主要起安装及支承其他工作零件的作用。

冲模中该类零件包括冲模模座、垫板、凸模固定板、凹模板和卸料板等。模座用于安装冲模的凸、凹模固定板和固定导柱、导套及模柄等零件；凸、凹模固定板用于固定凸、凹模工作零件，通过导柱、导套导向来确保凸、凹模的相对位置，以确保冲压件达到技术要求；卸料板用于卸除条料或冲压件。

塑料（压铸）模中该类零件包括动、定模座板，动、定模板，支承板、推件板等。动、定模座板用于安装定位圈、浇口套等零件，另外还提供注射模与注射机夹紧位置；动、定模板用于安装动（定）模仁，以成型塑件；支承板用于承受塑料成型时的胀型力，支承动模板；而推件板用于推出成型好的塑件。

模座类零件一般用铸铁或铸钢材料制造，模板则一般用中碳钢材料制造。模座及模板上、下平面的平行度及其与导柱孔或导套安装孔的垂直度的公差等级一般取 IT4 ~ IT5，且各模板导柱孔或导套安装孔中心距偏差 ≤ ±0.02mm，以保证各模板装配后达到装配精度，使各运动模板沿导柱（套）平稳滑动。

模座及模板上、下平面尺寸公差等级一般取 IT7 ~ IT6，表面粗糙度值 $Ra = 0.8 ~ 0.4\mu m$。该类零件机械加工难度较大，模座及模板加工常用普通铣床、平面磨床、数控铣床及高频淬火炉等设备，加工的重点是保证模板（座）上、下面之间的平行度及其与导柱孔或导套安装孔的垂直度。

[项目工作流程]

1. 看懂零件图，对零件进行结构工艺性分析。
2. 选择毛坯的制造方法和形状。
3. 选择定位基准，拟定工艺路线。
4. 确定各工序加工余量和工序尺寸。
5. 确定切削用量。

6. 确定各工序设备以及刀、夹、量具。

7. 填写机械加工工艺过程卡。

 [知识目标]

1. 掌握模板及模座类零件平面加工工艺方法、特点及加工用设备和刀具。

2. 掌握模板及模座类零件孔加工工艺方法、特点及加工用设备和刀具。

 [能力目标]

1. 能够就模板及模座类零件图选择定位基准，确定毛坯、加工方法及加工顺序。

2. 能够确定模板及模座类零件的机械加工装夹方法。

3. 能够就模板及模座类零件确定加工用设备和刀具，拟定加工工艺路线。

 [重点、难点]

模板及模座类零件的加工方法及加工顺序。

任务一 塑料模动模板毛坯选择及其平面机械加工机床和加工方法的确定

任务引入

图 3-1-1、图 3-1-2 所示分别为塑料模动模板的平面图和三维图，其材料为 45 钢，图号为 MS01-3，要求选择其毛坯，确定其平面机械加工机床及加工方法。

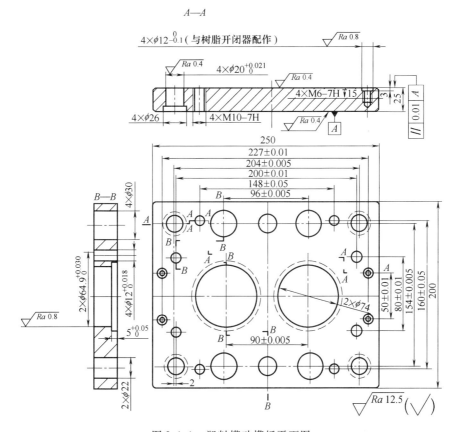

图 3-1-1 塑料模动模板平面图

图 3-1-2 塑料模动模板三维图

相关知识

一、模板及模座类零件常用毛坯

对冲模中要求有缓冲及抗振作用的上、下模座大多采用铸件；模板类零件由于是受力件，一般采用锻件毛坯。

二、模板及模座类零件平面加工方法及加工顺序

模板及模座类零件平面加工方法及加工顺序如图 3-1-3 所示。

三、模板及模座类零件加工的特点

模板及模座类零件加工面主要为平面和孔系，常先加工平面，再以平面定位加工孔系。

四、模板及模座类零件平面铣削（粗及半精）加工

1. 平面铣削加工的特点

平面铣削时，以铣刀旋转作为主运动，以工件的移动作为进给运动来加工工件。铣削加工是平面加工的主要方式，加工尺寸公差等级为 IT8 ~ IT9，表面粗糙度值为 $Ra6.3 \sim 1.6\mu m$。铣削加工生产率高，常用于各种平面、斜面、成形面、沟槽、切断和刻度等的粗加工和半精加工。

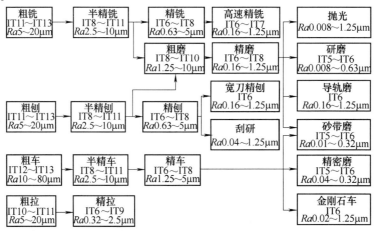

图 3-1-3　模板及模座类零件平面加工方法及加工顺序

2. 平面铣削方法（图 3-1-4）

（1）逆铣　逆铣时铣刀的旋转方向和工件的进给方向相反。逆铣时切削厚度从零开始逐渐增大，因而切削刃开始时在切削硬化的已加工表面上挤压滑行，加速了刀具的磨损，使加工面表面粗糙度值大。逆铣时铣削力将工件上抬，当接触角大时，易引起振动，这是不利之处。但逆铣铣削分力与驱动工作台的力方向相反，使丝杠与螺母传动面始终贴紧，工作台不会发生窜动，铣削平稳。逆铣常用于精铣，如图 3-1-4a 所示。

（2）顺铣　顺铣时铣刀的旋转方向和工件的进给方向相同。铣削力的水平分力与工件

的进给方向相同，工作台进给丝杠与固定螺母之间一般有间隙存在，故切削力容易使工件和工作台一起向前窜动，使进给量突然增大，引起打刀。在铣削铸件或锻件等表面有硬度的工件时，顺铣刀齿首先接触工件硬皮，加剧了铣刀的磨损。

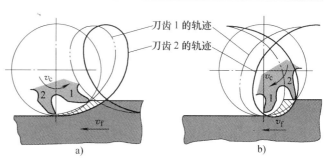

图 3-1-4　逆铣和顺铣

a）逆铣　b）顺铣

顺铣时切削厚度从最大逐渐减到零，避免了逆铣时的刀齿挤压、打滑现象，加工表面质量高，刀具寿命长，避免了工件振动；但丝杠螺母传动副中有间隙时，工作台会带动丝杠窜动，造成工作台振动和进给不匀，严重时会出现打刀现象。顺铣常用于粗铣，如图 3-1-4b 所示。

有丝杠螺母间隙消除装置的铣床宜用顺铣，否则宜用逆铣。

3. 模板及模座类零件平面加工用刀具

（1）圆柱铣刀　如图 3-1-5 所示，圆柱铣刀圆柱面上有直线或螺旋线形切削刃，常用高速钢整体制造，用于在卧式铣床上加工宽度不大的平面。

（2）面铣刀　如图 3-1-6 所示，面铣刀主切削刃分布在铣刀圆柱或圆锥表面上，端部切削刃为副切削刃。面铣刀刀齿材料有高速钢和硬质合金两类，多为套式镶齿结构，用于加工台阶面和大平面，效率较高。

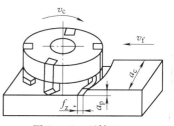

图 3-1-5　圆柱铣刀

端面铣削有对称铣与不对称逆铣、不对称顺铣三种方式。铣淬硬钢采用对称铣；铣碳钢和合金钢采用不对称逆铣，可减小切入冲击，提高刀具寿命；铣不锈钢和耐热合金采用不对称顺铣。

（3）立铣刀　立铣刀在圆柱面上有主切削刃，端面有副切削刃，工作时只能径向进给，不能轴向进给，主要用于加工凹槽、台阶面和小平面，利用靠模可加工成形面，如图3-1-7b所示。

图 3-1-6　面铣刀

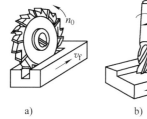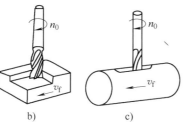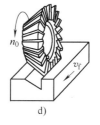

a）　　　　　　b）　　　　　　c）　　　　　　d）

图 3-1-7　加工沟槽的铣刀

a）三面刃铣刀　b）立铣刀　c）键槽铣刀　d）角度铣刀

（4）盘形铣刀　盘形铣刀包括三面刃铣刀和槽铣刀。三面刃铣刀除圆周上有主切削刃外，两侧面有副切削刃，切削效率高，但重磨后宽度尺寸变化大，主要用于加工凹槽和台阶面，如图 3-1-7a 所示。

槽铣刀仅在圆周上有刀齿，侧面无切削刃，为减小摩擦，两侧内凹1°，留有0.5～1.2mm的棱边，重磨后宽度变化小，可用于加工尺寸公差等级为IT9的凹槽和键槽。

（5）键槽铣刀 键槽铣刀只有两个刀齿，圆柱面和端面都有切削刃，加工时先轴向进给后径向进给，用于加工封闭键槽，如图3-1-7c所示。

（6）角度铣刀 角度铣刀有单角铣刀和双角铣刀，用于加工沟槽和斜面，如图3-1-7d所示。

（7）成形铣刀 成形铣刀的刀齿廓形由工件廓形确定，用于加工成形面。

（8）模具铣刀 模具铣刀有锥形、柱形球头、锥形球头等形式，用于加工凹模型腔或凸模面形面。

大部分铣刀都是小齿铣刀，只有复杂的成形铣刀才制成铲齿铣刀。滚齿铣刀用钝后磨后刀面，铲齿铣刀用钝后只能磨前刀面。

4. 铣削加工设备

（1）卧式升降台铣床

1）卧式升降台铣床的外形结构。如图3-1-8和图3-1-9所示，卧式升降台铣床是一种主轴水平布置的升降台铣床，工件安装在工作台4上，工作台安装在床鞍5的水平导轨上，工件可沿垂直于主轴3的轴线方向纵向移动。床鞍5装在升降台7的水平导轨上，可沿主轴的轴线方向横向移动。升降台7安装在床身1的垂直导轨上，可做上下垂直移动，故工作台可在三个方向上调整位置或做进给运动。床身1固定在底座8上，床身内部安装有主传动机构，顶部导轨上装有悬臂2，悬臂上装有安装铣刀主轴3的挂架6，铣刀装在刀杆上，在卧式升降台铣床上还可安装由主轴驱动的立铣头附件。

卧式升降台铣床的变速范围大，刚性好，操作方便，工作台在水平面上回转一定角度，适于中小零件的平面加工、沟槽和多齿零件的单件小批生产。

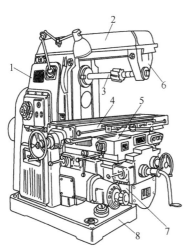

图 3-1-8 卧式升降台铣床的外形结构

1—床身 2—悬臂 3—主轴 4—工作台
5—床鞍 6—挂架 7—升降台 8—底座

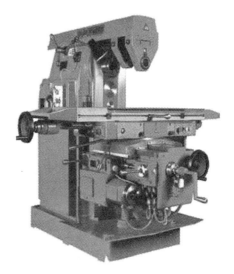

图 3-1-9 卧式升降台铣床外观图

2）卧式铣床加工平面所用刀具及其安装。卧式铣床加工平面所用刀具为圆柱铣刀，如图3-1-10所示。外形较小的圆柱铣刀用高速钢制成整体式结构，螺旋切削刃分布在圆柱面上，切削时逐渐切入和切出工件，切削过程平稳，用于加工宽度小于长度的狭长平面。当铣刀外径较大时，为节省高速钢材料，常做成镶齿式。圆柱铣刀在卧式铣床上的安装方式如图3-1-11所示。

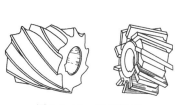

图 3-1-10　圆柱铣刀

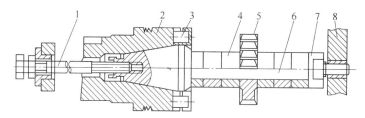

图 3-1-11　圆柱铣刀在卧式铣床上的安装方式
1—拉杆　2—铣床主轴　3—端面键　4—套筒
5—铣刀　6—刀杆　7—螺母　8—铣床挂架

3）卧式铣床的附件。卧式铣床的附件主要有分度头和万向平口钳等。分度头如图3-1-12所示，用于加工分布在轴线方向的多槽。万向平口钳如图3-1-13所示，用于斜面加工。

图 3-1-12　分度头

图 3-1-13　万向平口钳

（2）立式升降台铣床

1）立式升降台铣床的外形结构。如图3-1-14和图3-1-15所示，立式升降台铣床是一种主轴垂直布置的升降台铣床，主轴3上可安装立铣刀和面铣刀，铣刀的旋转运动为主运

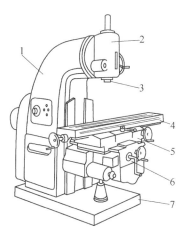

图 3-1-14　立式升降台铣床的外形结构
1—床身　2—立铣头　3—主轴　4—工作台
5—床鞍　6—升降台　7—底座

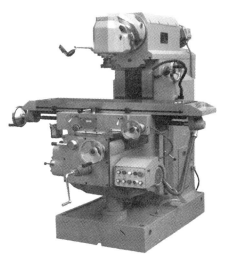

图 3-1-15　立式升降台铣床外观图

动,立铣头 2 可绕水平轴线转动一个角度,工作台结构与卧式铣床相同。

2)立式铣床加工平面所用刀具及其安装。立式铣床加工平面所用刀具为面铣刀(图3-1-16)和立铣刀。面铣刀的轴线垂直于工件加工面,用于加工台阶面和平面(尤其是大面积平面),其铣削生产率高。立铣刀和面铣刀在立式铣床上的安装方式如图3-1-17所示。

3)立式铣床附件。立式铣床的附件主要是回转工作台,如图 3-1-18 所示,用于轴、套等回转件圆弧及沿轴线方向分布的槽的铣削。

(3)数控铣床

1)数控铣床的外形结构如图 3-1-19 所示。

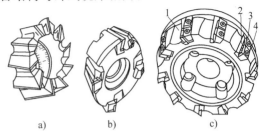

图 3-1-16　面铣刀

a)整体式刀片　b)镶焊式硬质合金刀片

c)机夹可转位式硬质合金刀片

1—不重复可转位夹具　2—定位座

3—定位座夹具　4—刀片夹具

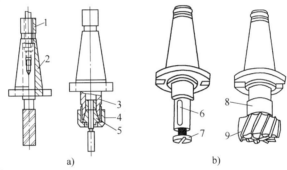

图 3-1-17　立铣刀和面铣刀在立式铣床上的安装方式

a)立铣刀的安装　b)面铣刀的安装

1—拉杆　2—过渡套　3—夹头体　4—螺母　5—弹簧套　6—键　7—螺钉　8—垫套　9—铣刀

图 3-1-18　回转工作台

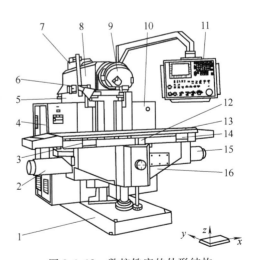

图 3-1-19　数控铣床的外形结构

1—底座　2、15—伺服电动机　3、14—行程限位挡铁　4—强电柜

5—床身　6—横向限位开关　7—后壳体　8—滑枕　9—万能铣头

10—数控柜　11—按钮站　12—纵向限位开关　13—工作台

16—升降滑座

2）数控卧式铣床的主要技术参数见表 3-1-1。

表 3-1-1　数控卧式铣床的主要技术参数

工作台尺寸	1700mm × 400mm
T 形槽（宽度 × 数量）	18mm × 3mm
工作台行程	X 轴行程：1200mm
	Y 轴行程：450mm
	Z 轴行程：500mm
最快移动速度	10000mm/min
最大切削进给速度	4000mm/min
主轴转速	40 ~ 6000r/min
主轴中心至立柱表面距离	500mm
定位精度	± 0.015mm
重复定位精度	± 0.01mm

3）数控铣床的功能。数控铣床用于加工各类型腔模的型腔，也可加工冲模凸、凹模及其固定板和卸料板等；其加工精度高，可完成模具轮廓及其曲面加工，还可用于孔及孔系加工；可手工编程也可自动编程，一般配置工件找正系统，可大大缩短模具制造周期。

数控铣床可多轴联动以实现全自动加工，尤其适合加工精度要求高且形状复杂的模具。

数控铣床可加工平面及三维曲面，可进行铣、镗、钻、扩、铰、攻螺纹等加工工序，其坐标定位精度为 ± 0.01mm，重复定位精度为 ± 0.005mm，加工精度为 0.1 ~ 0.05mm。

4）数控铣床的加工内容。

① 模具零件的轮廓加工，如冲头、凹模的加工。

② 曲面加工，是数控铣削最擅长的加工领域。

③ 孔系加工，数控铣床易于保证单个孔的尺寸精度，也可保证孔系及孔与面间的几何精度。

5）数控铣床编程。

① 数控铣床 XY 平面上的工件原点应选在工件设计基准上，而对称工件的工件原点需选在工件的对称中心，普通工件的工件原点则设在工件轮廓的某一角。Z 轴方向的工件原点选在精度较高的工件上表面。

② 数控铣床配有固定循环功能，数控编程时需要加入刀具长度补偿和刀具半径补偿指令。

5. 铣床典型加工面及其切削运动（图 3-1-20）

图 3-1-20a 所示是在卧式铣床上用圆柱铣刀铣平面，铣刀旋转为主运动，工件做纵向进给运动；图 3-1-20b 所示是在卧式铣床上用圆柱铣刀铣台阶，铣刀旋转为主运动，工件做纵向进给运动；图 3-1-20c 所示是在卧式铣床上用立铣刀或在立式铣床上用键槽铣刀铣键槽，刀具旋转为主运动，工件做轴向进给运动；图 3-1-20d 所示是在立式铣床上用 T 形槽铣刀铣 T 形槽，刀具旋转为主运动，工件做轴向进给运动；图 3-1-20e 所示是在立式铣床上用燕尾槽铣刀铣燕尾槽，刀具旋转为主运动，工件做轴向进给运动；图 3-1-20f 所示是用盘形齿轮铣刀铣齿轮，刀具旋转为主运动，工件做轴向进给运动；图 3-1-20g 所示是用螺旋槽铣刀铣螺纹，刀具旋转为主运动，工件旋转并做轴向进给运动；图 3-1-20h 所示是用成形铣刀铣螺旋槽，刀具旋转为主运动，工件旋转并做轴向进给运动；图 3-1-20i 所示是用立铣刀铣外曲面，刀具旋转为主运动，工件做横向和纵向进给运动；图 3-1-20j 所示是用立铣刀铣内曲面。

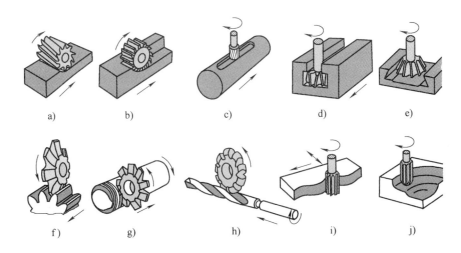

图 3-1-20　铣床典型加工面及其切削运动

a）铣平面　b）铣台阶　c）铣键槽　d）铣 T 形槽　e）铣燕尾槽

f）铣齿轮　g）铣螺纹　h）铣螺旋槽　i）铣外曲面　j）铣内曲面

6. 典型表面铣削加工背吃刀量 a_p 和侧吃刀量 a_e

典型表面铣削加工背吃刀量 a_p 和侧吃刀量 a_e 如图 3-1-21 所示。

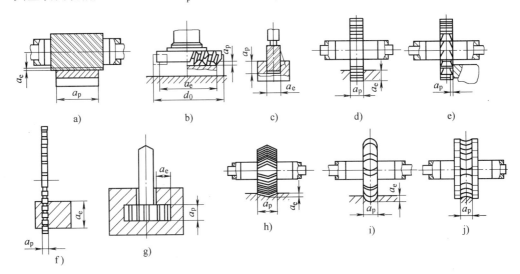

图 3-1-21　典型表面铣削加工背吃刀量 a_p 和侧吃刀量 a_e

a）圆柱铣刀铣平面　b）面铣刀铣平面　c）铣沟槽　d）三面刃铣刀铣沟槽　e）三面刃铣刀铣侧面

f）锯片铣刀切断　g）铣 T 形槽　h）铣 V 形槽　i）成形铣刀铣曲线形沟槽　j）成形铣刀铣内曲面

7. 铣削加工时工件的装夹方式

工件在铣床上的装夹方式如图 3-1-22 所示。

1）用平口钳装夹工件，用于小型和形状规则工件的铣削加工，如图 3-1-22a 所示。

2）用压板、螺钉装夹工件，用于较大和形状特殊工件的铣削加工，如图 3-1-22b 所示。

3）用 V 形块装夹工件，用于大批量生产，加工精度和生产率要求高的工件的铣削加工，如图 3-1-22c 所示。

4）用分度头、顶尖装夹工件，用于卧式铣床上工件径向有角度要求且需要分度的工件的槽和孔的加工，如图 3-1-22d 所示。

5）用分度头、卡盘装夹工件，用于立式铣床上加工由圆弧和几段直线连成的曲线外形或圆弧的曲线外形，也可加工工件的轴向及径向有角度要求的多槽和多孔，如图 3-1-22e、f 所示。

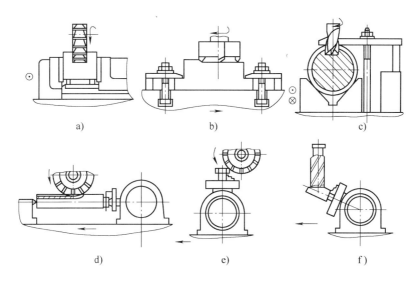

图 3-1-22　工件在铣床上的装夹方式

a）平口钳　b）压板、螺钉　c）V 形块　d）分度头、顶尖
e）分度头、卡盘（直立）　f）分度头、卡盘（倾斜）

五、模板及模座的平面磨削（精）加工

根据砂轮工作面的不同，平面磨床分为用砂轮轮缘（圆周）进行磨削的平面磨床和用砂轮端面进行磨削的平面磨床两种。用砂轮轮缘磨削的平面磨床砂轮主轴处于水平（卧式）位置，而用砂轮端面磨削的平面磨床砂轮主轴处于垂直（立式）位置。平面磨床工作台形状可以是矩形和圆形。根据工作台形状和砂轮工作面不同，平面磨床有卧轴矩台式、卧轴圆台式、立轴矩台式、立轴圆台式 4 种。下面主要介绍卧轴矩台式和立轴圆台式两种平面磨床。

1. 卧轴矩台式平面磨床

（1）卧轴矩台式平面磨床的外形结构（图 3-1-23）　卧轴矩台式平面磨床采用周磨法（砂轮周边为磨削工作面）磨削水平面，也可用砂轮端面磨削沟槽

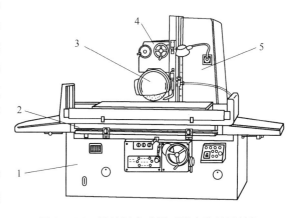

图 3-1-23　卧轴矩台式平面磨床的外形结构

1—床身　2—工作台　3—砂轮　4—滑座　5—立柱

及台阶等垂直侧面，这种磨削方法与工件接触面小，发热量小，冷却、排屑条件好，加工精度高，加工质量好，磨削效率低。磨削时工件用电磁吸盘吸住。

（2）卧轴矩台式平面磨床的切削运动（图3-1-24）

1）砂轮的旋转运动 n_1。

2）工件的纵向往复运动 f_1。

3）砂轮的间歇横向进给运动 f_2（手动或液压传动）。

4）砂轮的间歇垂直进给运动 f_3（手动）。

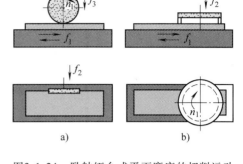

图3-1-24 卧轴矩台式平面磨床的切削运动

2. 立轴圆台式平面磨床

（1）立轴圆台式平面磨床的外形结构（图3-1-25） 立轴圆台式平面磨床采用砂轮端面磨削，砂轮与工件的接触面积大，生产率较高，磨削时发热量大，冷却、排屑条件差，砂轮磨损不均匀，加工精度和表面质量不如卧轴矩台式平面磨床，常用于成批粗磨工件或磨削精度不高的工件。

（2）立轴圆台式平面磨床的切削运动（图3-1-26）

1）砂轮的旋转运动 n_1。

2）工作台的圆周进给运动 f_1。

3）砂轮的间歇垂直进给运动 f_3，圆工作台沿床身导轨的纵向移动 f_2，用于装卸工件。

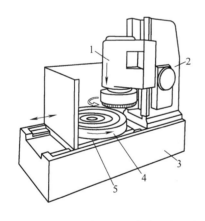

图 3-1-25 立轴圆台式平面磨床的外形结构

1—砂轮架 2—立柱 3—床身 4—床鞍 5—工作台

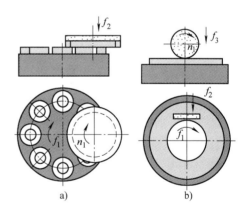

图 3-1-26 立轴圆台式平面磨床的切削运动

 任务实施

1. 塑料模动模板毛坯的选择

塑料模动模板材料为 45 钢，起固定型芯的作用，故毛坯为锻件毛坯。

2. 塑料模动模板平面加工设备及加工方法的确定

塑料模动模板平面加工设备：粗加工为铣床，精加工为平面磨床。

上、下平面的加工方法为：粗加工、半精加工为铣削加工，精加工为磨削加工，以达到上、下平面的平行度误差要求。

 任务拓展

图 3-1-27、图 3-1-28 所示分别为冲模下模座的平面图和三维图，材料为 HT200，图号为 MC01-3，要求选择其毛坯，确定加工方法。

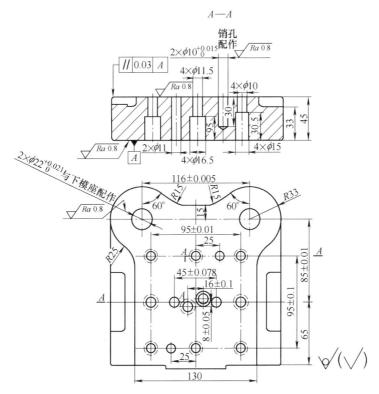

图 3-1-27　冲模下模座的平面图

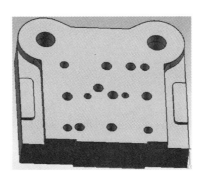

图 3-1-28　冲模下模座的三维图

1. 冲模下模座毛坯的选择

冲模下模座材料为 HT200，供安装其他零件并起缓冲作用，故毛坯为铸件毛坯。

2. 冲模下模座加工方法的确定

1）上、下平面的加工方法：粗加工、半精加工为铣削加工，精加工为磨削加工，以达到上、下平面的平行度误差要求。

2）孔的加工方法：$2 \times \phi 22$mm 孔用于安装导套，需要镗削加工。

 思考与练习

一、填空题

1. 模板及模座类零件的加工特点：常先加工＿＿＿＿＿＿，再以平面定位加工＿＿＿＿＿＿＿＿。

2. 铣削加工常用于各种＿＿＿＿、＿＿＿＿、＿＿＿＿、＿＿＿＿、切断和刻度等的粗加工和半精加工。

3. 平面磨床工作台可以是＿＿＿＿形状和＿＿＿＿形状，卧轴矩台式平面磨床用砂轮＿＿＿＿进行磨削，立轴圆台式平面磨床则用砂轮＿＿＿＿进行磨削。

二、判断题

1. 一般圆柱铣刀安装在立式铣床上，用于铣削窄长平面。　　　　　　（　　）

2. 通常面铣刀安装在卧式铣床上，用于铣削大平面。　　　　　　　　（　　）

3. 三面刃铣刀可以在卧式铣床上安装，用于铣沟槽。　　　　　　　　（　　）

4. 立铣刀可以在立式铣床上安装，用于铣沟槽。　　　　　　　　　　（　　）

5. 平面磨床上用压板、螺钉夹紧工件。　　　　　　　　　　　　　　（　　）

6. 卧式铣床上用圆柱铣刀铣平面时铣刀旋转为主运动，工件做纵向进给运动。（　　）

三、简答题

1. 铣削加工工件的装夹方式有哪几种？各用于什么场合？

2. 平面磨床分为几种？各有什么特点？

塑料模动模板孔加工设备及加工方法的确定

 任务引入

图 3-1-1、图 3-1-2 所示分别为塑料模动模板的平面图和三维图，材料为 45 钢，图号为 MS01-3，确定其孔加工设备及加工方法。

 相关知识

1. 模板及模座类零件的钻削加工

1）钻削加工工艺特点见项目二任务一。

2）钻削、扩孔、铰削加工用刀具：麻花钻、扩孔钻及铰刀等，见项目二。

3）钻削、扩孔、铰削加工设备为钻床，其主要类型有台式钻床、立式钻床、摇臂钻床等。

① 台式钻床。台式钻床简称"台钻"，钻削孔径 $<\phi12mm$，可用于攻螺纹，其主轴转速很高，一般是手动进给，其结构简单，使用灵活、方便。图 3-2-1 所示为台式钻床的外形结构。

② 立式钻床。立式钻床主轴箱和工作台安置在立柱上，主轴垂直布置。图 3-2-2 所示为立式钻床的外形结构，加工工件时，工件直接（通过夹具装夹）安装在工作台 2 上，主轴的旋转运动由电动机经主轴箱 3 传给主轴，加工时主轴既做旋转主运动又做轴向的进给运动。工作台 2 和进给箱 3 可沿立柱 4 上的导轨上下运动，以适应不同高度工件的钻削加工。立式钻床通过移动工件位置使被加工孔中心与主轴中心对中，操作不便，不适合加工大型零件，生产率低，自动化程度低，用于单件、小批量生产的中、小型工件的钻削加工。

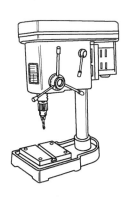

图 3-2-1　台式钻床的外形结构

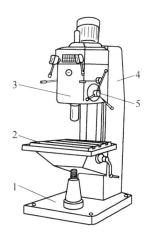

图 3-2-2　立式钻床的外形结构

1—底座　2—工作台　3—主轴箱

4—立柱　5—手柄

③摇臂钻床。摇臂钻床的摇臂可绕立柱回转和升降，主轴箱还可在摇臂上做水平移动。图3-2-3所示为摇臂钻床的外形结构。加工时工件固定在工作台上，主轴6的旋转和轴向的进给运动是由电动机通过主轴箱5来实现的。主轴箱5可在摇臂4的导轨上移动，摇臂4借助电动机及丝杠的传动，可沿外立柱3上、下运动，外立柱可绕内立柱2在±180°范围内旋转。主轴上的刀具很容易与工件对中，特别适用于不易移动的大、中型零件的单件小批生产。

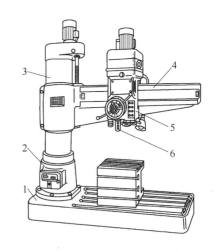

图3-2-3 摇臂钻床的外形结构
1—底座 2—内立柱 3—外立柱 4—摇臂
5—主轴箱 6—主轴

4）钻孔加工时工件的装夹方法如图3-2-4所示。

用钻床附件——平口钳来装夹工件，如图3-2-4a所示，用于小型工件的加工；大型工件的钻孔装夹采用压板和"T"形螺栓、螺母将工件夹紧在钻床工作台上，如图3-2-4b所示；对轴套类零件径向孔的加工，先将工件定位在V形块上，再用压板螺栓夹紧，如图3-2-4c所示；成批大量生产中，钻削与其他面有几何公差要求的孔或钻削孔距精度要求高的孔组时常采用专用钻孔夹具——钻模装夹工件，如图3-2-4d所示。

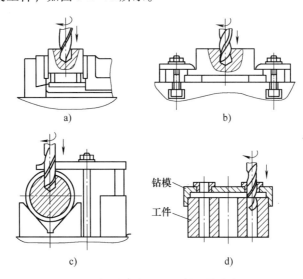

a)

b)

钻模
工件

c)

d)

图3-2-4 钻孔加工时工件的装夹方法
a）用平口钳装夹 b）用压板螺栓装夹 c）用V形块装夹 d）用钻模装夹

2. 模板及模座类零件的镗削加工

镗削是用镗刀对已钻孔进行进一步加工的方法。其优点是镗削加工灵活性大，适应性强；其缺点是镗削加工操作技术要求高，生产率低。镗削用于孔径大于60mm且位置精度要求高的孔和孔系的加工。

（1）镗削加工的工艺特点

1）可对工件上不同孔径的孔进行粗加工、半精加工和精加工。

2）加工尺寸公差等级可达 IT7～IT6。

3）孔的表面粗糙度值可控制在 $Ra6.3～0.8\mu m$。

4）能修正前道工序造成的孔轴线弯曲、偏斜等几何误差。

（2）镗削加工用刀具　普通镗削加工用刀具由镗杆和镗刀组成，镗杆尾部装入镗床主轴孔中定位，将主轴旋转运动传给镗刀，如图 3-2-5 所示。

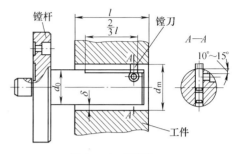

图 3-2-5　镗削加工

（3）镗削加工用设备

1）卧式镗床。卧式镗床的外形结构如图3-2-6所示。主轴水平布置并可进行轴向进给，主轴箱11沿前立柱10的导轨垂直移动，工作台6可绕主轴旋转或做纵、横向移动。卧式镗床用于精度要求较高的大型、复杂的箱体类零件的镗孔加工。除此之外，卧式镗床还可进行平面车削、平面铣削、外圆车削、螺纹车削、孔钻削等。卧式镗床的主要技术参数为镗床主轴直径。

卧式镗床既可进行粗加工（如粗镗、粗铣、钻孔等），也可进行精加工（如精镗孔）。卧式镗床主要由床身、下滑座、上滑座、尾座、后立柱、工作台、镗轴、平旋盘、径向刀架、前立柱、主轴箱11个部件组成，前立柱10固定在床身1的右侧，安装在前立柱10上的主轴箱11可沿前立柱10的导轨做上下运动，前立柱10内装有平衡主轴箱自重的配重装置，主轴箱11除装有镗杆、平旋盘等主轴组件外，还装有变速传动机构和操纵机构，刀具可装在镗杆前端的锥孔中或装在平旋盘的径向刀架上，镗杆旋转为主运动，沿轴向移动为进给运动；平旋盘只能做旋转主运动，装在平旋盘导轨上的径向刀架连同刀具除跟平旋盘一起旋转外，还可沿导轨做径向进给运动。工件安装在工作台6上，可与工作台6一起随上滑座沿床身导轨做纵向运动；还可沿下滑座的导轨做横向移动；工作台6也可在上滑座3的圆导轨上绕垂直轴线转位，以便在一次装夹中镗削平行孔组、相互有一定夹角的孔和铣削平面。后立柱5安装在床身1的左侧，后立柱5上装有尾座4，用于支承悬伸较长的镗杆，以增加镗杆的刚度，后立柱5还可沿床身导轨做纵向移动。

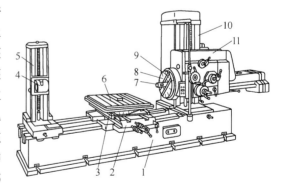

图 3-2-6　卧式镗床的外形结构

1—床身　2—下滑座　3—上滑座　4—尾座
5—后立柱　6—工作台　7—镗轴　8—平旋盘
9—径向刀架　10—前立柱　11—主轴箱

2）坐标镗床。坐标镗床是高精度机床，其用途广泛，用于高尺寸精度和高位置精度的淬火处理前孔及孔系的加工，如钻模、镗模和量具上的精密孔的加工，也用于孔距精度高的箱体类零件的加工。坐标镗床除可镗孔、钻孔、扩孔、铰孔、精铣平面和加工沟槽外，还可进行精密刻线、划线以及孔距、直线尺寸等精密测量工作，其主要技术参数为工作台宽度。其主要特点如下：

① 机床对使用温度和工作条件有严格要求，一般要在空调环境中使用。

② 机床上配备有精密坐标测量装置，可精确确定主轴箱、工作台等移动部件的位置，位置精度可达 0.002mm，镗孔尺寸公差等级达 IT5 以上。

坐标镗床按布局分为立式和卧式两种。立式坐标镗床用于加工轴线与安装底面垂直的孔系和铣削平面，分为立式单柱坐标镗床和立式双柱坐标镗床两种。立式单柱坐标镗床多用于镗削中、小型工件，立式双柱坐标镗床则多用于镗削大、中型工件。卧式坐标镗床用于加工轴线与安装底面平行的孔系和铣削侧面。

图 3-2-7 所示为立式双柱坐标镗床的外形结构，由床身 1、工作台 2、横梁 3、立柱 4、顶梁 5、主轴箱 6 及立柱 7 组成。立柱 4 和 7、顶梁 5 和床身 1 呈龙门框架结构。主轴箱 6 沿横梁 3 的导轨做横向移动（Y 向），工作台 2 沿床身 1 的导轨做纵向移动（Z 向）。这种坐标镗床刚度较高，大、中型坐标镗床大多采用此种布局结构。

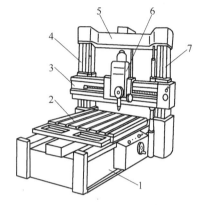

图 3-2-7　立式双柱坐标镗床的外形结构
1—床身　2—工作台　3—横梁　4、7—立柱
5—顶梁　6—主轴箱

（4）镗削加工方法和切削运动　镗削加工主运动为镗刀的旋转运动，进给运动为镗刀或工件的移动。图 3-2-8a 所示为在镗杆上安装镗刀镗小孔，镗刀既做旋转运动也做轴（纵）向移动；图 3-2-8b 所示为镗大孔，工件轴（纵）向进给，平旋盘带动镗刀旋转；图 3-2-8c 所示为铣端面，镗刀旋转并在径向刀架带动下沿平旋盘 T 形槽径向进给；图 3-2-8d 所示为麻花钻钻小孔，麻花钻既做旋转运动也做轴（纵）向移动；图 3-2-8e 所示为用面铣刀铣平面，主轴旋转并沿前立柱上下运动；图 3-2-8f 所示为用铣刀铣导轨面，主轴旋转，工件在工作台带动下做横向进给运动；图 3-2-8g 所示为用螺纹车刀车螺纹，主轴旋转并沿前立柱上下做纵向进给运动；图 3-2-8h 所示为在镗杆上安装镗刀镗距离较远的孔系，镗刀既做旋转运动也做轴（纵）向移动。

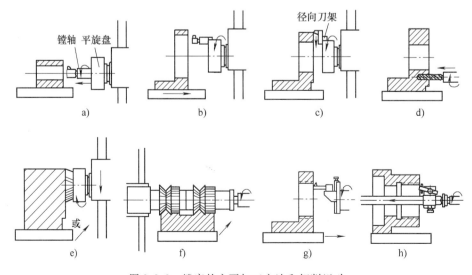

图 3-2-8　镗床的主要加工方法和切削运动

3. 模板及模座类孔的坐标磨削加工

坐标磨削为高精度加工方法，用于淬火零件及高硬度零件孔系和成形面的磨削，可消除淬火热处理引起的变形，提高成形面的精度，减小表面粗糙度值。坐标磨削可磨削直径为 $\phi 1 \sim \phi 200\,mm$ 的高精度孔，加工精度可达 $0.005\,mm$，表面粗糙度值为 $Ra 0.8 \sim 0.2\,\mu m$。

坐标磨削有手动磨削和连续轨迹数控磨削两种加工方法。手动磨削是手动点位，加工工件内外轮廓时，机床工作台或回转工作台移动（或转动）到指定的坐标位置，由主轴带动工件旋转，由高速磨头旋转并径向进给磨削成形表面。连续轨迹数控磨削可连续完成高精度轮廓形状的自动化加工，其磨削效率为手动磨削的 $2 \sim 10$ 倍，轮廓曲面接点精度高，所加工的模具凸、凹模之间的配合间隙可达 $0.002\,mm$，且间隙均匀。

（1）孔的磨削（精）加工设备——坐标磨床　与坐标镗床相似，坐标磨床也按准确的坐标位置对工件进行定位，前者用镗刀，后者用砂轮。

坐标磨床有立式和卧式两种，立式坐标磨床应用较广。图 3-2-9 所示为立式坐标磨床的外形结构，纵、横工作台是装有数显装置的精密坐标机构，立柱承装有主轴箱和磨头等磨削机构。坐标磨床是精密坐标定位机构和行星高速磨削机构的结合。磨削直线段时，主轴被锁住且垂直于 X 或 Y 坐标轴，通过精密丝杠来移动工作台 9 使磨头 10 沿加工表面在两切点之间移动；磨削圆弧时，磨头在被磨削圆弧面的中心定位，通过砂轮外进给刻度盘 13 移动到预定尺寸，使磨头做圆周旋转运动、轴向上下移动和行星运动。

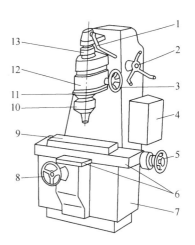

图 3-2-9　立式坐标磨床的外形结构
1—离合器拉杆　2—主轴箱定位手轮　3—主轴定位手轮　4—控制箱　5—纵向进给手轮　6—纵、横工作台　7—床身　8—横向进给手轮　9—工作台　10—磨头　11—磨削轮廓刻度圈　12—主轴箱　13—砂轮外进给刻度盘

（2）坐标磨床的主要技术参数

1）部分单立柱式坐标磨床的主要技术参数见表 3-2-1。

表 3-2-1　部分单立柱式坐标磨床的主要技术参数

型号 技术规格	MG2920B	MG2932B	MG2945B
工作台(长/mm)×(宽/mm)	400×200	600×320	700×450
最大磨孔直径/mm	15	100	250
主轴转速/(r/min)	20～300	20～300	20～300
主轴中心到工作台面距离/mm	230	320	650
主轴端面到工作台面距离/mm	30～400	50～520	80～600
工作台行程(纵向/mm)×(横向/mm)	250×160	400×250	600×400
坐标精度/mm	0.002	0.002	0.003
加工表面粗糙度值 $Ra/\mu m$	0.2	0.2	0.2

2）连续轨迹数控坐标磨床的主要技术参数见表 3-2-2。

表 3-2-2　连续轨迹数控坐标磨床的主要技术参数

项　目	技术规格	项　目	技术规格
工作台(长/mm)×(宽/mm)	600×280	砂轮转速/(r/min)	6000～175000
工作台行程(纵向/mm)×(横向/mm)	450×280	纵向坐标最小示值/mm	0.001
主轴端面到工作台面距离/mm	50～462	全行程定位精度/μm	2.3
行星主轴转速/(r/min)(无极)	25～225	在任意30mm之内的定位精度/μm	0.8
主轴垂直进给速度/(次/min)	2～120		

（3）孔的坐标磨削方法及切削运动（图3-2-10）　坐标磨床磨削方法有内孔磨削、外圆柱面磨削、锥孔磨削、直线磨削、端面磨削、侧面磨削（插磨）、异形孔磨削，具体切削运动如下：

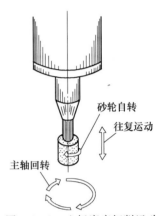

1）内孔磨削（图3-2-11）。砂轮直径受到限制，砂轮直径约为工件孔径的3/4，当工件孔径大于φ20mm时，砂轮直径可适当减小；当工件孔径小于φ8mm时，砂轮直径可适当增大；砂轮的旋转运动为主运动，砂轮沿轴向的上下移动和砂轮所做的行星运动为进给运动。

2）外圆柱面磨削（图3-2-12）。砂轮的旋转运动为主运动，砂轮沿轴向的上下移动和砂轮所做的行星运动为进给运动。

图 3-2-10　坐标磨床切削运动

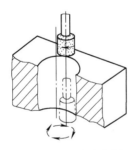

图 3-2-11　内孔磨削

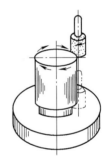

图 3-2-12　外圆柱面磨削

3）锥孔磨削（图3-2-13）。锥孔最大锥角为12°，砂轮锥角等于工件锥孔锥角。砂轮的旋转运动为主运动，砂轮沿轴向上下移动，且须连续改变砂轮的行星运动半径。

4）直线磨削（图3-2-14）。砂轮的旋转运动为主运动，工作台带动工件做直线进给运动，用于平面轮廓的磨削加工。

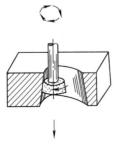

图 3-2-13　锥孔磨削

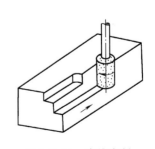

图 3-2-14　直线磨削

5）端面磨削（图 3-2-15）。要求调整砂轮的行星运动到工件的孔径或外径，砂轮轴向进给，用砂轮端面及尖角磨削工件的端面和尖角，磨削工件台肩时，砂轮直径 =（工件大孔直径 + 小孔直径）/2；磨削不通孔时，砂轮直径 = 工件孔径/2。

6）侧面磨削（插磨）（图 3-2-16）。侧面磨削须采用专门的磨槽附件，磨削前卸下高速磨头换成磨槽机构，砂轮在磨槽机构上的装夹和运动情况如图 3-2-16 所示，可磨削模具成形零件的型槽及带清角的内外型腔。

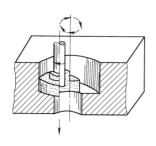

图 3-2-15　端面磨削

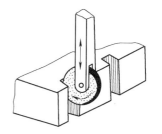

图 3-2-16　侧面磨削

7）异形孔磨削（图 3-2-17 和图 3-2-18）。复杂模具型孔的磨削加工可采用点位控制方式，如图 3-2-17 所示。在普通坐标磨床上磨削复杂型孔时，综合运用各基本磨削方法，分段磨削，先将回转台固定在磨床工作台上，用回转台装夹工件，找正工件使其对称中心与回转台中心重合，调整磨床工作台，使工件孔中心 O_1 与主轴中心重合，磨削孔 O_1 圆弧段；接着，再调整磨床工作台，使工件孔中心 O_2 与主轴中心重合，磨削孔 O_2 圆弧段；利用回转台将工件旋转180°，使 O_4 与磨床主轴轴线重合，磨削孔 O_3 圆弧段。同样，再依次磨削 O_4、O_5、O_6、O_7 圆弧段。

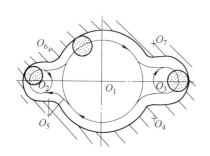

图 3-2-17　点位控制轮廓磨削

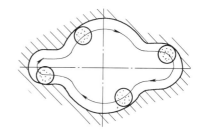

图 3-2-18　连续轨迹轮廓磨削

在连续轨迹坐标磨床上，采用展成法磨削，如图 3-2-18 所示，砂轮沿工件轮廓表面进行磨削，而轮廓曲面则由联动控制的 X、Y 轴向的移动合成完成连续磨削。

 任务实施

塑料模动模板孔加工设备和方法

1）$4 \times \phi 20^{+0.021}_{0}$ mm、$4 \times \phi 30^{+0.021}_{0}$ mm 为导套安装孔，与平面有垂直度要求，且其中心距与其他模板须保持一致，孔距分别为（204 ± 0.005）mm、（154 ± 0.005）mm 及（96 ± 0.005）mm、（154 ± 0.005）mm，可在电火花线切割机床或数控铣床上进行钻、铰加工。

2）$2 \times \phi 64.9^{+0.030}_{0}$mm 为型芯安装孔，孔距为（$96 \pm 0.005$）mm，可在数控铣床上镗削。

3）$4 \times \phi 12^{+0.018}_{0}$mm 为复位杆配合孔，孔距分别为（$200 \pm 0.01$）mm、（$80 \pm 0.01$）mm，可在数控铣床上钻削及铰削。

4）其他螺孔可用普通钻床进行钻孔、攻螺纹加工。

 任务拓展

图 3-1-27、图 3-1-28 所示分别为冲模下模座的平面图和三维图，材料为 HT200，图号为 MC01-3，确定冲模下模座的加工设备和加工方法。

1）$2 \times \phi 22^{+0.021}_{0}$mm 孔用于安装导柱，与平面有垂直度要求，且其中心距（116 ± 0.005）mm 与上模座要保持一致，需要严格控制，可在数控镗床上进行钻削、铰削加工。

2）$4 \times \phi 10$mm、$4 \times \phi 11.5$mm 和 $2 \times \phi 11$mm 三组孔尺寸精度低，孔中心距（95 ± 0.1）mm 精度不高，容易保证，可在钻床上进行划线、钻削加工。

3）$2 \times \phi 11$mm 中心距尺寸精度低，但孔中心距（45 ± 0.078）mm 精度高，可在数控镗床上进行钻削加工。

 思考与练习

一、填空题

1. 模板及模座类零件孔有_____加工、_____加工、_____加工和_____加工等。

2. 铰孔用于_____未淬火孔精加工，而镗孔用于_____未淬火孔的加工。

3. 摇臂钻床适用于不易移动的_____、_____型零件的单件小批生产。

4. 卧式坐标镗床用于加工轴线与安装底面平行的_____和_____。

二、判断题

1. 坐标镗床用于尺寸精度和位置精度都很高的淬火前孔及孔系的加工。　　　（　　）

2. 坐标磨削主要用于低硬度材料零件孔系和成形面的磨削。　　　（　　）

3. 卧式镗床镗杆的旋转运动属于进给运动。　　　（　　）

4. 对复杂模具型孔的精加工，可采用点位控制轮廓磨削。　　　（　　）

5. 钻床可完成工件的钻、扩、铰孔及攻螺纹等加工。　　　（　　）

6. 坐标镗床的主要技术参数为主轴直径。　　　（　　）

三、简答题

1. 坐标磨床有哪几个切削运动？直线磨削和圆弧磨削时分别需要哪些切削运动？

2. 镗床的主要加工方法和切削运动分别有哪些？

任务三 塑料模模板机械加工顺序、加工阶段、刀具和量具的确定及机械加工工艺过程卡的填写

任务引入

图 3-1-1、图 3-1-2 所示分别为塑料模动模板的平面图和三维图，材料为 45 钢，图号为 MS01-3，确定其机械加工顺序、加工阶段及刀具和量具，填写其机械加工工艺过程卡。

相关知识

一、塑料模动模板和冲模模座类零件的加工阶段及加工顺序

1. 塑料模动模板和冲模模座类零件的加工阶段

（1）平面加工阶段 这类零件上、下平面位置精度要求高，平面加工切削余量大，为兼顾生产率和保证几何精度，一般分粗加工、半精加工和精加工三个加工阶段完成。

（2）孔加工阶段 模板孔本身尺寸精度高（公差等级为 IT7），孔距中心距精度要求高，故 $\phi30mm$ 以下的小孔分成粗加工和精加工两个加工阶段完成；而 $\phi30mm$ 以上的大孔则采用粗加工、半精加工和精加工三个加工阶段完成。

2. 塑料模动模板和冲模模座类零件的加工顺序

1）这类零件的加工顺序遵循"先主后次"、"基面先行""先面后孔"的原则。塑料模动模板主要平面为上、下面及基准直角平面和四导柱（套）安装孔，孔系及孔与平面之间有较高的位置精度要求；而冲模模座主要平面为上、下面及导柱（套）安装孔，孔与平面之间有较高的垂直度要求，孔系之间平行度要求高。

故塑料模动模板先加工上、下平面及作为基准的直角平面，然后以直角平面和上（下）面作为基准加工导柱（套）安装孔；而冲模模座先加工上、下平面，然后将上、下模座合在一起加工导柱（套）安装孔。

2）热处理的安排：塑料模动模板材料为中碳钢，毛坯大多采用型材（钢板），在粗加工后须安排调质处理；冲模模座材料为铸铁，采用铸件毛坯，故在粗加工前须进行去应力退火处理。

3）塑料模动模板类零件的加工工艺路线：上、下平面及四周平面等主要表面粗加工→上、下平面及四周平面等主要表面精加工→导柱安装孔等主要表面粗加工→导柱安装孔等主要表面精加工→螺孔及未注孔等次要表面的加工。

4）冲模模座类零件的加工工艺路线：退火处理→上、下平面等主要表面粗加工→上、下平面等主要表面精加工→导柱安装孔等主要表面粗加工→导柱安装孔等主要表面精加工→各螺钉过孔及螺孔等次要表面的加工。

二、加工刀具和量具

1. 刀具的确定

平面粗加工大多用铣刀，平面精加工大多用砂轮；孔粗加工大多用麻花钻，孔半精加工

大多用扩孔钻，孔精加工大多用铰刀和镗刀。

2. 量具的确定

粗加工、半精加工径向尺寸测量可采用游标卡尺，深度方向尺寸测量可采用深度游标卡尺；精加工径向尺寸测量可采用千分尺和百分表，内、外螺纹尺寸测量可分别采用螺纹塞规和螺纹环规。

 任务实施

1. 塑料模动模板的加工顺序、加工阶段及刀具和量具

（1）塑料模动模板的加工顺序　铣上、下平面及四周平面→磨上、下平面及四周平面，做出基准角标记→数控铣：以模板基准角为基准，找 $4 \times \phi20^{+0.021}_{0}$、$4 \times \phi30^{+0.021}_{0}$ mm、$2 \times \phi64.9^{+0.030}_{0}$ mm 孔中心及其他孔中心→钻、镗（铰）$4 \times \phi12^{+0.018}_{0}$ mm、$4 \times \phi20^{+0.021}_{0}$ mm、$4 \times \phi30^{+0.021}_{0}$ mm、$2 \times \phi64.9^{+0.030}_{0}$ mm 孔→扩孔 $4 \times \phi26$ mm 及 $2 \times \phi74$ mm，深 5mm→以 $4 \times \phi20^{+0.021}_{0}$ mm 或 $4 \times \phi30^{+0.021}_{0}$ mm 孔为基准，找 $4 \times$ M6 和 $4 \times$ M10 孔中心→钻 $4 \times$ M6 和 $4 \times$ M10 螺纹底孔分别为 $4 \times \phi5.2$ mm、$4 \times \phi8.5$ mm，攻 $4 \times$ M6 和 $4 \times$ M10 螺孔，扩孔 $4 \times \phi12^{0}_{-0.1}$ mm，深 3mm。

（2）刀具　$\phi5.2$ mm、$\phi11.8$ mm、$\phi19.8$ mm、$\phi29.8$ mm、$\phi50$ mm 麻花钻，$\phi62$ mm 扩孔钻；$\phi12$ mm、$\phi20$ mm、$\phi30$ mm 铰刀；可调镗刀。

（3）量具　粗加工尺寸测量用游标卡尺，精加工尺寸测量用内径千分尺。

2. 填写塑料模动模板机械加工工艺过程卡

1）根据塑料模动模板图填写机械加工工艺过程卡，材料牌号为 45，数量为 1，零件名称为塑料模动模板，零件图号为 MS01-3。

2）根据本项目任务一、任务二塑料模动模板的内容，填写其机械加工工艺过程卡。

3）量具：粗加工尺寸测量用游标卡尺，精加工尺寸测量用内径千分尺，螺孔测量用螺纹塞规。

4）塑料模动模板机械加工工艺过程卡的填写。将塑料模动模板机械加工工艺过程及设备、刀具、量具分别填入表 3-3-1。

表 3-3-1　塑料模动模板机械加工工艺过程卡

序号	名称	工序内容	机床	夹具	刀具	量具
1	下料	$\phi105$ mm × 185mm	锯床			
2	锻	锻件毛坯 255mm × 205mm × 30mm				
3	热处理	正火处理				
4	铣	铣上、下平面及四周面，分别定尺寸 30.8mm、255.5mm、205.5mm	X63W	磁铁吸盘	盘铣刀	游标卡尺
5	磨	磨上、下平面，定尺寸 30mm、255mm、205mm	M7130	磁铁吸盘	砂轮	游标卡尺

（续）

序号	名称	工序内容	机床	夹具	刀具	量具
6	铣	校平下平面，以模板基准角为基准 1）找 $4 \times \phi20^{+0.021}_{0}$ mm、$4 \times \phi30^{+0.021}_{0}$ mm、$2 \times \phi64.9^{+0.030}_{0}$ mm 孔中心及其他孔中心 2）钻 $4 \times \phi12^{+0.018}_{0}$ mm 孔为 $4 \times \phi11.8$ mm 3）铰 $4 \times \phi12^{+0.018}_{0}$ mm 孔 4）钻 $4 \times \phi20^{+0.021}_{0}$ mm 孔为 $4 \times \phi19.8$ mm 5）铰 $4 \times \phi20^{+0.021}_{0}$ mm 孔 6）钻 $4 \times \phi30^{+0.021}_{0}$ mm 孔为 $4 \times \phi29.8$ mm 7）铰 $4 \times \phi30^{+0.021}_{0}$ mm 孔 8）钻 $2 \times \phi64.9^{+0.030}_{0}$ mm 孔为 $\phi50$ mm 9）扩孔 $2 \times \phi64.9^{+0.030}_{0}$ mm 为 $\phi62$ mm 10）镗孔 $2 \times \phi64.9^{+0.030}_{0}$ mm 11）扩孔 $4 \times \phi26$ mm 及 $2 \times \phi74$ mm，深 5mm	数控铣床	平口钳	$\phi11.8$ mm 麻花钻、$\phi19.8$ mm 麻花钻、$\phi29.8$ mm 麻花钻、$\phi50$ mm 麻花钻、$\phi62$ mm 麻花钻、$\phi26$ mm 扩孔钻、$\phi74$ mm 扩孔钻、$\phi12$ mm 铰刀、$\phi20$ mm 铰刀、$\phi30$ mm 铰刀	游标卡尺、内径千分尺
		校平上平面，以模板基准角为基准 1）钻 $4 \times$ M6 和 $4 \times$ M10 螺纹底孔分别为 $4 \times \phi5.2$ mm、$4 \times \phi8.5$ mm 2）攻 $4 \times$ M6 和 $4 \times$ M10 螺孔 3）精铣孔 $4 \times \phi12^{0}_{-0.1}$ mm，深 3mm			$\phi5.2$ mm 麻花钻、$\phi8.5$ mm 麻花钻、M6 丝锥、M10 丝锥、$\phi12$ mm 铣刀	游标卡尺、螺纹塞规
7	检					

任务拓展

图 3-1-27 和图 3-1-28 所示分别为冲模下模座的平面图和三维图，材料为 HT200，填写其机械加工工艺过程卡。

1. 冲模下模座的加工顺序、加工阶段及刀具和量具

（1）冲模下模座的加工顺序　铣上、下平面及前平面→磨上、下平面→数控铣：校正下平面，找 $2 \times \phi22^{+0.021}_{0}$ mm 孔中心及其中心连线和模座对称中心线→钻、镗（铰）$2 \times \phi22^{+0.021}_{0}$ mm 孔，定中心距 116mm→找 $4 \times \phi10$ mm、$4 \times \phi11.5$ mm、$2 \times \phi11$ mm 孔组对称中心线及孔中心点→钻孔 $4 \times \phi10$ mm、$4 \times \phi11.5$ mm，定中心距 95mm，钻孔 $2 \times \phi11$ mm，定中心距 45mm→扩孔 $4 \times \phi10$ mm 为 $4 \times \phi15$ mm，深 30.5mm；扩孔 $4 \times \phi11.5$ mm 为 $4 \times \phi16.5$ mm，深 25mm→校正上平面，与其他零件配钻、铰 $2 \times \phi10^{+0.015}_{0}$ mm。

（2）刀具　$\phi9.8$ mm、$\phi10$ mm、$\phi11$ mm、$\phi11.5$ mm、$\phi21.8$ mm 麻花钻，$\phi15$ mm 及 $\phi16.5$ mm 扩孔钻；$\phi10$ mm、$\phi22$ mm 铰刀。

（3）量具　粗加工尺寸测量用游标卡尺，精加工尺寸测量用内径千分尺。

2. 填写冲模下模座机械加工工艺过程卡

1）据冲模下模座图填写机械加工工艺过程卡，材料牌号为 HT200，数量为 1、零件名称为冲模下模座，零件图号为 MC01-3。

2）根据本项目任务一、任务二冲模下模座的内容，填写机械加工工艺过程卡。

3）冲模下模座机械加工工艺过程卡的填写。将冲模下模座机械加工工艺过程及设备、刀具、量具分别填入表3-3-2。

表 3-3-2　冲模下模座机械加工工艺过程卡

序号	名称	工序内容	机床	夹具	刀具	量具
1	铸	毛坯铸造				
2	热处理	退火处理				
3	铣	铣上、下平面,保证尺寸45.8mm	X62W	磁铁吸盘	铣刀	游标卡尺
4	磨	磨上、下平面,保证尺寸45mm	M7130	磁铁吸盘	砂轮	游标卡尺
5	铣	下平面落工作台 1）找 $2 \times \phi 22^{+0.021}_{0}$ mm 孔中心及其中心连线和模座对称中心线 2）钻 $2 \times \phi 22^{+0.021}_{0}$ mm 孔为 $\phi 21.8$ mm 3）铰 $2 \times \phi 22^{+0.021}_{0}$ mm 孔 4）钻孔 $4 \times \phi 10$ mm 5）钻孔 $4 \times \phi 11.5$ mm 6）钻孔 $2 \times \phi 11$ mm 7）扩孔 $4 \times \phi 10$ mm 为 $4 \times \phi 15$ mm,深 30.5mm 8）扩孔 $4 \times \phi 11.5$ mm 为 $4 \times \phi 16.5$ mm,深 25mm	数控铣床	平口钳	$\phi 21.8$ mm 麻花钻、 $\phi 10$ mm 麻花钻、 $\phi 11$ mm 麻花钻、 $\phi 11.5$ mm 麻花钻、 $\phi 15$ mm 扩孔钻、 $\phi 16.5$ mm 扩孔钻、 $\phi 22$ mm 铰刀	游标卡尺、千分尺
		上平面落工作台 1）找 $4 \times \phi 10$ mm、$4 \times \phi 11.5$ mm、$2 \times \phi 11$ mm 孔组对称中心线及孔中心点 2）与其他零件配钻、铰 $2 \times \phi 10^{+0.015}_{0}$ mm	数控铣床	平口钳	$\phi 9.8$ mm 麻花钻、 $\phi 10$ mm 铰刀	游标卡尺、千分尺
6	检					

 思考与练习

一、填空题

1. 平面加工一般分＿＿＿＿＿、＿＿＿＿＿、＿＿＿＿＿三个加工阶段完成。

2. 塑料模动模板和冲模模座类零件加工顺序遵循＿＿＿＿＿、＿＿＿＿＿、＿＿＿＿＿原则。

3. 塑料模动模板材料为中碳钢,毛坯大多采用＿＿＿＿＿,在粗加工后须安排＿＿＿＿＿热处理;冲模模座材料为＿＿＿＿＿,采用＿＿＿＿＿毛坯,在粗加工前须安排＿＿＿＿＿热处理。

4. 塑料模动模板和冲模模座类零件大多用＿＿＿＿＿粗加工平面,大多用砂轮精加工平面;其上的孔常先用＿＿＿＿＿刀具进行粗加工,接着用＿＿＿＿＿刀具进行半精加工,最后用＿＿＿＿＿刀具和＿＿＿＿＿刀具完成精加工。

二、判断题

1. 一般采用千分尺来测量工件的粗加工、半精加工尺寸。　　　　　　　（　　）

2. 塑料模动模板首先加工直角基准面及导柱（套）安装孔，最后加工上、下平面。

　　　　　　　　　　　　　　　　　　　　　　　　　　　　　　（　　）

3. 冲模模座导柱（套）安装孔一般采用上、下模座配作加工。　　　　　（　　）

项目四
模具成形零件机械加工工艺过程卡的编制

[项目简介]

　　模具成形零件是模具工作零件，也是模具的关键零件，塑件（冲压件）质量的高低取决于模具工作零件，该类零件材料一般是中高碳合金钢，成形表面粗糙度值 $Ra0.1 \sim 0.4\mu m$，尺寸精度及几何精度都要求高，是模具零件中较难加工的零件。

　　本项目介绍模具成形零件普通机械加工和数控加工工艺过程，分为两个任务。任务一为模具成形零件普通机械加工工艺过程卡的编制，采用通用加工机床预加工凹模型腔，介绍预加工方法和加工方案等内容，下设两个子任务。

　　任务二为 yoyo 转盘注射模动模模仁及铰链冲裁凹模数控加工工艺过程卡的编制，采用数控加工机床预加工凹模型腔，介绍数控加工设备、刀具、方法和加工路线等内容。

[项目工作流程]

1. 分析模具成形零件图样技术要求。
2. 选择毛坯的制造方法和形状。
3. 预加工方法和加工顺序的确定。
4. 加工方案的确定。
5. 模具成形零件加工工艺过程卡的填写。

[知识目标]

1. 掌握模具成形零件的普通机械预加工方法。
2. 掌握模具成形零件的普通机械预加工方案的确定方法。
3. 熟悉模具成形零件数控加工设备、刀具、方法和加工路线。

[能力目标]

1. 能根据具体成形零件图，正确选择成形零件普通机械预加工方法。

2. 能根据具体成形零件图，正确确定普通机械预加工方案。

3. 能根据具体成形零件图，确定数控加工设备、刀具、方法和加工路线，填写加工工艺过程卡。

[重点]

1. 模具成形零件的普通机械预加工方法及加工方案。

2. 模具成形零件数控加工方法和加工路线。

[难点]

模具成形零件数控加工方法和加工路线。

任务一 模具成形零件普通机械加工工艺过程卡的编制

子任务一 铰链冲裁凸模及 yoyo 转盘注射模动模型芯普通机械加工工艺过程卡的填写

 任务引入

图 4-1-1 和图 4-1-2 所示分别为铰链冲裁凸模平面图及三维图，材料为 CrWMn，图号为 MC01-1，表面热处理硬度为 58 ~ 62HRC，进行工艺性分析，确定其加工方法和加工方案，填写其机械加工工艺过程卡。

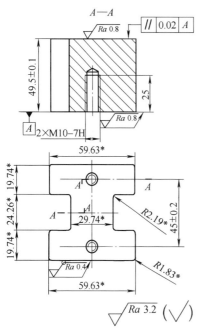

图 4-1-1 铰链冲裁凸模平面图

（图中带 * 号尺寸表示与凹模配作）

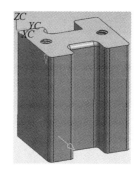

图 4-1-2 铰链冲裁凸模三维图

 相关知识

一、模具工作零件预加工方法

模具工作零件包括凸模（型芯）和凹模（型腔），根据加工条件和工艺方法，模具工作零件预加工方法分为两大类，即通用机床加工和数控机床加工。

二、模具工作零件的加工工艺过程

下料→毛坯加工→零件预加工→零件特种加工→光整加工→装配与修正。

三、模具工作零件凸模和凹模加工方法比较

凸模和凹模常用加工方法分为分开加工和配作加工两种，其加工特点及适应范围见表4-1-1。

表4-1-1 凸模和凹模两种加工方法的加工特点及适用范围

加工方法		加工特点	适用范围
分开加工		凸模、凹模分别按图样加工到尺寸要求，凸模和凹模之间的冲裁间隙由凸模、凹模的实际尺寸之差来保证	1. 凸模、凹模刃口形状较简单，特别是圆的直径大于φ5mm时用此法 2. 要求凸模或凹模具有互换性时 3. 成批生产时 4. 加工手段比较先进，分开加工易于保证尺寸时
配作加工	方法一	先加工好凸模，然后按此凸模配作凹模，并保证凸模和凹模之间的规定间隙值	1. 刃口形状较复杂的圆形冲裁模可采用方法一；非圆形冲裁模可采用方法二 2. 凸、凹模之间的配合间隙较小时采用配作加工
	方法二	先加工好凹模，然后按此凹模配作凸模，并保证凸模和凹模之间的规定间隙值	

四、圆形冲模凸模加工工艺方法和工艺方案

该类零件常用锻件毛坯，通常粗加工采用车削，配合面和成形面须进行淬火处理，然后进行磨削加工，最后通过精研及抛光成形面来达到图样要求。其加工工艺方案如下：

下料→锻造→正火→车各外圆→配合面和成形面淬火处理→磨配合面和成形面→粗研→精研→抛光。

五、非圆形冲裁模凸模加工工艺分析及其工艺方法和工艺方案

1. 非圆形冲裁模凸模加工工艺分析

图4-1-3所示为某冲孔凸模，材料为Cr12，表面热处理硬度为58~62HRC，刃口表面粗糙度值为$Ra0.8\mu m$，该零件工艺性分析如下：

非圆形冲裁工作零件的制造方法通常采用配作加工。该零件是冲孔模的凸模，冲孔加工时，凸模是基准件，凸模的刃口尺寸及偏差决定冲裁件的尺寸和偏差；凹模型孔以凸模刃口实际尺寸为基准来配作冲裁间隙，凹模是"配作件"。

非圆形冲裁模工作零件的主要表面有两个：①与凸模固定板的安装面为长方体外表面18mm×32mm×(16-4)mm，表面粗糙度值为$Ra0.8\mu m$，形状简单，工作零件淬火前采用普通铣床粗铣各表面，工作零件淬火后可采用坐标磨床或工具磨床磨削各表面；②工作零件的成形面为"8字形"曲面，由尺寸$R6.92mm×29.84mm×13.84mm×R5mm×7.82mm$组成，表面粗糙度值为$Ra0.8\mu m$，安装面

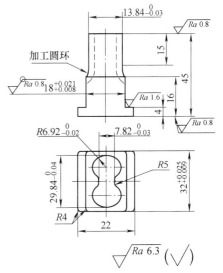

图4-1-3 某冲孔凸模平面图

与成形面间呈台阶状，尺寸较小，在淬火前用数控铣床粗铣"8字形"曲面，淬火后采用成形磨床或坐标磨床磨削"8字形"曲面。

非圆形冲裁模工作零件的次要表面为长方体外表面 22mm × 32mm × 4mm，表面粗糙度值为 $Ra6.3\mu m$，形状简单，采用普通铣床半精铣即可。

2. 冲模凸模加工工艺方法

冲模凸模加工工艺方法及其使用场合见表 4-1-2。

表 4-1-2 冲模凸模加工工艺方法及其使用场合

凸 模 形 式			常用加工方法及工艺方案	使用场合
冲裁模	圆形凸模		毛坯锻造→正火→粗、精车外形→表面淬火→磨削安装面及成形面→表面抛光及刃磨刃口	各种圆形凸模
	非圆形凸模	台阶式	加工方法:成形磨削或坐标磨削加工 1. 下料→锻造→正火→普通铣或数控铣粗铣外形(留0.2~0.3mm单边余量)→表面淬火→成形磨或坐标磨磨削外形→刃磨刃口 2. 下料→锻造→正火→铣六面→磨六面→钳工划线→粗铣成形面外形→精铣成形面外形→钳工粗研→热处理→钳工精研	冲裁较小孔的非圆形凸模
		直通式	方法1:线切割加工 毛坯锻造→正火→粗铣六面→磨安装面和基准面→划线→钻安装孔及穿丝孔→表面淬火→磨安装面和基准面→线切割工作面→抛光及刃磨刃口 方法2:成形磨削加工 毛坯锻造→正火→粗铣六面→磨安装面和基准面→划线→钻安装孔→普通铣或数控铣粗铣安装面及成形面(留0.2~0.3mm单边余量)→表面淬火→磨安装面→成形磨磨削成形面	形状较复杂或较小、精度较高的非圆形凸模
弯曲模	非圆形凸模	台阶式	方法1:普通铣削加工 毛坯锻造→正火→粗铣六面→磨安装面和基准面→划线→粗、精铣安装面及成形面→表面淬火→研磨及抛光成形面	中、小型弯曲模
			方法2:成形磨削加工 毛坯锻造→正火→磨安装面和基准面→划线→粗铣安装面及成形面→表面淬火→成形磨磨削成形面→抛光成形面	精度要求较高,不太复杂的凸模
			方法3:线切割加工 毛坯锻造→正火→划线→粗铣安装面及基准面→表面淬火→磨削安装面及基准面→线切割成形面→抛光成形面	小型弯曲模(型面长小于100mm)
拉深模	回转体凸模	筒形及锥形	与冲裁模圆形凸模相同	所有筒形及锥形凸模
		曲线旋转形	方法:数控铣和坐标磨削 毛坯锻造→正火→粗铣、精铣安装面及成形面→表面淬火→磨削安装面及成形面→坐标磨削成形面→抛光成形面	精度较高的凸模
	非回转体凸模		方法1:普通铣削 毛坯锻造→正火→划线→铣安装面及成形面→表面淬火→研磨及抛光成形面	精度较低、成形面简单的凸模
			方法2:成形磨削 毛坯锻造→正火→划线→铣安装面及成形面→表面淬火→成形磨削成形面→抛光成形面	结构简单、精度较高的凸模

根据该冲孔凸模为非圆形，且为台阶式结构，查表 4-1-2 可知，其最终加工方法为成形磨削或坐标磨削。

3. 非圆形冲孔凸模加工工艺方案

该零件在工作时须承受冲裁力,故毛坯一般采用锻件毛坯。机械加工前须安排正火处理以消除内应力;另外,精加工前其工作部分及安装部分须进行局部淬火处理。

该零件结构为台阶式结构,最终加工方法采用成形磨削或坐标磨削。其粗加工采用铣削加工,终加工采用成形磨削,通过精研及抛光来达到图样要求。其具体加工工艺方案如下:

方案一:下料→锻造→正火→铣六面→磨六面→钳工划线→粗铣成形面外形→精铣成形面外形→钳工粗研→淬火处理→钳工精研。该方案用于材质为 CrWMn、Cr12MoV 等热处理变形小的非圆形冲孔凸模的加工。

方案二:下料→锻造→正火→铣六面→磨六面→钳工划线→粗铣成形面外形→精铣成形面外形→淬火处理→成形磨削外形。

六、冲裁凸凹模加工工艺分析及其工艺方法和工艺方案

1. 冲裁凸凹模工艺分析

图 4-1-4 所示为某冲裁凸凹模,材料为 Cr12MoV,表面热处理硬度为 62~63HRC,刃口表面粗糙度值为 $Ra0.8\mu m$,该零件工艺性分析如下:

该成形表面的加工采用配作加工,由尺寸 $104mm \times 40mm \times 50mm \times R14mm \times R5mm$ 组成的外成形面属非基准外形,它与落料凹模的实际尺寸配作;凸凹模两个冲裁内孔 $\phi4.06mm$ 和 $\phi7.1mm$ 也为非基准孔,与冲孔凸模实际尺寸配作,保证双面间隙为 $0.05mm$。

该零件外成形面与安装面为同一表面,是其主要加工面。有一个外成形面 $104mm \times 40mm \times 50mm \times R14mm$ 和 $R5mm$ 和两个内成形面 $\phi4.06mm$ 和 $\phi7.1mm$,尺寸公差等级在 IT7 以上,表面粗

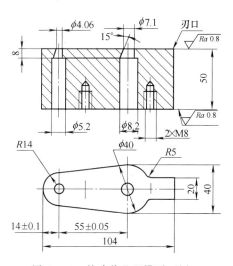

图 4-1-4 某冲裁凸凹模平面图

糙度值为 $Ra0.8\mu m$,外成形面形状比较复杂,结构工艺性相对较差,该零件次要表面为 $2 \times M8$,容易加工。

2. 冲裁凸凹模加工方法

根据表 4-1-2 可知,该凸凹模可采用线切割加工或成形磨削加工来完成。

3. 冲裁凸凹模加工工艺方案

该零件为直通型结构,加工方法为成形磨削或线切割加工。外形粗加工采用铣削加工,终加工采用精研及抛光来达到图样要求;内孔加工采用钻削加工。其加工工艺方案如下:

方案一:备料→锻造→正火→铣六面→磨六面→钳工划线钻孔→镗内孔及粗铣外形→淬火处理→研磨内孔→成形磨削外形。

方案二:备料→锻造→正火→铣六面→磨六面→钳工钻螺孔及穿丝孔→电火花线切割内、外成形面。

七、注射模成形零件加工工艺分析、加工方法和工艺方案

1. 注射模成形零件加工工艺分析

注射模成形零件主要用来成形塑件内、外表面，有型芯和型腔两类，其结构特点如下：

1）注射模成形零件的成形面形状结构复杂，加工时精度要求高，其成形部分与安装部分几何精度要求高，曲面及圆弧之间要求光滑过渡。

2）注射模成形零件大多为三维曲面或不规则形状，有较多的细小的深孔、不通孔及狭缝和小凸起结构。

3）注射模成形零件成形面要求表面粗糙度值为 $Ra0.1 \sim 0.2\mu m$，甚至达镜面要求，大多要进行研磨和抛光处理。

4）注射模成形零件尺寸精度要求高（公差等级在 IT7 以上），材料大多为合金钢，有淬火处理要求且变形小。

根据以上注射模成形零件结构特点可知，注射模成形零件大多加工难度大，结构工艺性相对差，采用特种加工方法才能保证产品质量。

2. 注射模成形零件加工方法和工艺方案

（1）注射模型芯加工方法　注射模型芯加工面主要是成形表面和安装用的配合面，注射模型芯有回转体和非回转体之分。

1）回转体注射模型芯粗加工常用车削，非回转体注射模型芯粗加工则用铣削。粗加工之后安排淬火处理，接着是对其配合面进行外圆磨削加工，成形面进行成形磨削或电火花成形加工，最后对成形面进行抛光处理。

2）若注射模型芯配合面为回转体而成形表面为非回转体表面，加工时须先加工安装用配合面，还须在配合面上加工出用来确定成形面局部结构的工艺基准面及测量基准面。

3）若注射模型芯配合面为非回转体表面而成形表面为回转体表面，加工时须先加工成形表面，后加工安装用配合面。

4）注射模型芯成形表面上局部沟槽、曲面等结构须在成形表面和安装用的配合面加工完成后再加工，以保证其位置、尺寸与性状的准确性。

（2）注射模型芯加工方案

1）回转体注射模型芯加工方案如下：

下料→锻造→正火→粗车外圆→配合面和成形面淬火处理→磨配合面和成形面→粗研→精研→抛光。

2）非回转体注射模型芯加工方案如下：

下料→锻造→正火→铣六方→磨六面→划线→粗铣成形面→精铣成形面→淬火处理→成形磨削→研磨及抛光。

任务实施

铰链冲裁凸模普通机械加工工艺过程卡的编制

1. 铰链冲裁凸模工艺性分析

铰链冲裁凸模零件是完成铰链外形的工作零件，从零件图上可以看出，该成形表面为工

件外形，为非圆形主要加工表面，加工方法采用配作加工。冲孔加工时，凸模为基准件，其刃口尺寸决定铰链冲裁件的尺寸；凹模型孔加工以凸模刃口的实际尺寸为基准来配作冲裁间隙；另外，工件上两螺孔为安装凸模用孔，为次要表面。

2. 铰链冲裁凸模毛坯

由于该凸模为受力件且材质为合金钢，故采用锻件毛坯。

3. 铰链冲裁凸模热处理

在粗加工前安排正火处理以消除内应力，工作部分（主要加工面）在精加工前须进行局部淬火处理。

4. 铰链冲裁凸模加工工艺方法和工艺方案

（1）加工工艺方法　由于工件外形为板类非圆柱面，故其粗加工采用铣削，而精加工须采用成形磨削。

（2）工艺方案　该零件工艺方案如下：

下料→锻造→正火→铣六面→磨六面→划线→钻孔、攻螺纹→粗铣成形面→淬火处理→成形磨削成形面。

5. 铰链冲裁凸模机械加工工艺过程卡的填写

1）根据铰链冲裁凸模图填写机械加工工艺过程卡，材料牌号为 CrWMn，数量为 1，零件名称为铰链冲裁凸模，零件图号为 MC01-1。

2）根据加工工艺顺序，填写铰链冲裁凸模机械加工工艺过程卡，见表 4-1-3。

表 4-1-3　铰链冲裁凸模机械加工工艺过程卡

序号	工序名称	工 序 内 容	机床	夹具	量具	刀具
1	下料	$\phi60\text{mm} \times 65\text{mm}$	锯床			
2	锻	锻件毛坯	锻床			
3	热处理	正火处理				
4	铣	1）铣平上端面 2）铣下端面，定尺寸 50mm 3）铣四周，定尺寸 64.2mm×60mm，30.24mm×23.76mm	X62	平口钳	游标卡尺	铣刀
5	磨	磨六面				
6	钳	划螺孔位线				
7	钻	1）钻 $2 \times M10$ 为 $\phi8.5\text{mm}$，深 30mm 2）攻螺纹 $2 \times M10$，深 25mm	Z3040	平口钳		
8	热处理	表面淬火，硬度为 50~55HRC				
9	磨	1）磨上下面，定尺寸 49.5mm 2）与凹模配磨外形轮廓，定凸凹模周边间隙均匀为 0.05mm	M618S		千分尺	
10	检					

　任务拓展

图 4-1-5 和图 4-1-6 所示分别为 yoyo 转盘注射模型芯平面图及三维图，图号为 MS01-1，材料为 3Cr2NiMnMo，分析其工艺性，确定其加工方法和加工方案，填写其普通机械加工工艺过程卡。

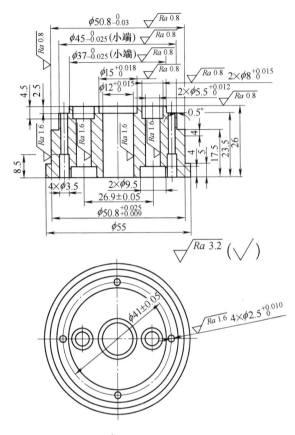

图 4-1-5　yoyo 转盘注射模型芯平面图

图 4-1-6　yoyo 转盘注射模型芯三维图

1. yoyo 转盘注射模型芯工艺性分析

塑料模型芯材料为 3Cr2NiMnMo，选锻件毛坯，外圆柱面 ϕ50.8mm 及 $2\times\phi$5.5mm 孔分别为本型芯及其他小型芯的安装面，而 ϕ45mm、ϕ37mm、ϕ8mm 为成形面，表面粗糙度值为 Ra0.8μm；其余表面为结构面，表面粗糙度值为 Ra1.6μm 和 Ra3.2μm，加工难度小，结构工艺性好。

2. yoyo 转盘注射模型芯毛坯

由于型芯是受力件，且工件最大直径为 ϕ55mm，最小直径为 ϕ37mm，故采用锻件毛坯。

3. yoyo 转盘注射模型芯的加工方法

由于是回转体注射模型芯，粗加工用车削，然后安排淬火处理，再进行外圆成形面 ϕ45mm、ϕ37mm 及安装面 ϕ50.8mm 的磨削加工，安装小型芯的 ϕ12mm 及 $2\times\phi$5.5mm 配合面及成形面 $2\times\phi$8mm 孔由于有孔距精度要求，采用坐标磨削，最后是研磨、抛光处理。

4. yoyo 转盘注射模型芯的加工顺序

按先粗后精、基准先行原则，先粗加工各外圆柱面和分布在中心孔的 ϕ12mm（ϕ15mm）成形面，接着进行 $2\times\phi$5.5mm（$2\times\phi$8mm）孔的粗加工，最后进行前面各表面的精加工（坐标磨削）。另外，在粗加工前安排正火处理，去除锻造内应力；在坐标磨削前安排淬火处理，以提高工件表面硬度。故型芯加工顺序为：

下料→锻造→正火→车各外圆→数控钻，铰孔 $2 \times \phi 5.5mm$，扩孔 $2 \times \phi 8mm$；钻、铰孔 $4 \times \phi 2.5mm$，钻、铰孔 $2 \times \phi 8mm$→外圆柱面 $\phi 50.8mm$、$\phi 45mm$、$\phi 37mm$ 和孔 $\phi 15mm$、$2 \times \phi 5.5mm$ 和 $2 \times \phi 8mm$ 淬火处理→坐标磨削 $\phi 50.8mm$、$\phi 45mm$、$\phi 37mm$ 外圆柱面和孔 $\phi 15mm$、$2 \times \phi 5.5mm$ 和 $2 \times \phi 8mm$→粗研 $\phi 50.8mm$、$\phi 45mm$、$\phi 37mm$ 和孔 $\phi 15mm$、$2 \times \phi 8mm$→精研 $\phi 50.8mm$、$\phi 45mm$、$\phi 37mm$ 和孔 $\phi 15mm$、$2 \times \phi 8mm$→抛光 $\phi 50.8mm$、$\phi 45mm$、$\phi 37mm$ 和孔 $\phi 15mm$、$2 \times \phi 8mm$。

5. yoyo 转盘注射模型芯机械加工工艺过程卡的填写

1）根据 yoyo 转盘注射模动模型芯图填写机械加工工艺过程卡，材料牌号为 3Cr2NiMnMo，数量为 2，零件名称为 yoyo 转盘注射模动模型芯，零件图号为 MS01-1。

2）根据加工工艺顺序，填写 yoyo 转盘注射模动模型芯机械加工工艺过程卡，见表 4-1-4。

表 4-1-4　yoyo 转盘注射模动模型芯机械加工工艺过程卡

序号	工序名称	工 序 内 容	机床	夹具	量具	刀具
1	下料	$\phi 60mm \times 65mm$	锯床			
2	锻	锻件毛坯	锻床			
3	热处理	正火处理				
4	车	1）车平端面 2）车外圆 $\phi 55mm$ 达尺寸 3）车外圆 $\phi 50.8mm$ 至 $\phi 53mm$，长 21mm 4）车外圆 $\phi 45mm$ 至 $\phi 47mm$，长 8.5mm 5）车外圆 $\phi 37mm$ 至 $\phi 39mm$，长 2.5mm 6）切断，定长 26.5mm	CA6140	自定心卡盘	游标卡尺	车刀、$\phi 7mm$ 钻头
		车平端面，定长 26mm	CA6140	自定心卡盘	游标卡尺	车刀
5	钻	找正外圆 $\phi 50.8mm$ 1）钻 $4 \times \phi 2.5mm$ 孔 至 $\phi 2.5mm$ 2）钻孔 $\phi 12mm$ 至 $\phi 11.8mm$ 3）钻 $2 \times \phi 5.5mm$ 至 $\phi 5.3mm$ 4）扩孔 $\phi 12mm$ 至 $\phi 14.8mm$，深 2.5mm 5）扩孔 $2 \times \phi 5.5mm$ 至 $2 \times \phi 7.8mm$，深 4mm	T4680	V 形块压板	游标卡尺	$\phi 2.5mm$ 麻花钻、$\phi 11.8mm$ 麻花钻、$\phi 5.3mm$ 麻花钻、$\phi 14.8mm$ 扩孔钻、$\phi 7.8mm$ 扩孔钻
		调头，找正外圆 $\phi 50.8mm$ 1）扩孔 $4 \times \phi 2.5mm$ 至 $\phi 3.5mm$，深 8.5mm 2）扩孔 $2 \times \phi 5.5mm$ 至 $2 \times \phi 9.5mm$	T4680	平口钳	游标卡尺	$\phi 3.5mm$ 扩孔钻、$\phi 9.5mm$ 扩孔钻
6	热处理	表面淬火，硬度为 50~55HRC	高频淬火炉			
7	磨	以外圆 $\phi 50.8mm$ 为基准，磨孔 $\phi 12mm$ 为 $\phi 11.99mm$（留研量 0.01mm），磨孔 $\phi 15mm$ 为 $\phi 14.99mm$，磨孔 $2 \times \phi 5.5mm$，磨孔 $2 \times \phi 8mm$，磨孔 $4 \times \phi 3.5mm$，磨孔 $4 \times \phi 2.5mm$	MK2932	自定心卡盘	千分尺	砂轮
8		以内孔 $\phi 12mm$ 定位上心轴，磨各外圆达图样要求	MK2932	心轴	千分尺	
9	检	检验				

思考与练习

一、填空题

1. 冲孔加工时，凸模是基准件，凸模的_____尺寸决定冲裁件尺寸，凹模型孔加工以凸模制造时刃口的实际尺寸为_____来配制冲裁间隙，凹模是基准件；故冲孔模的凸模是保证冲压件孔尺寸及偏差的_____零件。

2. 若注射模型芯配合面为回转体而成形表面为非回转体面，加工时须先加工安装用_____，还须在配合面上加工出用来确定成形面局部结构的_____面及_____面。

3. 圆形冲模凸模毛坯常用_____，通常粗加工采用_____，接着对其配合面和成形面进行_____处理，随后磨削加工其_____面和_____面，最后通过精研及抛光成形面来达到图样要求。

二、判断题

1. 模具工作零件预加工方法有电火花线切割和电火花成形加工。　　（　　）

2. 注射模成形零件的成形面形状结构复杂，加工时要求高。　　　（　　）

3. 注射模型芯成形表面上局部沟槽须在成形表面和安装用的配合面加工完成后再加工。　　　　　　　　　　　　　　　　　　　　　　　　　　　　（　　）

4. 注射模成形零件尺寸精度要求高，材料大多为低碳钢，一般要进行淬火处理。
　　　　　　　　　　　　　　　　　　　　　　　　　　　　　　　（　　）

5. 注射模成形零件大多加工难度大，结构工艺性相对差。　　　　（　　）

子任务二　yoyo转盘注射模动模模仁及铰链冲裁凹模普通机械加工工艺过程卡的填写

 任务引入

图4-1-7和图4-1-8所示分别为yoyo转盘注射模动模模仁平面图及三维图，材料为20CrMnMo，图号为MS01-2，填写其普通机械加工工艺过程卡。

 相关知识

一、冲模凹模（塑料模型腔）板加工工艺分析

1）冲模凹模（塑料模型腔）板为模具工作零件，其形状、尺寸精度和对应的冲模凸模（塑料模型芯）等零件有对应位置及形状要求；加工时，模具中其他零件的外形尺寸要求与其一致，故冲模凹模（塑料模型腔）板是整套模具加工用基准板。根据其结构形式，可分为两大类。

① 单型孔（腔）板。工件上只有一个型孔（腔），型孔（腔）孔径精度要求高，公差等级一般为IT6～IT5，制造相对简单，无型孔间距要求。

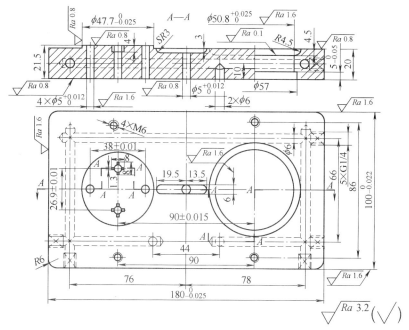

图 4-1-7　yoyo 转盘注射模动模模仁平面图

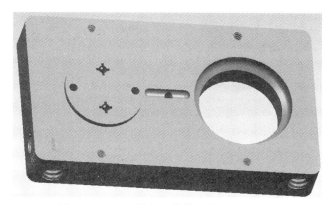

图 4-1-8　yoyo 转盘注射模动模模仁三维图

②　多型孔（腔）板。工件上有多个型孔（腔），这类零件除有较高的型孔（腔）孔径和孔距精度要求外，还与模具的其他零件有孔距一致性的要求。

2）冲模凹模（塑料模型腔）板材料及热处理：其材料大多为合金钢，热处理硬度在 50HRC 以上。

3）尺寸标注：以基准面为标准和以中心为基准标注尺寸。由于数控加工应用越来越广泛，冲模凹模（塑料模型腔）大多采用以基准面为基准的坐标标注法。

二、冲模凹模加工方法

冲模凹模（塑料模型腔）大多需要采用特种加工（电火花线切割或电火花成形）方法，在没有特种加工设备的情况下，还可采用坐标磨、研磨、抛光等加工方法。冲模凹模加工工艺方法及其使用场合见表 4-1-5。

表 4-1-5 冲模凹模加工工艺方法及其使用场合

型孔形式		常用加工方法	使用场合
冲裁模	单圆型孔	方法:钻铰法(圆形或矩形凹模) 1. 圆形凹模:下料→锻造→正火→车削凹模外圆及端面→划线→钻、铰工作型孔及其他安装孔→淬火处理→磨工作型孔及上下面 2. 矩形凹模:下料→锻造→正火→铣削凹模六面→磨凹模六面→钻、铰工作型孔→淬火处理→磨上下面及工作型孔→型孔抛光	用于型孔直径小于 5mm 的凹模
冲裁模	单圆型孔	方法:磨削法(圆形或矩形凹模) 下料→锻造→正火→铣削凹模六面→磨凹模六面→钻、镗工作型孔→划线→钻安装孔→淬火处理→磨上下面及工作型孔→型孔抛光	用于型孔直径较大的凹模
	圆形孔系	方法:坐标镗铣法(矩形凹模) 下料→锻造→正火→铣削凹模六面→磨凹模六面及定位基准面→划线→坐标镗铣工作型孔系→钻安装孔→淬火处理→研磨工作型孔→型孔抛光	圆形孔系凹模
	非圆型孔	方法1:线切割法(矩形凹模) 下料→锻造→正火→铣削凹模六面→磨凹模六面及定位基准面→划线→钻安装孔和穿丝孔→淬火处理→线切割型孔→研磨工作型孔→型孔抛光	各种形状、精度高的凹模
		方法2:坐标磨削法 下料→锻造→正火→铣削凹模六面→磨凹模六面及安装基面→划线→钻安装孔→数控预铣型孔→淬火处理→坐标磨磨型孔	各种型孔、精度高的凹模
		方法3:成形磨削法 下料→锻造→正火→铣削凹模六面→磨凹模六面及安装基准面→划线→预铣型孔→淬火处理→成形磨磨型孔→研磨工作型孔→型孔抛光	镶拼凹模
		方法4:电火花加工法 下料→锻造→正火→铣削凹模六面→磨凹模六面及安装基准面→划线→预铣型孔和安装孔→淬火处理→电火花线切割型孔→研磨工作型孔→型孔抛光	
弯曲模	非圆型孔	方法1:成形磨削法 下料→锻造→正火→铣削凹模六面→磨凹模六面及安装基准面→划线→预铣型孔(腔)→淬火处理→成形磨磨型孔→研磨工作型孔→型腔抛光	
		方法2:坐标磨削法 下料→锻造→正火→铣削凹模六面→磨凹模六面及安装基面→划线→钻安装孔→数控预铣型孔→淬火处理→坐标磨磨型孔	
拉深凹模	筒形和锥形(回转体类)	下料→锻造→正火→粗、精车型孔→划线→钻安装孔→淬火处理→磨型孔→研磨工作型孔→型腔抛光	各种凹模
	曲线回转体 / 无底模	与筒形凹模加工方法相同	无底中间拉深模
	曲线回转体 / 有底模	下料→锻造→正火→数控粗、精车型孔→划线→钻安装孔→淬火处理→坐标磨型孔→研磨工作型孔→型孔抛光	需整形的凹模

（续）

型孔形式		常用加工方法	使用场合
拉深凹模	盒形零件	方法1：铣削加工 下料→锻造→正火→划线→粗、精铣型孔→钻安装孔→淬火处理→研磨工作型孔→型孔抛光	精度要求一般的无底凹模
		方法2：插削加工 下料→锻造→正火→划线→插型孔→钻安装孔→淬火处理→研磨工作型孔→型孔抛光	精度要求一般的无底凹模
		方法3：线切割加工 下料→锻造→正火→划线→钻安装孔及穿丝孔→淬火处理→磨安装面→线切割线切割型孔→型孔抛光	精度要求较高的无底凹模
		方法4：电火花加工 下料→锻造→正火→划线→钻安装孔→淬火处理→磨安装面→电火花线切割型腔→型腔抛光	精度要求较高、需整形的凹模
	非回转体曲面形零件	方法1：铣（插）削加工 下料→锻造→正火→划线→铣（插）型孔→钻安装孔→淬火处理→研磨工作型孔→型孔抛光	精度较低的无底模
		方法2：线切割加工 下料→锻造→正火→划线→钻安装孔及穿丝孔→淬火处理→磨基面→线切割型孔→型孔抛光	精度较高的无底模
		方法3：电火花加工 下料→锻造→正火→划线→钻安装孔→淬火处理→电火花线切割型腔→型腔抛光	高精度较小型腔整形模

三、注射模凹模模仁加工方法及加工方案（图4-1-9）

图4-1-9a 所示为圆形型腔模仁，其加工方法有如下几种。

1）当凹模模仁尺寸小时，在车床上用单动卡盘装夹凹模模仁，粗车、半精车、精车凹模型孔，加工方案为：

下料→锻造→正火→铣削凹模模仁六面→磨凹模模仁六面→四爪夹持外形车凹模型孔→淬火→成形磨或坐标磨凹模型孔。

2）当凹模模仁尺寸较大时，在立式铣床上用回转工作台铣凹模型孔，加工方案为：

下料→锻造→正火→铣削凹模模仁六面→磨凹模模仁六面→立铣凹模型孔→淬火→成形磨或坐标磨凹模型孔。

3）用数控铣床或加工中心铣削凹模型腔，加工方案为：

下料→锻造→正火→铣削凹模模仁六面→磨凹模模仁六面→数控铣凹模型孔→淬火→成形磨或坐标磨凹模型孔。

图4-1-9b 所示为矩形型腔模仁，圆角半径 R 由铣刀直径保证。加工方案为：

普通铣床粗铣、半精铣和精铣型腔→电火花成形机成形型腔。

图4-1-9c 所示为曲面型腔模仁，加工方案为：

数控铣床或加工中心铣削型腔→电火花成形机成形型腔。

图4-1-9d 所示为带窄槽型腔模仁，加工方案为：

下料→锻造→正火→铣削凹模模仁六面→磨凹模模仁六面→数控铣床或加工中心粗铣、

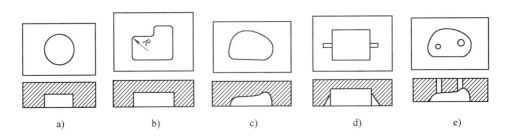

a)　　　　　　　b)　　　　　　　c)　　　　　　　d)　　　　　　　e)

图 4-1-9　各类形状的型腔

半精铣和精铣除窄槽之外的型孔→模仁淬火→电火花成形机成形窄槽和型孔。

图 4-1-9e 所示为曲面形状底部带孔的型腔模仁，先用数控铣床或加工中心铣型腔，再加工孔。具体加工路线如下：

1）当底部型孔为圆形时加工方案为：

下料→锻造→正火→铣削凹模模仁六面→磨凹模模仁六面→数控铣床或加工中心铣型腔→钻底部型孔→划线→钻模仁安装孔→模仁淬火→坐标磨孔→电火花成形机成形型孔。

2）当底部型孔为异形小孔时加工方案为：

下料→锻造→正火→铣削凹模模仁六面→磨凹模模仁六面→数控铣床或加工中心铣型腔→划线→钻模仁安装孔→模仁淬火→电火花成形机成形型孔→电火花成形机成形窄槽。

3）当底部型孔为异形大孔时加工方案为：

下料→锻造→正火→铣削凹模模仁六面→磨凹模模仁六面→数控铣床或加工中心铣型腔和底部型孔→划线→钻安装孔→模仁淬火→电火花成形机成形型孔和底部型孔。

四、典型注射模凹模模仁加工方法及加工方案（图 4-1-10）

图 4-1-10a 所示为压缩模凹模，加工方案为：

下料→锻造→正火处理→车内、外圆→划线→钻螺钉安装孔→淬火→磨内、外圆柱面及端面→型孔研磨→型孔抛光。

图 4-1-10b 所示为注射模型腔模板，加工方案为：

下料→锻造→正火处理→铣六面→调质→磨六面→寻边器找正中心→数控铣型腔及分流道→与动模板一起预钻导柱（套）安装孔→淬火→电火花成形机成形型腔→研磨、抛光型腔。

图 4-1-10c 所示为带主流道的型腔模板，加工方案为：

下料→锻造→正火处理→数控铣外形轮廓→调质→磨六面→寻边器找正中心→数控铣型腔及分流道→与动模板一起预钻导柱（套）安装孔→淬火→电火花成形机成形型腔→研磨、抛光型腔。

图 4-1-10d 所示为带侧抽芯的型腔模板，加工方案为：

下料→锻造→正火处理→铣六面→调质→磨六面→寻边器找正中心→数控粗铣、精铣型腔及滑块安装面→与定模板一起预钻导柱（套）安装孔→钻顶杆过孔→淬火→磨滑块安装面→电火花成形机成形型腔→研磨、抛光型腔。

图 4-1-10e 所示为压注模哈夫模仁，加工方案为：

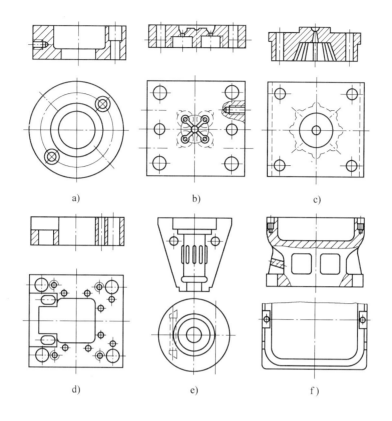

图 4-1-10　注射模各类型腔板

下料→锻造→正火处理→粗车内、外圆→调质→精车内、外圆→淬火→万能磨内、外圆→电火花成形机成形型腔及窄槽→研磨、抛光型腔→线切割为两瓣。

图 4-1-10f 所示为显像屏玻璃凹模模仁，加工方案为：

铸造→退火处理→粗铣型腔→时效处理→精铣型腔→划线→钻孔→电火花成形机成形型腔→研磨、抛光型腔。

五、模具工作零件的成形磨削

成形磨削用于模具工作零件（凸、凹模）的精加工，可加工淬硬钢和硬质合金，工件尺寸、形状精度高，表面质量好。

1. 成形磨削的原理

图 4-1-11 所示为模具凸模型芯（凹模型腔）外形轮廓，其形状复杂，一般由若干直线及圆弧组成。成形磨削的原理就是把凸模型芯（凹模型腔）外形轮廓划分成单一直线和圆弧段，然后按一定顺序逐段磨削，使之达到图样上的技术要求。

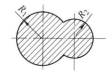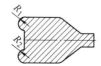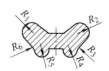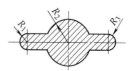

图 4-1-11　模具凸模型芯（凹模型腔）外形轮廓

2. 成形磨削的方法

方法1：在平面磨床上利用万能夹具或与凸模型芯（凹模型腔）外形轮廓一致的成形砂轮进行成形磨削，可磨削加工平面、斜面、圆柱面和复杂曲面。为节约成本，成形磨削大多采用这种方法。

方法2：在成形磨床上利用万能夹具或与凸模型芯（凹模型腔）外形轮廓一致的成形砂

轮进行成形磨削，可磨削加工平面、斜面、圆柱面和复杂曲面。

（1）成形砂轮磨削法　图 4-1-12a 所示为成形砂轮磨削法，采用砂轮修整工具，将砂轮修整成与凸模型芯（凹模型腔）外形轮廓完全吻合的相反形状，然后用此砂轮磨削凸模型芯（凹模型腔）。

（2）夹具磨削法　图 4-1-12b 所示为夹具磨削法，将凸（凹）模按一定要求装夹在专用夹具上，加工过程中通过调节

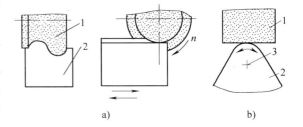

图 4-1-12　成形磨削的两种方法
a）成形砂轮磨削法　b）夹具磨削法
1—砂轮　2—凸模型芯（凹模型腔）　3—夹具回转中心

夹具来改变凸（凹）模位置，从而获得所需形状。用于成形磨削的夹具有精密平口钳、正弦磁力台、正弦分中夹具和万能夹具。

3. 成形磨削机床

（1）平面磨床　见项目三中图 3-1-23 ～图 3-1-25。

（2）成形磨床　图 4-1-13 所示为模具专用成形磨床，砂轮 6 由安装在磨头架 4 上的电动机 5 带动做高速旋转运动，操作手柄 12，磨头架通过液压传动可在精密纵向导轨 3 上做纵向往复运动；转动手轮 1，可使磨头架沿垂直导轨 2 上下运动，实现砂轮垂直进给运动，还可使用机构使砂轮快速接近或远离工件；夹具工作台有纵向及横向滑板，滑板上安装有万能夹具 8，可在床身 13 右端的精密导轨上做调整运动，转动手轮 10 可使万能夹具做横向运动。床身中间是测量平台 7，用于放置测量工具、找正工件位置、测量工件尺寸。

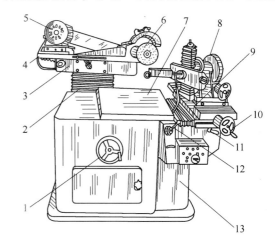

图 4-1-13　成形磨床
1、10—手轮　2—垂直导轨　3—纵向导轨　4—磨头架
5—电动机　6—砂轮　7—测量平台　8—万能夹具
9—夹具工作台　11、12—手柄　13—床身

在成形磨床上进行成形磨削时，工件装在万能夹具上，夹具可将工件调节到任意位置，从而磨削加工模具凸模型芯（凹模型腔）的复杂外形轮廓。

 任务实施

yoyo 转盘注射模模仁普通机械加工工艺过程卡的填写。

1. yoyo 转盘注射模模仁结构工艺性分析

工件主要表面为 ϕ47.7mm 及 R4.5mm 两成形面和 ϕ50.8mm 型芯安装面；另外，其 5 × ϕ5mm 孔和外形尺寸 180mm × 100mm 也为主要表面，要求尺寸公差等级为 IT7，表面粗糙度值为 Ra1.6μm；分流道及螺孔为次要表面，容易保证精度和表面质量；但 8mm 窄槽，定尺寸 1.3mm、8mm，深 4mm 难以加工，需要电火花成形机床来保证，故本工件加工工艺性一般。

2. yoyo 转盘注射模模仁毛坯的选择

塑料模型腔材料为 20CrMnMo，因零件工作过程中要承受胀型力，故选用锻件毛坯。

3. yoyo 转盘注射模模仁型腔的加工方法

yoyo 转盘注射动模模仁型腔孔为球面，且底部带孔，加工方法可采用钻→球面铣刀铣→成形磨。

4. yoyo 转盘注射模模仁加工顺序及加工方案

根据先主后次、先面后孔及先粗后精原则，yoyo 转盘注射动模模仁的加工顺序为：

下料→锻造→正火→划线→铣六面→磨六面→划线→钻型芯过孔→粗、精铣型芯过孔→球面铣刀粗、精铣型孔→铣分流道→钻推杆孔及螺纹底孔→攻螺孔→淬火处理→电火花线切割型孔→磨工作型孔和安装孔→研磨工作型孔→型孔抛光。

5. yoyo 转盘注射动模模仁机械加工工艺过程卡的填写

1）根据 yoyo 转盘注射动模模仁图填写机械加工工艺过程卡，材料牌号为 20CrMnMo，数量为 1，零件名称为 yoyo 转盘注射动模模仁，零件图号为 MS01-2。

2）根据加工工艺顺序，填写 yoyo 转盘注射动模模仁机械加工工艺过程卡，见表 4-1-6。

表 4-1-6　yoyo 转盘注射动模模仁机械加工工艺过程卡

序号	工序名称	工 序 内 容	机床	夹具	量具	刀具
1	下料	ϕ70mm × 140mm	锯床			
2	锻	锻件毛坯 185mm × 105mm × 25mm	空气锤			
3	热处理	正火处理				
4	钳	划上下及四周平面加工线				
5	铣	1）粗、精铣上、下平面，定尺寸 22.2mm 2）粗、精铣四周，定尺寸 180.4mm × 100.4mm × 22mm，保证相邻边垂直	X62W	平口钳	游标卡尺	立铣刀
6	磨	1）粗、精磨上、下平面，定尺寸 21.8mm 2）粗、精磨四周，定尺寸 180mm × 100mm，保证相邻边垂直	M7140	磁铁吸盘	游标卡尺	砂轮
7	钳	上数显铣床，找正模板中心线和型芯过孔中心，打样冲眼	XL7140			
8	钻	钻型芯过孔 ϕ47.7mm 为 ϕ30mm	Z3025	平口钳		ϕ30mm 麻花钻
9	铣	1）粗、精镗型芯过孔 2）粗镗型腔 3）精镗型腔 ϕ50.8mm、R4.5mm 及型芯 ϕ47.7mm（留余量 0.11mm） 4）铣分流道，定流道截面尺寸 6mm × 3mm，长 19.5mm 和 13.5mm	XL7140	平口钳	游标卡尺	ϕ6mm 球头铣刀 镗刀 ϕ8.98mm 球头铣刀

（续）

序号	工序名称	工序内容	机床	夹具	量具	刀具
10	钳	上数显铣床,找正推杆过孔及螺孔中心,打样冲眼	XL7140			
11	钻	1)钻、铰孔 $5 \times \phi5^{+0.012}_{0}$ mm 为 $\phi4.99^{+0.012}_{0}$ mm 2)钻 $4 \times M6$ 螺纹底孔 $4 \times \phi5.2$mm 3)攻螺纹 $4 \times M6$	Z3025	平口钳	螺纹塞规	$\phi4.9$mm 麻花钻、$\phi5.2$mm 麻花钻
12	钳	划各水道孔孔位线				
13	钻	钻水道孔 $\phi6$mm	Z3032		游标卡尺	$\phi6$mm 麻花钻
14	热处理	表面淬火硬度为 50~55HRC				
15	磨	1)坐标磨床磨型腔 $\phi50.8$mm、$R4.5$mm 及型芯 $\phi47.7$mm 为 $\phi50.79$mm、$R4.49$mm、$\phi47.69$mm 2)磨平面定尺寸 21.5mm、20mm 为 21.51mm、20.01mm	MG2932B		千分尺	砂轮
16	电火花成形	电火花成形加工 8mm 窄槽,定尺寸 1.3mm、8mm,深 4mm	DK7140	磁铁吸盘		
17	钳	研磨、抛光型腔及浇口				
18	检					

 任务拓展

图 4-1-14 和图 4-1-15 所示分别为铰链冲裁凹模平面图和三维图,材料为 Cr12,图号为 MC01-2,进行工艺性分析,确定其加工方法。

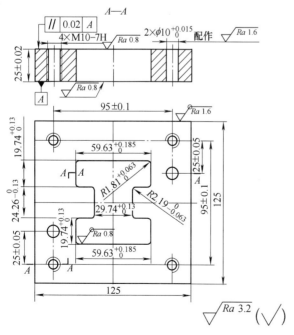

图 4-1-14 铰链冲裁凹模平面图

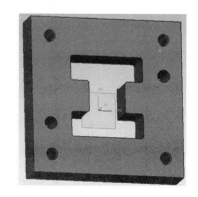

图 4-1-15 铰链冲裁凹模三维图

1. 铰链冲裁凹模加工工艺分析

零件主要表面为中间型孔,其尺寸公差等级为IT6,表面粗糙度值要求为$Ra0.8\mu m$,加工难度相对小。其余为次要表面,故该工件加工工艺性较好。

2. 铰链冲裁凹模毛坯的选择

铰链冲裁凹模材料为Cr12,因零件工作过程中要承受胀型力,故选用锻件毛坯。

3. 铰链冲裁凹模加工方法和加工顺序的确定

(1)铰链冲裁凹模的加工方法

1)主要表面:铰链凹模外轮廓加工方法采用铣→磨,凹模型孔采用铣→磨→研磨完成。

2)次要表面:$2\times\phi10mm$销孔装配时现场配作,$4\times M10$通过钻底孔$\phi8.5mm$→攻螺纹M10完成。

(2)铰链冲裁凹模的加工顺序及加工方案 根据先主后次、先面后孔及先粗后精原则,铰链冲裁凹模的加工顺序及加工方案为:

铣上、下平面及四周面→磨上、下平面及四周面→划孔位线→钻螺孔底孔、钻铰销孔→淬火处理→研磨工作型孔。

4. 铰链冲裁凹模热处理安排

粗加工前安排正火处理消除内应力,精加工前、半精加工后安排淬火处理。

5. 铰链冲裁凹模机械加工工艺过程卡的填写

1)根据铰链冲裁凹模图填写机械加工工艺过程卡,材料牌号为Cr12,数量为1,零件名称为铰链冲裁凹模,零件图号为MC01-2。

2)根据加工顺序,填写铰链冲裁凹模机械加工工艺过程卡,见表4-1-7。

表 4-1-7 铰链冲裁凹模机械加工工艺过程卡

序号	工序名称	工 序 内 容	机床	夹具	量具	刀具
1	下料	$\phi70mm\times145mm$	锯床			
2	锻	锻件毛坯$130mm\times130mm\times30mm$				
3	热处理	正火处理				
4	铣	1)粗、精铣上、下平面,定尺寸25.5mm 2)粗、精铣四周,定尺寸125.4mm×125.4mm,保证相邻边垂直	X62W			
5	磨	1)粗、精磨上、下平面,定尺寸25mm 2)粗、精磨四周,定尺寸125mm×125mm,保证相邻边垂直	M7140			
6	铣	1)以上平面定位,找正模板中心,粗铣型腔 2)精铣型腔59.63mm、19.74mm、29.74mm、24.26mm,均留余量0.2mm 3)找正螺孔$4\times M10$及孔$2\times\phi10mm$孔位线,打样冲眼	XL7140	平口钳	游标卡尺	立铣刀
7	钻	1)钻$4\times M10$为$4\times\phi8.5mm$ 2)攻螺纹$4\times M10$ 3)配钻、铰孔$2\times\phi10^{+0.015}_{0}mm$				
8	热处理	表面淬火,硬度为50~55HRC				
9	磨	坐标磨削型孔59.63mm、19.74mm、29.74mm、24.26mm	MG2930		千分尺	
10	检					

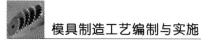

思考与练习

一、填空题

1. 冲模凹模（塑料模型腔）板为模具工作零件，是整套模具加工用的_____板，其形状、尺寸精度和对应的冲模凸模（塑料模型芯）等零件有_____及_____要求，模具中其他零件的外形尺寸要求与其_____。

2. 多型孔（腔）板上有多个_____，这类零件除有较高的_____和_____要求外，还与模具的其他零件有孔距一致性的要求。

3. 在成形磨床上进行成形磨削时，_____装在万能夹具上，_____可将工件调节到任意位置，从而磨削加工模具凸模型芯（凹模型腔）的复杂外形轮廓。

二、判断题

1. 模具凸模型芯（凹模型腔）外形轮廓形状复杂，一般由若干直线及圆弧组成。

                （　　）

2. 在平面磨床上利用平面形砂轮进行成形磨削。   （　　）

3. 在成形磨床上采用成形砂轮可磨削加工平面、斜面、圆柱面和复杂曲面。（　　）

4. 成形磨削用于模具工作零件（凸、凹模）的粗加工。 （　　）

5. 冲模凹模（注射模型腔）尺寸标注大多采用以基准面为基准的坐标标注法。（　　）

yoyo 转盘注射模动模模仁及铰链冲裁凹模数控加工工艺过程卡的编制

 任务引入

图 4-1-7 和图 4-1-8 所示分别为 yoyo 转盘注射模动模模仁平面图及三维图，材料为 20CrMnMo，图号为 MS01-2，选择数控设备及刀具，划分数控加工工序和加工路线，编制其数控加工工艺过程卡。

 相关知识

一、数控加工设备

1. 数控车床

数控车床用于加工回转体类零件，可自动完成模具各道工序的车削加工。数控车床主要按下列方法分为三类。

1）按数控系统不同，可分为经济型数控车床、全功能数控车床、车削中心和 FMC（柔性加工单元）。

2）按主轴配置形式不同，可分为卧式数控车床（主轴轴线水平布置，无工作台）、立式数控车床（主轴轴线垂直布置，有用于装夹工件的回转工作台）。

3）按加工零件类型不同，可分为卡盘式数控车床（无尾座）、顶尖式数控车床（带尾座）。

2. 数控铣床

数控铣床见项目三任务一。

3. 加工中心（Machining Center，简称 MC，又称为多工序自动换刀数控机床）

（1）加工中心的功能及分类　与数控铣床相比，加工中心具有自动换刀装置，从而可实现自动换刀功能，多把刀具安装在可旋转的主轴刀库上，通过旋转主轴来获得加工所需的不同刀具。加工中心可进行铣、镗、钻、扩、铰、攻螺纹、切槽及曲面加工等非回转体零件的多加工工序加工。其加工坐标定位精度为 ±(0.005～0.0015)mm，重复定位精度为 ±(0.002～0.001)mm，用于加工形状复杂、工序多、精度要求高的工件。加工中心主要分为以下四类。

1）立式加工中心。主轴轴线垂直布置，工作台为长方形，无分度回转功能，用于端面有孔系、曲面的盘、套、板类及模具零件的加工；三坐标可联合移动；其结构简单，装夹工件方便，受立柱高度及换刀装置限制，不能加工太高的工件，加工内凹的型面时切屑不易排出。

2）卧式加工中心。主轴轴线水平布置，带有可回转分度运动的正方形工作台；有 3～5 个运动坐标，常见的是三移动坐标外加一回转运动坐标，可使工件在一次装夹后完成除安装面和顶面外的其余 4 个面的加工，其结构复杂，加工工件时不便观察加工面，但切屑易排出；用于有径向孔、曲面的盘、套、板类及箱体类零件的加工。

3）龙门加工中心。主轴轴线多为垂直布置，除自动换刀装置外，还带有可更换的主轴附件，可一机多用，特别适合加工大型或形状复杂的零件。

4）五轴加工中心。工件一次装夹后能完成除安装面以外的所有侧面和顶面的加工，根据加工中心的结构形式可分为两种：一种是刀具运动为三坐标联动，工件旋转和摆动为两个附加旋转轴；另一种是5个坐标轴中的一个摆动轴设在叉形主轴头上。

（2）加工中心自动换刀系统　加工中心自动换刀系统有两种，分别为链轮式自动换刀系统和转盘式自动换刀系统，如图4-2-1和图4-2-2所示。

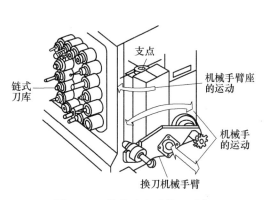

图4-2-1　链轮式自动换刀系统

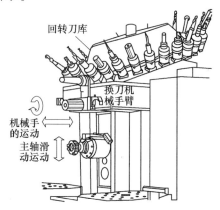

图4-2-2　转盘式自动换刀系统

（3）数控加工刀具用刀柄

1）7:24锥度的圆锥工具刀柄。这种刀柄尺寸已标准化（GB/T 10944.1~5—2013），由于其无自锁功能，故采用相应的拉钉拉紧结构，换刀方便，定心精度高，刚度好，如图4-2-3所示。

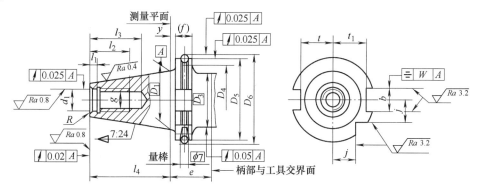

图4-2-3　加工中心用7:24锥度的圆锥工具刀柄

2）HSK高速数控刀柄。HSK刀柄是一种高速锥形刀柄，刀柄中空，采用1:10的短锥结构，其特点是：自动换刀动作快，抗扭能力强，采用短锥面及端面过定位接合形式，能有效提高刚度，广泛用于高速加工中心。HSK刀柄与主轴连接的结构与工作原理如图4-2-4所示。

（4）数控刀具刀柄的选择　直柄刀具选用立铣刀刀柄，莫氏锥柄立铣刀选用无扁尾莫氏锥孔刀柄，孔加工刀具（如麻花钻、扩孔钻、铰刀等）用钻孔工具刀柄，丝锥采用攻螺纹夹头。

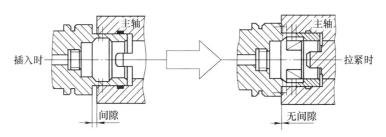

图 4-2-4　HSK 刀柄与主轴连接的结构与工作原理

（5）数控加工刀具

1）车削刀具，如外圆车刀、内孔车刀、螺纹车刀等，如图 4-2-5 所示。

图 4-2-5 中序号 1 为切断刀，用于切断工件；序号 2 为 90°左偏刀，从零件左端到右端车削端面，用于车削工件左端面；序号 3 为 90°右偏刀，从零件右端到左端车削端面，用于车削工件右端面；序号 4 为弯头车刀，用于外圆柱面的车削加工，但已加工面和未加工面

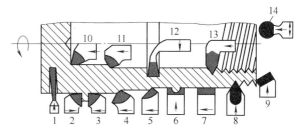

图 4-2-5　常用数控车削用刀具的种类、形状及用途

之间有个过渡锥面；序号 5 为直头车刀，用于外圆柱面的车削加工，已加工面和未加工面之间无过渡面；序号 6 为成形车刀，车削加工工件成形面；序号 7 为宽刃精车刀，用于精车外圆柱面；序号 8 为外螺纹车刀，用于加工工件外螺纹；序号 9 为端面车刀，用于车削工件端面；序号 10 为不通孔车（镗）刀，用于工件不通孔的车（镗）削加工；序号 11 为通孔车（镗）刀，用于工件通孔的车（镗）削加工；序号 12 为内槽车刀，用于车削工件内孔环槽；序号 13 为内螺纹车刀，用于加工工件内螺纹；序号 14 为圆弧刃车刀，既可车削工件外圆也可加工工件端面。

2）铣削刀具，如立铣刀、键槽铣刀、面铣刀、三面刃铣刀和成形铣刀等。模具型腔专用铣刀如图 4-2-6 所示，这类刀具应根据铣削加工面修磨切削刃形状，其加工面为空间曲面、模具型腔和凸模成形面。图 4-2-6a 所示为两刃成形铣刀，图 4-2-6b 所示为两刃球头铣刀，图 4-2-6c 所示为三刃成形铣刀，图 4-2-6d 所示为圆锥形立铣刀。

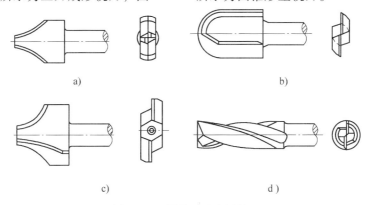

a)　　　　　　　　　　　　　　b)

c)　　　　　　　　　　　　　　d)

图 4-2-6　模具型腔专用铣刀

3）镗削刀具，如粗镗孔刀、精镗孔刀。

4）钻削刀具，如深孔钻、小麻花钻、铰刀等。

二、数控加工方法

平面及曲面加工采用铣削加工，孔的加工有钻孔、扩孔、铰孔和镗孔，大直径孔可用铣削加工。

1）直径 ≤ϕ30mm 的孔不铸（锻）造，常采用锪平面→钻中心孔→钻孔→扩孔→孔口倒角→铰孔。螺孔加工须根据孔径大小选择加工方法，直径 < M6 的螺孔，通常仅钻削加工底孔；直径为 M6 ~ M20 的螺孔一般先钻螺纹底孔，再用丝锥攻螺孔；直径 > M20 的螺孔，可用镗刀镗削加工。

2）直径 >ϕ30mm 的已铸（锻）孔，可采用粗镗→半精镗→孔口倒角→锯片铣铣空刀槽→精镗。

三、数控加工的加工阶段

通常在其他机床上完成粗加工，在数控机床上完成精加工。

四、数控加工工序的划分

数控加工遵循工序集中原则，但对多道工序才能完成的工件，须考虑工序划分。工序划分方法如下：

1. 按刀具集中分序法

遵循"少换刀"原则，在一次换刀后尽可能完成零件上所有相同面的加工（如换直径 ϕ6mm 的麻花钻后，尽可能将工件上所有 ϕ6mm 的孔全部加工完成），再用第二把、第三把刀分别加工可完成的表面，工件在一次装夹中尽可能地完成多道工序加工，如工件多台阶平面尽可能作为一道工序加工完成，这样可减少换刀次数，缩短空行程，减少因工件装夹产生的定位误差。

2. 按加工内容分序法

对结构复杂的模具零件，若只在一台数控机床上加工完成，可按零件或成形面的结构特点划分不同工序，也可将工件分别安排在几台数控机床上加工，每一工序用典型刀具切削。如三台数控机床分别加工工件的型腔、外轮廓、平面或曲面。

3. 粗、精加工分序法

对需要进行粗加工、半精加工、精加工的零件，先进行所有面的粗加工，再进行所有面的半精加工，最后进行所有面的精加工，但这样工件不能得到时效处理，内应力大。

4. 加工部位分序法

在零件既有平面又有孔加工时，应先加工平面和定位面，再以平面定位加工孔，这样可提高孔与平面的垂直度。

五、数控加工顺序的确定

1. 数控加工顺序的确定原则

数控加工每道加工工序一般都有多道工步，使用多把刀具，除要遵循基面先行、先粗后精、先主后次及先面后孔的工艺原则之外，还要考虑以下几点。

1）有利于编程时的数学处理和计算，节省编程时间。

2）缩短加工路线，减少刀具空行程时间。

3）保证零件加工精度和表面质量。

4）减少换刀次数，节省辅助时间。每换一次刀具，应通过移动坐标、回转工作台等将该刀具所能加工的表面全部加工完成。

5）安排加工顺序可参照采用：粗铣大平面→粗镗、半精镗孔→立铣刀铣内、外轮廓→中心钻钻中心孔→钻孔→攻螺纹→精铣平面→铰孔和镗孔。

2. 数控加工刀具的进给路线

数控加工刀具的进给路线对加工精度和表面质量有直接影响，合理的刀具进给路线既能保证工件加工精度和表面粗糙度，又能兼顾进给路线最短、空行程最短。

（1）孔系加工刀具的进给路线

1）位置精度要求较高的孔系加工刀具的进给路线。图 4-2-7 所示为零件上加工四个孔的两种刀具进给路线。在图 4-2-7a 所示的刀具进给路线中，刀具从孔 III 到孔 IV 的运动方向与从孔 I 到孔 II 运动方向相反，X 向的反向间隙会使孔 III 和孔 IV 孔距误差加大；在图 4-2-7b 所示的刀具进给路线中，孔 III 加工完后直接到位置⑤，然后折回到孔 IV 处定位，这样孔 I、II、III、IV 的定位方向一致，可避免反向间隙引

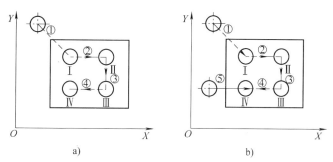

图 4-2-7　零件上加工四个孔的两种刀具进给路线

起的定位误差，从而提高了孔 III 与孔 IV 的孔距精度。

2）孔数量较多的孔系加工刀具进给路线。点位控制机床主要是数控镗床和数控钻床，要求定位精度高，空行程最短，多在平面上加工定位精度要求较高的孔。如图 4-2-8a 所示的孔系加工，一般先加工一圈分布在同一分布圆上的 8 个孔，然后加工另一分布圆上的 8 个孔，如图 4-2-8b 所示。若按图 4-2-8c 所示的进给路线，沿相邻孔加工，其刀具的空行程减少一半左右，故图 4-2-8c 所示的加工进给路线最优。

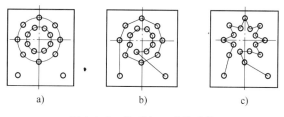

图 4-2-8　孔系加工进给路线

（2）内槽铣削刀具进给路线　内槽是指以封闭曲线为边界的平底凹槽，常用平底立铣刀加工。图 4-2-9 所示为铣削平底型腔的 3 种进给路线。图 4-2-9a 所示为行切法，由内到外一圈一圈地进行铣削加工，铣完一圈后抬刀铣另一圈，每圈刀具的起点就是终点，故侧壁型腔接刀次数多造成加工面刀痕多，难以保证工件的表面质量，进给路线较短。图 4-2-9b 所示为环切法，铣刀沿工件加工面轮廓方向进给，起点与终点都设在孔中心，其获得的表面粗糙度值小，但加工路线太长。图 4-2-9c 所示为先用行切法粗铣，去除大部分加工余量，

最后用环切法精铣侧壁最终轮廓，既可保证工件侧壁表面质量又使加工路线合理，故图 4-2-9c 所示的进给路线最佳。

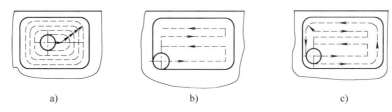

图 4-2-9　铣削平底型腔的 3 种进给路线

（3）铣削外轮廓刀具进给路线　图 4-2-10 所示为外轮廓加工刀具切入和切出路线，刀具切入工件时应避免沿工件外轮廓法向切入，应沿切削起点的延伸线逐渐切入工件，以保证零件曲线的平滑过渡。同样，在刀具切离工件时，应避免在切削终点处直接抬刀，须沿着切削终点延伸线逐渐切离工件。

图 4-2-11 所示为外圆柱面铣削刀具进给路线，刀具在原点沿线路 1 快进，接着到线路 2 圆弧切入点，沿线路 3 完成切削后，不能直接在圆弧切入点退刀，而应沿线路 4 多运动一段距离后到取消刀补点，最后沿线路 5 回到原点，这样可避免刀补取消时刀具与工件表面相碰造成工件报废。

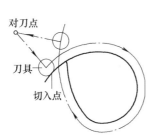

图 4-2-10　外轮廓加工刀具切入和切出路线

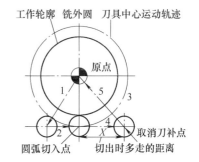

图 4-2-11　外圆柱面铣削刀具进给路线

（4）铣削内轮廓刀具进给路线　与铣削外轮廓一样，刀具同样不能沿轮廓曲线的法向切入，若内轮廓曲线允许延伸，则沿延伸线切入、切出，若内轮廓曲线不允许延伸（图 4-2-12），刀具只能沿内轮廓法向切入、切出，此时刀具的切入、切出点应尽量选在内轮廓曲线两几何元素交点处。当内部几何元素相切无交点时（图 4-2-13a），为防止刀补取消时在轮廓拐角处留下凹坑，刀具切入、切出点应远离拐角（图 4-2-13b）。

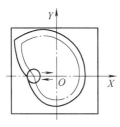

图 4-2-12　内轮廓加工刀具切入和切出路线

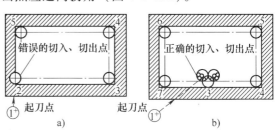

图 4-2-13　无交点内轮廓加工刀具切入和切出路线

（5）曲面轮廓型腔铣削刀具进给路线 对表面精度要求高、表面粗糙度值小的工件，须采用多次进给。图4-2-14所示为铣削曲面轮廓型腔时采用行切法的进给路线，球头铣刀一行行地加工曲面，每铣完一行后，铣刀就沿某一坐标方向移动一个行距，直到铣削完成。此轮廓加工中应避免进给停顿，否则会在轮廓表面留下刀痕，在加工表面范围

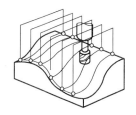

图4-2-14 曲面轮廓型腔铣削刀具进给路线

内垂直进刀和抬刀，也会划伤工件表面。其精加工余量一般为 0.2～0.5mm。

六、数控加工装夹工件

数控加工装夹工件主要应考虑以下几点。

1）夹紧机构不得影响工件或刀具的进给，工件加工部位要让出，方便刀具让刀。

2）必须保证工件夹紧后变形最小，粗加工时需要的夹紧力大，精加工时需要的夹紧力相对小些，若采取措施后夹紧力产生的变形仍得不到控制，则粗、精加工应分开进行。

3）装夹方便，辅助时间短。

4）对小型零件或短工序零件，可以一次装夹好几件工件同时加工，以提高工作效率。

5）对批量小的模具零件，可优先选用组合夹具；对外形简单的模具零件（如模板、模座等），可选用平口钳装夹。

6）夹具应便于与机床工作台及工件定位面之间的定位连接。

 任务实施

选择yoyo转盘注射模动模模仁加工数控设备及刀具，划分数控加工工序和加工路线

1. 加工方法

1）上、下面及四周平面采用粗、精铣加工，淬火后进行磨削加工。

2）型芯安装孔 $\phi50.8$mm 及型芯 $\phi47.7$mm 分别采用铣床进行粗、精镗及铣削加工，淬火后采用坐标磨床。型腔采用粗、精铣加工，淬火后采用电火花加工，最后做研磨、抛光处理。

3）$5 \times \phi5_{\ 0}^{+0.012}$mm 推杆及拉料杆过孔采用钻、铰加工，淬火后做研磨处理即可。

2. 加工阶段

型芯安装孔 $\phi50.8$mm 及型芯 $\phi47.7$mm 分粗加工、半精加工、精加工和光整加工四个加工阶段；$5 \times \phi5_{\ 0}^{+0.012}$mm 分粗加工、精加工两个加工阶段；平面加工则分粗加工、半精加工、精加工三个加工阶段。

3. 注射模模仁加工顺序

1）根据先面后孔的加工原则，先加工好模仁的六个平面再加工型芯安装孔 $\phi50.8$mm 及型腔 $R4.5$mm 和型芯 $\phi47.7$mm。

2）根据先主后次原则，先加工主要表面——型芯安装孔 $\phi50.8$mm、型腔 $R4.5$mm 和型芯 $\phi47.7$mm，再加工次要表面——推杆及拉料杆过孔和螺孔。

4. 热处理安排

在粗车前安排正火处理，在磨削加工前安排表面淬火处理。

5. 工序划分

数控加工采用工序集中原则，按粗、精加工分序法来划分工序。

6. 加工（进给）路线

平面及型孔和型芯安装孔粗加工采用行切法，以缩短进给路线，提高生产率；精加工采用环切法，以保证加工质量；$5 \times \phi 5mm$ 孔系加工从最下 $\phi 5mm$ 孔开始加工，沿顺时针方向加工完成；型芯安装孔 $\phi 50.8mm$ 铣削采用内圆铣削加工路线。

7. 注射模模仁装夹方案

注射模模仁采用工件底面和左侧面定位，用平口钳夹紧的装夹方案。

8. 注射模模仁数控加工工艺过程卡

yoyo 转盘注射模动模模仁数控加工工艺过程卡见表 4-2-1。

表 4-2-1　yoyo 转盘注射模动模模仁数控加工工艺过程卡

序号	工序名称	工序内容	机床	夹具	量具	刀具
1	下料	$\phi 70mm \times 140mm$				
2	锻	锻件毛坯 185mm × 105mm × 25mm				
3	热处理	正火处理				
4	铣	1）粗、精铣上、下平面，定尺寸 22.2mm 2）粗、精铣四周，定尺寸 180.4mm × 100.4mm × 22mm，保证相邻边垂直	X52	平口钳		面铣刀
5	磨	1）粗、精磨上、下平面，定尺寸 21.8mm 2）粗、精磨四周，定尺寸 180mm × 100mm，保证相邻边垂直	M7130	磁铁吸盘		
6	铣	以上平面定位，找正模板中心 1）钻、铰孔 $5 \times \phi 5^{+0.012}_{0}mm$ 为 $\phi 4.99^{+0.012}_{0}mm$ 2）铣分流道，定流道截面尺寸 6mm × 3mm，长 19.5mm 和 13.5mm 3）铣浇口，定流道截面尺寸 2mm × 0.6mm 4）粗铣型腔 5）精铣型腔 $\phi 50.8mm$、$R4.5mm$ 及型芯 $\phi 47.7mm$（留余量 0.11mm） 6）钻 4 × M6 螺纹底孔 4 × $\phi 5.2mm$ 7）攻螺孔 4 × M6	加工中心	平口钳	游标卡尺	$\phi 6mm$ 球头铣刀、M6 丝锥、$\phi 5.2mm$ 麻花钻、$\phi 4.99mm$ 麻花钻
7	钳	划各水道孔孔位线				
8	钻	钻水道孔 $\phi 6mm$	Z3025			麻花钻
9	热处理	表面淬火，硬度为 50～55HRC				
10	磨	1）坐标磨床磨型芯安装孔 $\phi 50.8mm$ 及型芯 $\phi 47.7mm$ 为 $\phi 50.79mm$、$\phi 47.69mm$ 2）磨平面定尺寸 21.5mm、20mm 为 21.51mm、20.01mm	MG2932B	磁铁吸盘	千分尺	
11	电火花成形	1）电火花成形机成形 8mm 窄槽，定尺寸 1.3mm、8mm，深 4mm 2）电火花成形机成形型腔，定尺寸 $R4.49mm$	DK7140	磁铁吸盘		
12	钳	研磨、抛光型腔及浇口				
13	检					

任务拓展

图 4-1-14 和图 4-1-15 所示分别为铰链冲裁凹模平面图和三维图，材料为 Cr12，图号为 MC01-2，选择其定位基准，确定其加工顺序及加工过程。

1. 加工方法

1）上、下平面及四周采用粗、精铣加工，淬火后进行磨削加工。

2）凹模型孔采用数控铣床进行粗、精铣加工，淬火后采用电火花加工，最后做研磨、抛光处理。

3）4 × M10 孔采用钻孔、攻螺纹加工，$2 \times \phi 10^{+0.015}_{0}$ mm 孔采用与其他模板配合进行钻、铰加工。

2. 加工阶段

凹模型孔分粗加工、半精加工、精加工和光整加工四个加工阶段；4 × M10 分粗加工、半精加工两个加工阶段；平面加工则分粗加工、半精加工、精加工三个加工阶段。

3. 铰链冲裁凹模加工顺序

1）根据先面后孔的加工原则，先加工好模仁的六个平面，再加工型腔。

2）根据先主后次原则，先加工主要表面——型腔，再加工次要表面——螺孔和销孔。

4. 热处理安排

在粗铣前安排正火处理，在淬火加工后安排型腔电火花线切割加工。

5. 工序划分

数控加工采用工序集中原则，按粗加工、精加工分序法来划分工序。

6. 加工（进给）路线

型孔加工按内圆铣削切向切入、切出的进给路线，平面采用先行切后环切的进给路线。

7. 铰链冲裁凹模装夹方案

铰链冲裁凹模型腔粗、精铣削加工采用工件底面和左侧面定位，用平口钳夹紧的装夹方案。

8. 铰链冲裁凹模数控加工工艺过程卡

铰链冲裁凹模数控加工工艺过程卡见表 4-2-2。

表 4-2-2　铰链冲裁凹模数控加工工艺过程卡

序号	工序名称	工 序 内 容	机床	夹具	量具	刀具
1	下料	$\phi 70$mm × 145mm	锯床			
2	锻	锻件毛坯 130mm × 130mm × 30mm	锻床			
3	热处理	正火处理				
4	铣	1）粗、精铣上、下平面，定尺寸 25.5mm 2）粗、精铣四周，定尺寸 125.4mm × 125.4mm，保证相邻边垂直	X62W	平口钳		立铣刀
5	磨	1）粗、精磨上、下平面，定尺寸 25mm 2）粗、精磨四周，定尺寸 125mm × 125mm，保证相邻边垂直	M7140	磁铁吸盘		

（续）

序号	工序名称	工序内容	机床	夹具	量具	刀具
6	钳	数显铣床定 4 × M10 及 2 × ϕ10mm 孔位线,打样冲眼				
7	钻	1)钻 4 × M10 底孔为 ϕ8.5mm 2)与模座配钻、铰孔 2 × $\phi10^{+0.015}_{0}$mm	Z5168			ϕ8.5mm 麻花钻、ϕ10mm 铰刀
8	热处理	表面淬火,硬度为 50 ~ 55HRC				
9	电火花成形	线切割型孔 59.63mm、19.74mm、29.74mm、24.26mm	DK7740		千分尺	
10	检					

 思考与练习

一、填空题

1. 加工中心上可完成_____、_____、_____、_____、_____、_____、切槽及曲面加工等零件加工工序的加工。

2. 数控加工中对多道加工工序的工件,工序划分方法有_____分序法、_____分序法、_____分序法和_____分序法。

3. 合理的刀具进给路线既能保证_____和_____,又能兼顾_____、空行程最短。

4. 内槽铣削刀具进给路线是先用_____方法粗铣轮廓,再用_____方法精铣工件侧壁最终轮廓。

二、判断题

1. 外轮廓加工刀具切入工件时应避免沿工件外轮廓法向切入。 （   ）

2. 对表面精度要求高、表面粗糙度值小的曲面轮廓型腔铣削加工,应一次进给完成铣削。 （   ）

3. 数控加工夹具的夹紧机构不得影响工件或刀具进给,工件加工部位要让出。 （   ）

4. 数控刀具刀柄选择与刀具类型有关。 （   ）

5. 区分数控铣床与加工中心主要看机床是否带有自动换刀的刀库。 （   ）

6. 卧式加工中心的主轴轴线垂直布置。 （   ）

项目五

凸、凹模特种加工工艺过程卡的编制

[项目简介]

凸、凹模是塑料模和冲裁模工作零件，由于表面粗糙度值小、尺寸及几何精度高，为满足其技术要求，其加工工艺为先进行预加工和数控加工，最后通过特种加工来达到凸、凹模的设计要求。

该项目包括两个任务，分别为：摩托车反光片凹模型腔电火花成形加工工艺过程卡的编制和止动件冲模落料凹模电火花线切割加工工艺过程卡的编制。任务一采用电火花成形机床和电极加工不通的塑料模凹模型腔，分为五个子任务，分别介绍凸、凹模配合间隙的保证方法、成形加工方法、电极选择及设计、电规准等内容；任务二则采用电火花线切割机床和钼（铜）丝加工贯通的冲裁模凹模型孔，分为四个子任务，分别介绍线切割加工机床、加工程序、工艺制订等内容。

[项目工作流程]

任务一 摩托车反光片凹模型腔电火花成形加工工艺过程卡的编制

1. 分析图样技术要求。
2. 加工前准备及凸、凹模配合间隙的保证方法。
3. 凹模型腔电火花成形加工方法、电极材料选择及电极结构设计。
4. 凹模型腔电火花成形加工用电极设计。
5. 凹模型腔电火花成形加工电规准的选择。
6. 凹模型腔电火花成形加工工艺过程卡的填写。

任务二 止动件冲模落料凹模电火花线切割加工工艺过程卡的编制

1. 分析图样技术要求。
2. 凹模电火花线切割加工机床的选择。
3. 凹模电火花线切割数控加工程序的编写。
4. 凹模型腔电火花线切割加工工艺的制订。
5. 凹模电火花线切割加工工艺过程卡的填写。

模具制造工艺编制与实施

[知识目标]

1. 掌握电火花加工的原理、特点及影响电火花加工的主要因素。

2. 掌握凹模型腔电火花成形加工方法及其电极设计。

3. 掌握凹模型孔电火花线切割加工方法。

4. 熟悉模具凹模的制造工艺过程。

[能力目标]

1. 能够就具体塑料模凹模图编制其加工工艺。

2. 能够就具体冲裁模凸模图编制其加工工艺。

[重点]

1. 凹模型腔电火花成形加工凸、凹模配合间隙的保证方法、加工方法及电极设计和电规准选择。

2. 凹模型孔电火花线切割加工程序的编制。

[难点]

凹模型孔电火花线切割加工程序的编制。

任务一　**摩托车反光片凹模型腔电火花成形加工工艺过程卡的编制**

子任务一　**摩托车反光片凹模型腔电火花成形加工前模坯的准备及凸、凹模配合间隙的保证方法**

任务引入

图 5-1-1 和图 5-1-2 所示分别为摩托车反光片注射模凹模的三维图和平面图，材料为 20CrMnMo，型腔表面热处理硬度为 54～58HRC，确定摩托车反光片注射模凹模成形加工前模坯的准备及凸、凹模配合间隙的保证方法。

图 5-1-1　摩托车反光片凹模三维图

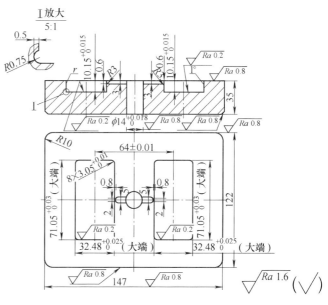

图 5-1-2　摩托车反光片凹模平面图

 相关知识

一、特种加工的定义、方法和分类及其与普通机械加工的区别

1. 特种加工的定义

特种加工是指利用热能、电能、声能、光能、化学能、电化学能去除材料的加工方法。

2. 特种加工的方法

特种加工的方法有电火花成形加工、线切割加工、电铸加工、电解加工、超声加工、激光加工、照相腐蚀加工。特种加工主要用于金属零件的加工。其中，超声加工、激光加工还可用于非金属零件的加工。

3. 常用特种加工方法的分类

常用特种加工方法的分类见表 5-1-1。

表 5-1-1　常用特种加工方法的分类

特种加工方法		能量形式	作用原理	英文缩写
电火花加工	成形加工	电能、热能	熔化、汽化	EDM
	线切割加工	电能、热能	熔化、汽化	WEDM
电化学加工	电解加工	电化学能	阳极溶解	ECM
	电解磨削	电化学机械能	阳极溶解 磨削	EGM
	电铸、电镀	电化学能	阴极沉积	EFM、EPM
激光加工	切割、打孔	光能、热能	熔化、汽化	LBM
	表面改性	光能、热能	熔化、相变	LBT
电子束加工	切割、打孔	电能、热能	熔化、汽化	EBM
离子束加工	刻蚀、镀膜	电能、动能	原子撞击	IBM
超声加工	切割、打孔	声能、机械能	磨料高频撞击	USM

4. 特种加工与普通机械加工的区别

1）切除材料不仅单纯依靠机械能，而且还采用其他形式的能量。

2）加工可以有工具，但不要求工具材料硬度高于工件材料的硬度，也可以无工具加工工件。

3）在加工过程中，工具与工件之间不存在显著的机械切削力。

二、电火花成形加工

（一）电火花成形加工的原理

电火花成形加工是在特定介质中，通过工具电极和工件之间脉冲放电时的电腐蚀作用来蚀除多余的金属，以达到零件尺寸、形状和表面质量要求的一种加工方法。电火花成形加工建立在"电蚀现象"的基础上，可加工各种高熔点、高硬度、高强度、高纯度、高韧性的金属材料，广泛用于模具制造。

如图 5-1-3 所示，工具电极 2 与工件 3 分别接脉冲电源 1 的正、负极，两者之间保持一定的放电间隙（0.01 ~ 0.2mm），并浸在绝缘的工作介质 8 中，当脉冲电源 1 的电压大于工作介质 8 的击穿电压时，工具电极 2 与工件 3 间产生电火花，放电区产生高温，把该处的

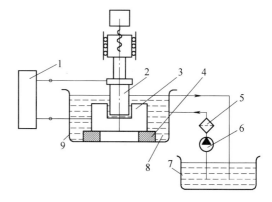

图 5-1-3　电火花成形加工的原理

1—脉冲电源　2—工具电极　3—工件　4—工作台　5—过滤器
6—工作液泵　7—液体供给箱　8—工作介质　9—工作箱

工件 3 和工具电极 2 的材料熔化，工具电极 2 和工件 3 表面都被蚀除一小块材料，形成小凹坑，脉冲电压放电结束完成一个放电过程。随着无数个放电过程，工件 2 表面出现无数个小

凹坑，工具电极 3 的轮廓形状就复制在工件 2 上。

（二）电火花成形加工必须具备的条件

1）工具电极与工件被加工表面之间要保持合理的放电间隙。间隙过大，会使极间电压不能击穿极间介质，不能产生火花放电；间隙过小，工具电极与工件易形成短路接触，不能产生连续的电火花放电。

2）电火花放电必须是瞬时的脉冲放电，这样才能使放电所产生的热量来不及传到其余部分，将放电蚀除点局限在很小范围内。因此，电火花成形加工必须采用脉冲电源，如图 5-1-4 所示。脉冲放电持续时间为 t_i（脉冲宽度），脉冲放电停歇时间为 t_o（脉冲间隔），脉冲周期为 t_p。

3）两次脉冲放电之间要有足够的停歇时间 t_o，使极间介质充分消电离，以恢复介电性能。

4）电火花放电必须在有一定绝缘性能的液体介质中进行，以利于产生脉冲性火花放电，同时还能起到排屑和对工件进行冷却的作用。

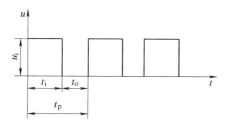

图 5-1-4　脉冲电源空载电压波形

t_i—脉冲宽度　　t_o—脉冲间隔

t_p—脉冲周期　　u_i—脉冲峰值电压或空载电压

5）放电点要有足够的电火花放电强度。即局部集中的电流密度须高达 $105 \sim 106A/cm^2$，以使部分金属熔化和汽化。

（三）极性效应

1. 正极性加工

正极性加工时，工件接脉冲电源的正极，工具电极接脉冲电源的负极，脉冲宽度 $t_i < 10\mu s$（短脉冲），这种加工精度相对高，表面粗糙度值相对小，用于精加工工件，如图 5-1-5 所示。

2. 负极性加工

负极性加工时，工件接脉冲电源的负极，工具电极接脉冲电源的正极，脉冲宽度 $t_i > 80\mu s$（长脉冲），这种加工精度相对低，表面粗糙度值相对大，但加工效率高，用于粗加工工件，如图 5-1-6 所示。

为充分利用极性效应，一般都采用单向脉冲电源。

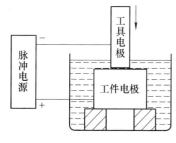

图 5-1-5　正极性加工

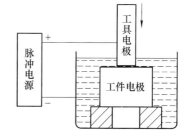

图 5-1-6　负极性加工

（四）电火花成形加工的特点

1. 电火花成形加工的优点

1）电火花成形加工适合加工难以切削的材料。它可克服机械加工刀具硬度比工件硬度高的缺点，可用软的工具电极加工硬韧（如淬火钢、硬质合金、耐热合金）的工件，达到"以柔克刚"的效果。

2）工件与工具电极间作用力小，工件变形小，对小孔、深孔、窄缝、薄壁工件的加工有利。

3）设备操作容易，便于自动化，只要编好程序，调整好工具电极和工件，就能自动加工型腔，机床在加工结束时自动关机。

4）可以加工特殊及复杂形状的表面和零件。它能将工具电极的形状复制到工件上，用于复杂表面形状工件的加工。

5）脉冲电源的电脉冲参数调节方便，能在同一台机床上连续完成粗加工、半精加工和精加工。

2. 电火花成形加工的缺点

1）必须制作工具电极（一般为纯铜、石墨等材料）。这增加了制作电极的费用和时间，并且存在电极损耗。

2）工件加工部位会形成残留变质层。工件的电加工部位经受上万摄氏度高温加热后急速冷却，表面受到强烈的热影响，形成电加工表面变质层。这种变质层容易造成加工部位碎裂与崩刃。

3）放电间隙使加工误差增大。

4）加工精度受电极损耗影响，一般为 0.01 ~ 0.05mm。

5）主要用于加工金属等导电材料，加工速度慢，成本高，加工量不宜过大。

6）加工速度较慢，通常先通过切削加工去除大部分金属（电火花成形加工前型腔要预先进行机械加工，即预加工）。

（五）电火花成形机

1. 电火花成形机型号的含义

根据 GB/T 15375—2008《金属切削机床　型号编制方法》，电火花成形机型号的含义如下：

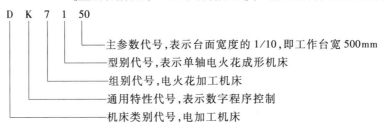

即 DK7150 型号指的是工作台宽度为 500mm 的单轴数控电火花成形机。

2. 部分数控电火花成形机的主要技术参数

部分数控电火花成形机的主要技术参数见表 5-1-2。

表 5-1-2　部分数控电火花成形机的主要技术参数

机床规格	DK7125	DK7132	DK7140	DK7145	DK7150
工作台尺寸[（长/mm）×（宽/mm）]	400×250	500×320	650×400	720×450	800×500
工作槽尺寸[（长/mm）×（宽/mm）×（高/mm）]	1030×520×320	1030×560×320	1350×630×410	1400×710×410	1450×780×500
左右行程（X轴）/mm	250	320	400	450	500
前后行程（Y轴）/mm	150	250	300	350	400
Z轴行程/mm	240	240	250	250	300

（续）

机床规格	DK7125	DK7132	DK7140	DK7145	DK7150
电极头平面与工作台最大距离/mm	400	550	650	680	700
最大工件质量/kg	250	550	750	800	800
最大电极质量/kg	50	60	70	80	10

3. 电火花成形机外形组成及各部件作用

如图 5-1-7 所示，电火花成形机由脉冲电源、主轴头、工作台、床身、立柱、工作液净化及循环过滤系统组成。

（1）脉冲电源　由工频交流电转变成一定频率的单向脉冲电源。其性能直接影响电火花成形加工的生产率、加工稳定性、电极损耗、加工精度和表面粗糙度。

（2）主轴头　用来安装电极，保证电极连续并及时地上、下进给，以维持电极与工件间的放电间隙。

（3）工作台　带动工件做前后、左右方向的运动。

（4）床身和立柱　用于支承工作台及工件等，要求有足够的刚度，主轴头可上下运动，以调节工具电极与工件间的相对位置。

（5）工作液净化及循环过滤系统　由储油箱、电动机、泵、过滤器、工作液槽、油杯、管道、阀门和压力表组成。其作用是使工件与电极间在无脉冲时为绝缘状态；而脉冲放电后工作液流经放电间隙，将电蚀产物排出；循环过滤系统对加工中用过的工作液进行过滤和净化，提高电蚀过程的稳定性和加工速度，减少电极损耗，确保加工精度和表面质量。

（六）电火花成形加工时电极、工件间的加工状态

电火花成形加工时电极、工件间的加工状态如图 5-1-8 所示。

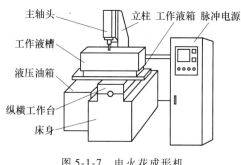

图 5-1-7　电火花成形机

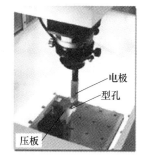

图 5-1-8　电火花成形加工时电极、工件间的加工状态

（七）电火花成形加工前模坯的准备

凹模模坯准备是指模坯在进行电火花成形加工前完成的其他加工工序。常用模坯准备工序如下：

下料→锻造→正火→铣六面（单边留加工余量 0.2 ~ 0.3mm）→磨六面→划线→预钻排油孔及去除型孔废料→铣型孔（留 0.3 ~ 0.5mm 的双面加工余量）→钻其余孔→淬火处理→平磨上、下面→退磁。

（八）保证凸模（型芯）、凹模（型孔）配合间隙的方法

保证凸模（型芯）、凹模（型孔）配合间隙的方法有直接法、混合法、凸模修配法和二次电极法。

1. 直接法

直接法是指以模具的凸模作为电极加工凹模型孔的工艺方法。这种方法是将凸模适当加长，以其非刃口端作为电极。凹模加工完成后，将加长的凸模部分去除。在加工过程中通过控制脉冲放电间隙来保证凸、凹模配合间隙，脉冲放电间隙等于凸、凹模配合间隙，用这种方法可使凸、凹模配合间隙均匀，如图 5-1-9 所示。

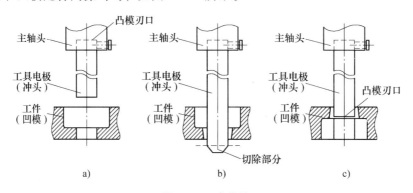

图 5-1-9　直接法
a）加工前　b）加工后　c）切除损耗部分

直接法的特点：不需要单独做电极（由凸模做电极），工艺简单，但钢电极电加工性能很差，电火花成形机的脉冲电源须满足钢电极加工要求。直接法常用于形状复杂的凹模或多型孔的加工，如电动机定子、转子的硅钢片冲模等。

2. 混合法

混合法加工时，工具电极与模具凸模材料不同，通过焊接或采用其他黏结剂将工具电极与凸模连成整体后再进行机械加工，然后对凹模进行电火花成形加工，最后将电极与凸模分开，如图 5-1-10 所示。

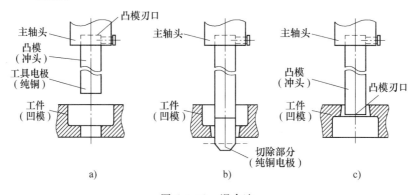

图 5-1-10　混合法
a）加工前　b）加工后　c）切除损耗部分

混合法的特点：工具电极材料可选电加工性能好的材料，加工效率较高；凸模与工具电极一起加工，工具电极的形状、尺寸与凸模一致，电火花加工后，凸、凹模的配合间隙均

匀，故使用广泛。

3. 凸模修配法

凸模修配法加工时，加工凹模的工具电极与凸模分开制造，先根据凹模尺寸设计和制造工具电极，再用工具电极加工凹模，最后以凹模为基准，按冲裁模间隙修配凸模，如图 5-1-11 所示。

凸模修配法的特点：工具电极材料不受凸模材料的限制，可选择电加工性能好的工具电极材料，凸、凹模配合间隙不受放电间隙限制，但增加了制造工具电极和钳工修配的劳动量，且配合间隙难以做得均匀，对形状复杂的零件尤甚。此法用于配合间隙要求较大或较小的冲模凸、凹模加工。

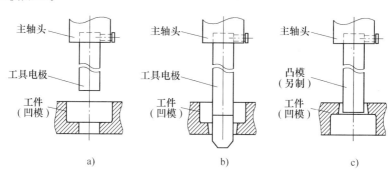

图 5-1-11　凸模修配法

a）加工前　b）加工后　c）配制凸模

4. 二次电极法

二次电极法加工时，利用凸形的工具电极（称为一次电极）加工出二次工具电极，再分别用一次工具电极和二次工具电极加工出凹模和凸模，可加工无间隙或间隙小的精冲模。这种凸、凹模加工方法常用于凹模制造困难的电火花成形加工。

5. 凹模型腔电火花成形加工方法的选用

凹模型腔电火花成形加工方法见表 5-1-3。

表 5-1-3　凹模型腔电火花成形加工方法

凸、凹模配合间隙/mm	直接法	间接法	凸模修配法	二次电极法
< 0.015	×	□	×	☆
0.015 ~ 0.1	☆	□	☆	☆
0.1 ~ 0.2	□	□	□	□
> 0.20	□	☆	□	×

注：×—不适合，☆—最适合，□—尚可。

 任务实施

摩托车反光片注射模凹模电火花成形加工前模坯的准备及凸、凹模配合间隙的保证方法。

1. 摩托车反光片凹模电火花成形加工用机床

电火花成形机。

2. 摩托车反光片凹模电火花成形加工前的准备

1）下料。锯床下料 $\phi 85\text{mm} \times 150\text{mm}$。

2）锻。锻六方 152mm×127mm×40mm。

3）热处理。正火处理。

4）铣。铣削六个面，定尺寸 147.4mm×122.4mm×35.4mm。

5）磨。粗、精磨上、下面及四侧面，定尺寸 147mm×122mm×35mm。

6）铣。寻边器找正：①钻孔 $\phi13.8$mm，铰孔 $\phi14^{+0.018}_{0}$mm；②粗、精铣型孔为 70.65mm×32.08mm×9.95mm；③铣分流道和浇口。

7）热处理。型孔表面淬火处理，硬度为 58~62HRC。

8）磨。磨上、下两平面。

3. 摩托车反光片凸模与凹模配合间隙的保证方法

因摩托车反光片凹模结构简单，采用间接配合法，用纯铜作为电极，加工凹模的两个型孔。

任务拓展

图 5-1-12 和图 5-1-13 所示分别为外壳注射模凹模的三维图和平面图，材料为 P20，表面硬度为 54~58HRC，确定该凹模零件电火花成形加工前的准备及凸、凹模配合间隙的保证方法。

图 5-1-12 外壳注射模凹模三维图

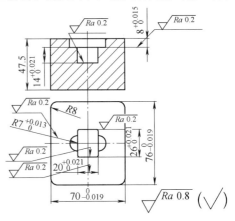

图 5-1-13 外壳注射模凹模平面图

1. 外壳注射模凹模电火花成形加工用机床

电火花成形机。

2. 外壳注射模凹模电火花成形加工前的准备

1）下料。锯床下料 $\phi65$mm×105mm。

2）锻。锻六方 81mm×75mm×52mm。

3）热处理。正火处理。

4）铣。铣削六个面，定尺寸 76.4mm×70.4mm×47.9mm。

5）磨。粗、精磨上、下面及四侧面，定尺寸 76mm×70mm×47.5mm。

6）铣。寻边器找正，粗铣、精铣上、下型孔分别为 R6.6mm×7.8mm，25.6mm×19.6mm×21.8mm。

7）热处理。型孔表面淬火，硬度为 58~62HRC。

8）磨。磨上、下两平面。

3. 外壳注射模凸模与凹模配合间隙的保证方法

因外壳注射模凹模结构简单，采用间接配合法，用纯铜做电极，加工凹模的两个台阶形型孔。

思考与练习

一、填空题

1. 采用短脉冲精加工时，应选用_____加工，工件接_____，电极接_____的加工，该法表面质量高，效率_____。

2. 采用长脉冲粗加工时，应选用_____加工，工件接_____，电极接_____的加工，该法表面质量_____，效率_____。

3. 电火花成形加工时工作液循环方法选择很重要，精规准加工时，为避免二次放电的产生，影响加工精度，工作液循环方法应选用_____。

4. 保证凸模（型芯）、凹模（型孔）配合间隙的方法有_____、_____、_____和_____。

二、判断题

1. 电火花成形机可加工高熔点、高硬度、高韧性的绝缘材料。　　　　　　　（　　）

2. 脉冲放电后，应有一间隔时间，使极间介质消电离，以便恢复两极间液体介质的绝缘强度，准备下次脉冲击穿放电。　　　　　　　　　　　　　　　　　　（　　）

3. 电规准决定着每次放电所形成的凹坑的大小。　　　　　　　　　　　　（　　）

4. 脉冲宽度及脉冲能量越大，则放电间隙越小。　　　　　　　　　　　　（　　）

5. 电火花成形加工必须采用脉冲电源。　　　　　　　　　　　　　　　　（　　）

6. 经过一次脉冲放电，电极的轮廓形状便被复制在工件上，从而达到加工的目的。　　　　　　　　　　　　　　　　　　　　　　　　　　　　　　（　　）

7. 极性效应越显著，工具电极损耗越大。　　　　　　　　　　　　　　　（　　）

8. 电火花成形加工斜度的大小，主要取决于放电次数及单个脉冲能量的大小。（　　）

三、简答题

1. 型腔电火花成形加工有何特点？

2. 电火花成形加工的放电物理本质大致包括哪几个阶段？

3. 电火花成形加工设备必须具备哪些条件？

4. 何谓二次放电和极性效应？

子任务二　摩托车反光片凹模型腔电火花成形加工方法、电极材料选择及电极结构设计

任务引入

图5-1-1和图5-1-2所示分别为摩托车反光片注射模凹模的三维图和平面图，材料为

20CrMnMo，型腔表面热处理硬度为54~58HRC，选择摩托车反光片凹模型腔电火花成形加工方法、成形电极结构及材料。

 相关知识

一、电火花成形加工型腔的特点

1）电火花加工凹模型腔比加工凹模型孔困难得多，原因如下：

① 型腔属于不通孔加工，金属蚀除量大，电规准调节范围大。

② 工作液循环困难，电蚀产物排除条件差，靠冲油强迫排屑。

③ 型腔加工面积大，加工过程中要求电规准调节范围大。

④ 型腔结构复杂，电极损耗不均匀，且不能用增加电极长度和进给量来补偿，影响加工精度。

2）电火花型腔成形加工前通常要进行预加工，留少量加工余量，以减少金属蚀除量，降低工具电极损耗，提高生产率，降低成本。

3）加工型腔的电火花成形机应有平动头、深度测量装置和电极重复定位装置等附件。

因此，型腔电火花成形加工要从设备、电源、工艺等方面采取措施来减小或补偿电极损耗，以提高加工精度和生产率。与机械加工相比，电火花成形加工的型腔具有加工质量好、表面粗糙度值小、减少了切削加工手工劳动量、缩短了生产周期，故型腔半精加工、精加工主要采用电火花成形加工。

二、电火花成形加工型腔的方法

1. 单电极平动法

单电极平动法是指用一个工具电极分别粗加工、精加工所需型腔的电火花加工，如图5-1-14所示。先用电极粗加工型腔（图5-1-14a），再平动电极到型腔左侧加工型腔左侧面（图5-1-14b），然后平动电极到型腔右侧加工型腔右侧面（图5-1-14c）。这种方法用于加工形状简单、精度要求不高的型腔。电火花成形加工前型腔须进行预加工，仅用一个电极采用平动法来完成型腔的粗加工、半精加工和精加工。

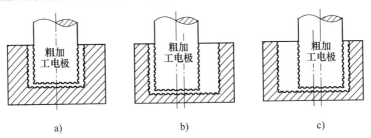

图5-1-14 单电极平动法加工型腔

a）粗加工 b）精加工型腔（左侧） c）精加工型腔（右侧）

单电极平动法难以获得高精度型腔，难以清棱、清角；工具电极在粗加工中容易产生表面龟裂，影响型腔表面粗糙度。为弥补这一缺陷，可将粗加工后的工具电极取下均匀修光，再装入精度较高的重复定位夹具中，用平动头完成型腔的精加工。

为提高电火花成形加工效率，型腔在电火花成形加工前常采用铣削加工作为预加工，留适当的电火花成形加工余量，型腔淬火后用工具电极进行精加工，达到型腔的精度要求。

一般型腔用立式铣床进行预加工；复杂型腔或大型型腔先用立式铣床粗铣，再用数控铣床精铣。型腔电加工余量为侧面单边 0.1～0.5mm，底面单边 0.2～0.7mm。多台阶复杂型腔加工余量可适当减小。电加工余量应均匀，否则会使电极损耗不均匀，影响电火花成形加工的加工精度。

2. 多电极更换法

多电极更换法是指采用多个工具电极依次加工同一个型腔的方法，采用不同的电规准，一般用两个工具电极进行粗、精加工，如图 5-1-15 所示，粗加工时用粗加工工具电极，精加工时用精加工工具电极。

多电极更换法的优点是仿形精度高，尤其适用于尖角、窄缝多的型腔加工；多个工具电极的一致性要求好，制造精度高，装夹

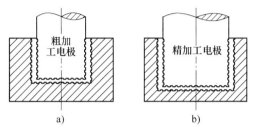

图 5-1-15　多电极更换法加工型腔
a）粗加工　b）更换大电极精加工

精度高，常用于精密和复杂型腔的加工。其缺点是需要制造多个电极，增加了成本。

3. 分解电极法

分解电极法综合了单电极平动法与多电极更换法的优点，先根据型腔的几何形状，把工具电极分解成主型腔工具电极和副型腔工具电极，两工具电极分开制造，用主型腔工具电极加工出型腔的主要部分，接着用副型腔工具电极加工型腔的尖角、窄缝等部位。此法能根据主、副型腔的不同加工条件选择不同的电规准，有利于提高加工速度和加工质量，使工具电极易于制造和修整；但主、副型腔工具电极的安装精度要求高，精确定位较困难。分解电极法用于加工复杂异形型腔和整体电极制造困难、整体加工效果不好的型腔。

4. 电火花成形加工型腔各方法的比较

电火花成形加工型腔各方法的比较见表 5-1-4。

表 5-1-4　电火花成形加工型腔各方法的比较

加工方法	单电极平动法	多电极更换法	分解电极法
工艺特点	利用平动头自始至终用一个电极加工，调节平动头偏心量补偿电极损耗	因电极损耗，须准备多个电极以调换电极	用平动头加工，加工过程中将损耗的电极加以修正
电源要求	晶体管、可控硅脉冲电源	各类脉冲电源均可	晶体管、可控硅脉冲电源
工具电极精度要求	根据型腔精度制造一个对应精度的工具电极	须保证各工具电极的精度。型腔有直壁时，须按不同规准间隙制造的不同工具电极	粗加工用工具电极精度可降低，修正电极进行精加工时须保证相应的精度
工具电极制造方法	可用普通机械加工	用电铸（铜）、放电成形（铜）振动加压成形（铜）	可用普通机械加工
电极装夹与定位	装夹在平动头上，无重复定位问题	电极须有基准，须保证电极的重复定位精度	须保证电极装夹的重复定位
适用范围	常用方法	型腔尺寸及几何精度要求高，无平动头或粗规准有损耗电源	凹模型孔表面粗糙度值小，尺寸及几何精度要求低

三、电极材料及结构设计

1. 电极材料和结构选择

型腔加工常用电极材料为石墨和纯铜。纯铜组织致密，用于形状复杂、轮廓清晰、精度要求较高的塑料成型模、压铸型型腔加工电极，一般精密、中小型腔的窄槽、花纹、图案选用纯铜做电极材料。纯铜密度大、价格贵，不宜作为大、中型电极。大、中型电极常用石墨做电极材料。石墨电极容易成形，密度小，但机械强度较差，采用宽脉冲大电流加工型腔时，易起弧烧伤。

铜钨合金和银钨合金是较理想的电极材料，但价格贵，只用于特殊型腔加工。

2. 电极结构

1）整体式电极：用于尺寸和复杂程度中等的型腔加工。

2）镶拼式电极：用于型腔尺寸较大、单块电极坯料尺寸不够或电极形状复杂，将其分块才易于制造的情况。

3）组合式电极：用于一模多型腔，以提高加工速度，可省去各型腔间的多次定位，易于保证型腔的位置精度。

3. 电极排气孔和冲油孔的设计

型腔为不通孔，加工时排气、排屑条件较差，严重影响电火花成形状态的稳定性，甚至使成形无法进行，故电极上须设排气孔和冲油孔来改善成形加工条件。排气孔孔径为 $\phi 1 \sim \phi 2mm$，孔间距为 $20 \sim 40mm$，如图 5-1-16 和图 5-1-17 所示。

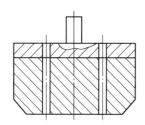

图 5-1-16 排气孔设计在蚀除面积较大的位置

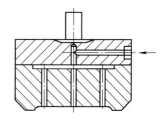

图 5-1-17 冲油孔设计在难以排屑、窄缝等处

4. 常用电极制造工艺

1）铣。按图样要求，将模坯刨或铣成所要求的形状，并留有 1mm 左右的加工余量。

2）磨。在平面磨床上磨六面（纯铜及石墨电极应在小台虎钳上，用刮研的方法刮平或磨平）。

3）钳。按图样要求在划线平台上划线。

4）铣。按划线线条及轮廓，在铣床上加工成形，并留有 0.2mm 左右的精加工余量。

5）钳。钻、攻装夹螺钉孔。

6）热处理。采用钢电极时，按图样要求进行淬火处理。

7）胶合。采用铸铁电极时，与凸模胶合或焊接在一起。

8）化学腐蚀或电镀。电极与凸模联合加工时，对小间隙模采用化学腐蚀，对大间隙模采用电镀。

9）钳。将电极精修成形。

在制造比较大的电极时，若用铸铁或铸铜材料，可用铸造法铸造成型，再经精加工或钳工修整。有时，形状复杂的电极（如具有复杂形状的窄槽及深孔）无法采用机械加工时，也可用粉末冶金压制成形，但这样制造成本高。

 任务实施

选择摩托车反光片凹模型腔电火花成形加工方法、电极结构及材料

1. 摩托车反光片凹模型腔电火花成形加工方法

由于摩托车反光片凹模型腔结构简单，选多电极更换法作为电火花成形加工法，将粗、精电极分开制造。

2. 摩托车反光片凹模电火花成形加工用电极材料及结构设计

电极材料：摩托车反光片凹模型腔用的电极结构复杂，选择纯铜作为电极材料，用线切割方法加工。

电极结构设计：摩托车反光片凹模型腔加工用电极结构简单，选择电极结构为整体式。

 任务拓展

图 5-1-12 和图 5-1-13 所示分别为外壳注射模凹模的三维图和平面图，材料为 P20，表面硬度为 54～58HRC，选择外壳注射模凹模零件电火花成形加工方法。电极材料及结构。

1. 外壳注射模凹模型腔电火花成形加工方法

由于外壳注射模型腔结构简单，选多电极更换法作为其电火花成形加工法，将粗、精电极分开制造。

2. 外壳注射模凹模电火花成形加工用电极材料及结构设计

电极材料：外壳注射模凹模型腔加工用电极结构复杂，选择纯铜作为电极材料，用数控机床加工。

电极结构设计：外壳注射模凹模型腔加工用电极结构简单，选电极结构为整体式结构，如图 5-1-18 所示。

图 5-1-18 外壳注射模凹模粗、精加工时电极三维图

 思考与练习

一、填空题

1. 与机械加工相比，电火花成形加工型腔具有_____、_____、减少了切削加工手工劳动量、缩短了生产周期等优点。型腔_____、_____主要采用电火花成形加工。

2. 电火花成形加工型腔的方法有_____、_____、_____。

3. 最常用的两种电极材料是_____和_____。石墨稳定性好，损耗小，强度较差，易崩角；纯铜稳定性好，损耗小，不能磨削，价格高。

4. 常用的电极结构有_____、_____、_____。

5. 由于型腔加工的排气、排屑条件较差，应在电极上设置适当的_____和_____。

6. 在冲模电火花粗加工时，排屑较难，冲油压力应_____。

二、判断题

1. 电火花成形加工的电极材料不必比工件硬。　　　　　　　　　　（　　）
2. 硬质合金和淬火钢的型腔可用电火花成形加工。　　　　　　　　（　　）
3. 硬度不高的型腔尽量用数控铣加工，局部无法加工的尖角部位用电火花成形加工。

　　　　　　　　　　　　　　　　　　　　　　　　　　　　　（　　）
4. 模具中的不通小孔、深孔、窄缝、浮雕图案和商标文字可用电火花成形加工。（　　）
5. 用电火花成形加工前，一般要尽量在成形部位用切削加工方法去除部分余量，以减少电加工时间和电极损耗。　　　　　　　　　　　　　　　　　（　　）
6. 电火花成形加工后，模具零件的表面粗糙度值非常小，有时可达镜面效果。（　　）

三、简答题

1. 电火花成形加工单电极平动法、多电极更换法、分解电极法各有什么工艺特点？
2. 电极结构有哪些？分别用于什么场合？

子任务三　摩托车反光片凹模型腔电火花成形加工用电极设计

任务引入

图 5-1-1 和图 5-1-2 所示分别为摩托车反光片注射模凹模的三维图和平面图，材料为 20CrMnMo，型腔表面热处理硬度为 54～58HRC，设计摩托车反光片凹模型腔电火花成形加工用电极的尺寸。

相关知识

一、电火花成形加工电极尺寸的计算

1. 电极横截面方向尺寸的确定

（1）按凹模尺寸和公差确定电极截面尺寸　如图 5-1-19 所示，电极的截面尺寸可按下列公式计算

$$a = A - 2\delta, \quad b = B + 2\delta, \quad c = C, \quad r_1 = R_1 + \delta, \quad r_2 = R_2 - \delta$$

式中　δ——单面放电间隙，石墨电极粗加工时 $\delta =$ 0.25mm，精加工时 $\delta = 0.15$mm；铜电极粗加工时 $\delta = 0.1 \sim 0.15$mm，精加工时 $\delta = 0.075$mm。

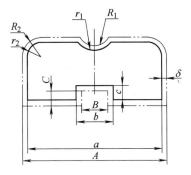
图 5-1-19　电极横截面与凹模尺寸关系

（2）按凸模尺寸和公差确定电极截面尺寸

1）当凸、凹模单边间隙 $z = \delta$ 时，电极与凸模截面公称尺寸完全相同。

2）当凸、凹模单边间隙 $z < \delta$ 时，电极轮廓应比凸模轮廓均匀缩小（$\delta - z$），但形状相似。

3）当凸、凹模单边间隙 $z > \delta$ 时，电极轮廓应比凸模轮廓均匀放大（$z - \delta$），但形状相似。

2. 电极垂直方向尺寸的确定

如图 5-1-20 所示，电极垂直方向尺寸为

$$h = h_1 + h_2, \quad h_1 = KH + C_1 H + C_2 S - \delta_j$$

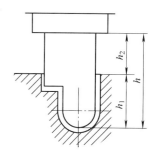

图 5-1-20 电极横截面
与型腔尺寸关系

式中 h——电极总高；

     h_1——型腔最深尺寸；

     h_2——安全高度，取 $10 \sim 20\text{mm}$；

     H——型腔深度；

     C_1——电极端面相对损耗率，粗规准用，$C_1 \leqslant 0.3$；

     C_2——电极端面相对损耗率，中、精规准用，$C_2 = 0.2 \sim 0.25$；

     S——端面总进给量，$S = 0.4 \sim 0.5\text{mm}$；

     δ_j——放电间隙；

     K——校孔系数，电极材料为黄铜，$K = 3 \sim 3.5$，纯铜，$K = 2 \sim 2.5$，石墨，$K = 1.7 \sim 2$，钢，$K = 3 \sim 3.5$，铸铁，$K = 2.5 \sim 3$。

二、电极偏差及表面粗糙度值的确定

截面的尺寸公差取凹模刃口相应尺寸公差的 $1/2 \sim 2/3$，偏差按"入体"原则标注，电极表面粗糙度值为 $0.8 \sim 1.6\mu\text{m}$。

三、电极及工件的装夹与调整

1. 工件装夹

电火花成形加工时将工件安装在磁铁吸盘（工作台）上，工件装夹后要进行找正，以保证工件的坐标系方向与机床的坐标系方向一致，常用百分表来找正工件。

2. 电极的装夹与找正

电极安装在机床主轴上，应使电极轴线与主轴轴线方向一致，保证电极与工件在垂直的情况下进行加工。工具电极找正有以下两种方法。

（1）利用精密直角尺找正   如图 5-1-21 所示，这种方法利用精密直角尺通过接触缝隙找正电极与工作台的垂直度，直至上下缝隙均匀为止。找正时还可辅以灯光照射，观察光隙是否均匀，以提高找正精度。这种方法的特点是操作简便、迅速，精度也较高。

（2）利用千分表找正   当电极通过机床主轴做上下移动时，电极的垂直度可以直接从千分表上读出，如图 5-1-22 所示；当电极通过机床主轴做旋转运动时，电极的平行度可以直接从千分表上读出，如图 5-1-23 所示。这种方法找正可靠、精度高，但较费时。

3. 电极与工件的定位

只有电极对准工件的加工位置，才能在工件上加工出准确的型腔。电极与工件的定位是指确定电极与工件加工型孔之间的相互位置，以达到一定的精度要求。电极与工件的常用定位方式有两种。

1）利用电极基准中心与工件基准中心之间的距离来确定加工位置，称为"四面分中"。

2）利用电极基准中心与工件单侧之间的距离确定加工位置的定位方式，也比较常用，称为"单侧分中"。

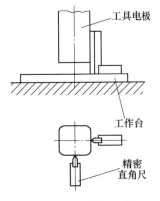

图 5-1-21　精密直角尺找正法

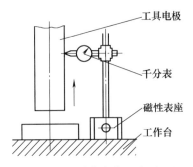

图 5-1-22　千分表找正法（一）

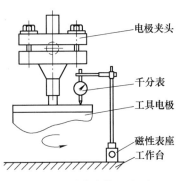

图 5-1-23　千分表找正法（二）

另外，还有千分表比较、放电定位等定位方法。

通常运用电火花成形机接触感知功能来获得电极与工件之间的正确加工位置，利用电极基准面与工件基准面接触感知实现定位；精密模具电火花成形加工采用基准球进行接触感知定位，点接触减少了误差，可实现较高精度的定位。

目前数控电火花成形机都具有自动找中心、找角、找单侧等功能，这些功能只要输入相关的测量数值，即可方便地实现工件和电极的定位。

四、电火花成形加工时电极、工件的装夹与调整实践操作过程

1）打开机床电源总开关。

2）将工件放于机床磁铁吸盘（工作台）上，用百分表找正工件与工作台之间的平行度，完成后固定工件，如图 5-1-24 所示。

3）装上电极与夹头，用百分表找正铜公（电极）与工作台的垂直度和平行度，如图 5-1-25所示。

图 5-1-24　找正工件

图 5-1-25　找正铜公（电极）

4）在操作面板上按下"报警器"按钮，使铜公（电极）与模板型腔面接触，自动找正模板型腔面放电位置的横坐标，如图 5-1-26 所示。

5）使铜公（电极）与模板型腔面接触，自动找正模板型腔面放电位置的纵坐标，如图5-1-27 所示。

6）极性选择：粗加工工件接负极，精加工工件接正极。

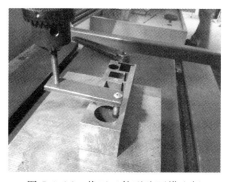

图 5-1-26 找正工件型腔面横坐标

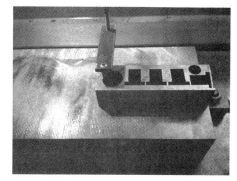

图 5-1-27 找正工件型腔面纵坐标

7）再次按下"报警器"按钮消声，同时在机床操作面板上调整电火花成形加工工艺参数，选择电流及脉冲宽度 t_i，将粗加工时脉冲间隔 t_o 调至 3 或 4 档，间隙电压调至 3 或 4 档，精加工时 t_o 调至 5 或 6 档，间隙电压调至 5 或 6 档。关闭安全门，按下切削液按钮和电火花放电按钮，如图 5-1-28 所示。

8）电火花成形加工型腔，如图 5-1-29 所示。

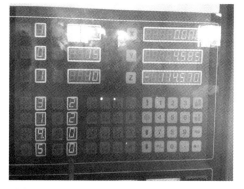

图 5-1-28 调整电火花成形加工工艺参数

图 5-1-29 电火花成形加工型腔

任务实施

摩托车反光片凹模型腔电火花成形加工用电极尺寸的设计。

1. 摩托车反光片凹模电火花成形加工用电极尺寸及偏差

1）粗、精电极尺寸在凹模尺寸 $\phi71.05$mm、32.48mm 的基础上分别减少 0.2mm 和 0.15mm。

2）电极尺寸偏差采用"入体"原则标注，公差取凹模刃口相应尺寸公差的 1/3。

2. 摩托车反光片凹模电火花成形加工用电极尺寸及结构

粗、精加工摩托车反光片凹模时两个电极的加工条件及加工图形如图 5-1-30 所示。

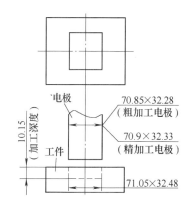

图 5-1-30 粗、精加工摩托车反光片凹模时两个电极的加工条件及加工图形

147

任务拓展

图5-1-12和图5-1-13所示分别为外壳注射模凹模的三维图和平面图，材料为P20，表面硬度为54~58HRC，计算外壳注射模凹模电火花成形加工电极尺寸。

1. 外壳注射模凹模电火花成形加工用电极尺寸及偏差

1）粗、精加工电极尺寸在凹模尺寸26mm、20mm的基础上分别减少0.2mm和0.15mm。

2）电极尺寸偏差采用"入体"原则标注，公差取凹模刃口相应尺寸公差的1/3。

2. 外壳注射模凹模电火花成形加工用电极尺寸及结构

粗、精加工外壳注射模凹模时电极尺寸及结构如图5-1-31所示。

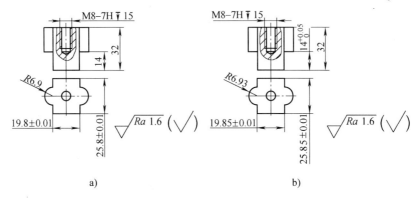

图5-1-31　粗、精加工外壳注射模凹模时电极结构及尺寸

a）粗规准用电极结构及尺寸　b）精规准用电极结构及尺寸

 思考与练习

一、填空题

1. 电火花成形加工中采用石墨电极粗加工时，单面放电间隙 δ 为_____，精加工时 δ 为_____；而采用纯铜电极粗加工时 δ 为_____，精加工时 δ 为_____。

2. 按凸模尺寸和公差确定电极截面尺寸，当凸、凹模单边间隙 z _____单面放电间隙 δ 时，电极与凸模截面公称尺寸完全相同；当凸、凹模单边放电间隙 δ 时，电极轮廓应比凸模轮廓均匀缩小（$\delta - z$），但形状相似；当凸、凹模单边间隙 z _____单面放电间隙 δ 时，电极轮廓应比凸模轮廓均匀放大（$z - \delta$），但形状相似。

3. 电极截面的尺寸公差等于_____凹模刃口相应尺寸公差，偏差按_____原则确定，电极表面粗糙度值为_____ μm。

4. 电极与工件的定位方式有以下两种：

1）利用电极基准中心与工件基准中心之间的距离来确定加工位置，称为_____。

2）利用电极基准中心与工件单侧之间的_____确定加工位置的定位，称为_____。

另外，还有_____、_____等定位方法。

5. 电火花型腔加工时，工件安装在_____上，工件装夹后常用_____进行找正。电极一般安装在_____上。

二、简答题

工具电极有哪两种找正方法？

子任务四 摩托车反光片凹模型腔电火花成形加工电规准选择

任务引入

图 5-1-1 和图 5-1-2 所示分别为摩托车反光片注射模凹模的三维图和平面图，材料为 20CrMnMo，型腔表面热处理硬度为 54~58HRC，选择摩托车反光片凹模型腔电火花成形加工电规准。

相关知识

电火花成形加工电规准的选择和转换

1. 电规准的定义

电规准是指电火花放电加工过程中的一组电脉冲参数，如脉冲宽度、脉冲间隔、幅值电流、幅值电压等。

（1）脉冲宽度 t_i 简称脉宽（也常用 ON、TON 等符号表示），是机床加到电极与工件两端的电流脉冲的持续时间。为防止电弧烧伤，电火花成形加工只能用断续的脉冲电源。一般粗加工用较大脉冲宽度，精加工用较小脉冲宽度。

（2）脉冲间隔 t_o 简称脉间或间隔（也常用 OFF、TOFF 表示），是两个脉冲电流之间的间隔时间。间隔时间过短，放电间隙来不及消离和恢复绝缘，易产生电弧放电，烧伤电极和工件；脉冲间隔过长，将降低加工生产率；模具型腔加工面积、加工深度都较大时，脉冲间隔应稍大。

（3）峰值电流 I 指电火花放电加工时脉冲电流的峰值，它是影响生产率、表面粗糙度等的重要参数。电火花成形机的功率放大管的脉冲电源的峰值电流是预先设计好的，选定功率放大管个数可确保电加工型腔的峰值电流。机床使用说明书对粗加工、半精加工、精加工功率放大管的选用有详细说明。

（4）幅值电压 指放电加工时脉冲电压的峰值。

2. 电规准选择

电规准（参数）选择得合适与否，直接影响加工的各项工艺指标。选用电规准（参数）是为了达到预定的加工尺寸和表面粗糙度要求。选用电规准要考虑的因素包括：①电极数量；②电极损耗；③工作液处理；④加工表面粗糙度；⑤电极缩放量；⑥加工面积；⑦加工深度等。

粗加工电规准的选择依据是电极缩放尺寸的大小。粗加工电极的缩放尺寸比较大，可选用其安全间隙接近电极缩放尺寸的电参数。

精加工电规准的选择依据是型腔加工面最终表面粗糙度值，选用多组电规准，放电能量从大到小进行平动加工，以达到表面粗糙度和加工尺寸的要求。

正确选择脉冲电源的电规准，可提高加工工艺指标和加工的稳定性。粗加工时侧重高生产率和低电极损耗，须选用大脉冲宽度和大峰值电流。精加工时，加工表面粗糙度值小，须选用小脉冲宽度和小峰值电流。

（1）粗规准　生产率高，用于粗加工，被加工表面粗糙度值 $Ra < 12.5\mu m$。峰值电流 $I = 4 \sim 4.5A$，脉冲宽度 $t_i = 20 \sim 40\mu s$，空载电压约 100V，工件接负极（负极性加工）。采用钢电极时，电极相对损耗应低于 10%。工具电极损耗小，单面放电间隙 $\delta = 0.1 \sim 0.2mm$。

（2）中规准　过渡性加工，可减小被加工表面的表面粗糙度值，减少精加工的加工余量，提高加工速度，脉宽为 $6 \sim 12\mu s$，6A < 峰值电流 < 10A，被加工表面粗糙度值为 $Ra3.2\mu m$。

（3）精规准　精加工须保证模具所要求的型腔表面精度及表面粗糙度、刃口斜度等，峰值电流为 $0.8 \sim 1.2A$，脉冲宽度 $t_i < 4.8\mu s$，空载电压为 75V 左右，工件接正极（正极性加工）。单面放电间隙 $\delta = 0.075mm$，被加工表面粗糙度值为 $Ra1.6 \sim 0.8\mu m$。

数控电火花成形机有电规准数据库，只要把工件加工条件准确输入，即可自动调用和选择相应的电规准，操作简单，避免了完全依赖经验操作。

粗规准和精规准配合好，可适当解决电火花成形加工质量和生产率之间的矛盾，生产中一般常依据模具型腔表面粗糙度和加工深度确定电火花成形加工用电规准，型腔加工的具体电规准可参看机床使用说明书。

3. 被加工表面粗糙度值 Ra 与脉冲宽度 t_i 及脉冲峰值电流 I 之间的关系

被加工表面粗糙度值 Ra 与脉冲宽度 t_i 及脉冲峰值电流 I 之间的关系如图 5-1-32 所示。

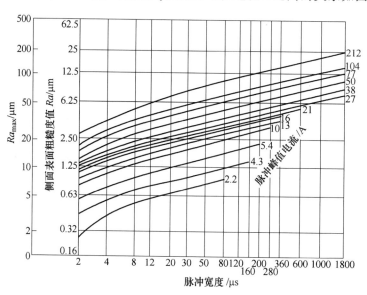

图 5-1-32　被加工表面粗糙度值 Ra 与脉冲宽度 t_i 及脉冲峰值电流 I 之间的关系

任务实施

摩托车反光片凹模电火花成形加工电规准的选择

根据摩托车反光片凹模型腔要求，查图5-1-32，有：

（1）粗规准　峰值电流 $I = 8A$，脉冲宽度 $t_i = 400\mu s$，脉冲间隔 $t_o = 100\mu s$，负极性加工。

（2）精规准　峰值电流 $I = 1A$，脉冲宽度 $t_i = 32\mu s$，脉冲间隔 $t_o = 40\mu s$，正极性加工。

任务拓展

图5-1-12和图5-1-13所示分别为外壳注射模凹模的三维图和平面图，材料为P20，表面硬度为54～58HRC，选择外壳注射模凹模电火花成形加工的电规准。

（1）粗规准　峰值电流 $I = 4A$，脉冲宽度 $t_i = 120\mu s$，脉冲间隔 $t_o = 40\mu s$，负极性加工。

（2）精规准　峰值电流 $I = 0.5A$，脉冲宽度 $t_i = 2\mu s$，脉冲间隔 $t_o = 40\mu s$，正极性加工。

思考与练习

一、填空题

1. 电规准是指电火花放电加工过程中的一组_____，如_____、_____、_____、_____等。

2. 脉冲宽度 t_i 简称_____，是机床加到_____与_____两端的_____的持续时间。

3. 脉冲间隔时间过短，放电间隙来不及_____和_____，易产生电弧放电，烧伤_____和_____；脉冲间隔过长，将降低加工_____；模具型腔加工面积、加工深度都较大时，脉冲间隔应_____。

4. 峰值电流 I 是电火花放电加工时脉冲电流的_____，它是影响_____和_____等的重要参数。

二、简答题

粗规准、中规准、精规准分别用于什么加工？其脉冲宽度和峰值电流分别为多少？对应的被加工表面粗糙度值为多少？

子任务五　摩托车反光片凹模型腔电火花成形加工工艺过程卡的填写

任务引入

图5-1-1和图5-1-2所示分别为摩托车反光片注射模凹模的三维图和平面图，材料为20CrMnMo，型腔表面热处理硬度为54～58HRC，填写摩托车反光片凹模型腔加工工艺过

程卡。

 相关知识

凹模型腔电火花成形加工工艺过程

1. 凹模型腔电火花成形加工工艺的确定

凹模的电火花成形加工分型孔加工和型腔加工，在制造凹模前须根据凹模特点、加工要求确定合理的加工工艺。为缩短凹模加工时间，降低生产成本，提高生产率，凹模型孔应尽量选用铣削加工、线切割加工等加工工艺；凹模型腔应尽量选用铣削加工，当凹模型腔不适合铣削加工或凹模有特殊要求时才选用电火花成形加工。电火花成形加工用于：①凹模型腔有刀具难以达到的复杂表面；②型腔有深度及表面粗糙度要求等；③长深比大的精密小型腔；④凹模型腔有窄缝、沟槽、拐角；⑤不便切削加工装夹、材料硬度很高；⑥图样指定采用电火花成形加工。

电火花成形加工前分析零件图，了解凹模结构特点及凹模材料，明确加工要求。根据凹模表面加工精度及表面粗糙度等要求，结合电火花成形机能达到的加工精度及表面粗糙度，选择对应的电火花成形加工方法。

2. 对凹模轮廓进行预加工

在电火花成形加工前，须对凹模轮廓进行预加工，如钻孔、铣平面及型腔、攻螺纹、磨平面、热处理等。如图 5-1-33 所示，先在铣床或加工中心上预加工轮廓，再在电火花成形机上用电极成形加工凹模型腔。预加工常用的机械加工方法有加工中心铣削、钻铰削及镗孔等，普通铣床铣削及镗孔等。预加工的目的是在电火花成形加工前去除型腔多余废料，以节约电火花成形加工时间，提高生产率，降低加工成本，减少电火花成形加工的电极损耗和电极数量。

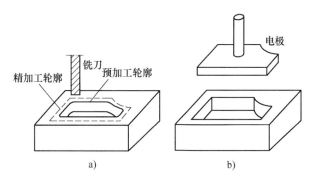

图 5-1-33　电火花成形前凹模轮廓预加工
a）预加工凹模轮廓（铣刀铣削）　b）精加工凹模轮廓（用电极电火花成形加工）

3. 电火花成形加工方法及电火花成形机的选择

（1）电火花成形加工方法的选择　根据型腔形状和尺寸，选择电火花成形加工方法，如单极平动法、多极平动法或分解电极法。

（2）电火花成形机的选择　根据型腔尺寸、形状、加工精度及表面粗糙度，结合加工方法，选择电火花成形机工件定位、功率、有无平动头等，最后选定电火花成形机型号。

4. 电极设计与制造

1）电极材料选择及电极结构设计，具体见子任务二。

2）电极尺寸及偏差设计：具体见子任务三。

3）电极制造：根据电极材料、尺寸大小和加工精度、加工批量、加工周期选择电极制造方法。

目前计算机辅助设计与制造（CAD/CAM）技术已广泛用于模具制造行业，CAD/CAM软件如 UG、Pro/E、CimatronE、Mastercam 等都提供了强大的电极设计及其编程功能，减少了手工拆装电极的繁琐工作，与传统电极设计与制造相比，生产率提高了十几倍甚至几十倍。

型面复杂的 3D 电极大多采用加工中心加工。加工中心加工比传统铣削加工速度快，全自动，重复生产的精度很高，可加工较复杂形状的电极。2D 电极尤其是薄片类电极常用电火花线切割机床加工。电火花线切割加工可获得很高的加工效率和加工精度，慢走丝线切割可加工带斜度及上、下异形的复杂电极，电极加工精度高，表面质量好。

5. 工件、电极的装夹与找正

具体见子任务三。

6. 加工中电极与工件的定位

具体见子任务三。

7. 电火花成形加工电规准的选择

具体见子任务四。

8. 电火花成形加工及加工过程的监控

（1）电火花成形加工 凹模及电极在电火花成形机上安装定位好之后，接着选择电火花成形加工的极性，随后调整机床工作介质液面高度，在成形机控制面板上选择冲（抽）油压力和相应电规准，最后起动电火花成形机，进行电火花成形加工。

（2）电火花成形加工过程的监控 电火花成形加工过程中要随时监控其加工状态。当电火花成形加工中有不正常放电时，须及时采取相应的处理措施，以保证加工顺利。为防止电火花成形加工发生拉弧现象，可采取修改电火花成形加工的抬刀参数、清理电极及工件和调整电规准等措施来改善放电状况。

 任务实施

摩托车反光片凹模型腔电火花成形加工工艺过程卡的填写

根据本任务子任务一～子任务四，填写摩托车反光片凹模型腔电火花成形加工工艺过程卡，见表 5-1-5。

表 5-1-5 摩托车反光片凹模型腔电火花成形加工工艺过程卡

序号	名称	工 序 内 容	机床	夹具	刀 具
1	下料	锯床下料 $\phi 85mm \times 150mm$	锯床		
2	锻	锻六方 $152mm \times 127mm \times 40mm$	自由锻		
3	热处理	正火			
4	铣	铣六方，定尺寸 $147.4mm \times 122.4mm \times 35.4mm$	X52	台虎钳	立铣刀

（续）

序号	名称	工 序 内 容	机床	夹具	刀 具
5	磨	粗、精磨上、下面及四侧面,定尺寸 147mm×122mm×35mm	M1432	磁铁吸盘	砂轮
6	铣	寻边器找正凹模 1）钻、铰孔 $\phi 14^{+0.018}_{0}$ mm 2）粗、精铣型孔为 70.65mm×32.08mm×9.75mm 3）铣分流道和浇口	加工中心	平口钳	$\phi 13.8$mm 钻头、 $\phi 14$mm 铰刀、 $\phi 5$mm 球头铣刀
7	热处理	型孔表面淬火,硬度为 54~58HRC			
8	电火花加工	电火花粗、精规准成形型腔 $71.05^{+0.03}_{0}$ mm×$32.48^{+0.025}_{0}$ mm×$10.15^{+0.015}_{0}$ mm	DK7140	磁铁吸盘	
9	钳	对型孔进行抛光处理,以达到表面粗糙度要求			

 任务拓展

图 5-1-12 和图 5-1-13 所示分别为外壳注射模凹模的三维图和平面图,材料为 P20,表面硬度为 54~58HRC,填写外壳注射模凹模加工工艺过程卡。

根据本任务子任务一子任务四,编写外壳注射模凹模型腔电火花成形加工工艺过程卡,见表 5-1-6。

表 5-1-6　外壳注射模凹模型腔电火花成形加工工艺过程卡

序号	名称	工 序 内 容	机床	夹具	刀 具
1	下料	锯床下料 $\phi 65$mm×105mm	G4030		
2	锻	锻六方 81mm×75mm×52mm		自由锻	
3	热处理	正火			
4	铣	铣六方,定尺寸 76.4mm×70.4mm×47.9mm	X52		立铣刀
5	磨	粗、精磨上、下面及四侧面;定尺寸 76mm×70mm×47.5mm	M1432	磁铁吸盘	砂轮
6	铣	寻边器找正,粗、精铣上、下型孔分别为 $R6.6$mm×7.6mm,25.6mm×19.6mm×21.6mm	加工中心	平口钳	$\phi 14$mm 球头铣刀
7	热处理	型孔表面淬火,硬度为 54~58HRC			
8	电火花加工	电火花成形上、下型孔分别为 $R7^{+0.015}_{0}$ mm×$8^{+0.015}_{0}$ mm,$26^{+0.021}_{0}$ mm×$20^{+0.021}_{0}$ mm×$14^{+0.021}_{0}$ mm	DK7140	磁铁吸盘	
9	钳	对型孔进行抛光处理,以达到表面粗糙度要求			

 思考与练习

一、填空题

1. 为缩短凹模加工时间,降低生产成本,提高生产率,凹模型孔应尽量选用____加工、____加工等加工工艺;凹模型腔应尽量选用____加工,当凹模型腔不适合铣削加工或凹模有特殊要求时才选用____加工。

2. 凹模型腔一般先在_____或_____预加工轮廓,再在电火花成形机_____加工凹

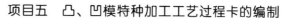
模型腔。

3. 电火花成形加工过程中要随时监控_____，当电火花成形加工中有_____时，须及时采取相应的处理措施，以保证加工顺利。为防止电火花成形加工发生_____现象，可采取修改____、清理____及工件和调整电规准等措施来改善放电状况。

4、型面复杂的3D电极的加工设备一般为_____，2D电极的加工设备一般为_____。

二、简答题

凹模型腔电火花成形加工全过程有哪些？

任务二 止动件冲模落料凹模电火花线切割加工工艺过程卡的编制

子任务一 止动件冲模落料凹模电火花线切割加工机床的选择

任务引入

图 5-2-1 和图 5-2-2 所示分别为止动件冲模落料凹模三维图和平面图，材料为 Cr12，加工表面硬度为 60~64HRC，选择止动件冲模落料凹模电火花线切割加工机床的类型、型号及主要技术参数。

图 5-2-1 止动件冲模落料凹模三维图

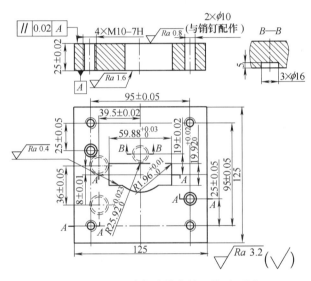

图 5-2-2 止动件冲模落料凹模平面图

相关知识

一、电火花线切割加工的原理、特点、分类及应用

（一）电火花线切割加工的原理

电火花线切割加工时，用连续移动的细金属导线（电极丝）作为工具电极对工件进行脉冲电火花放电，切割成形工件表面，如图 5-2-3 和图 5-2-4 所示。

（二）电火花线切割加工的特点

1）不用像电火花成形那样制造成形工具电极，节约了电极设计、制造费用，缩短了生产准备时间。

2）由于加工表面的几何轮廓由数控机床控制获得，故易获得复杂的平面形状。

3）电极丝在加工中不断移动，使电极丝损耗较少，有利于提高加工精度（可达 ±2μm）。

4）由于电极丝较细，可加工微细异形孔、窄缝和复杂形状工件，由于切缝很窄，金属去除量少，可对工件进行套料加工，材料利用率高，可节约贵重金属。

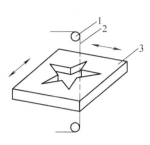

图 5-2-3　工件及其运动方向

1—导向轮　2—电极丝　3—工件

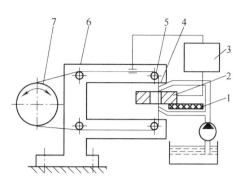

图 5-2-4　电火花线切割加工的原理

1—工作台　2—工件　3—脉冲电源　4—电极丝

5—导向轮　6—丝架　7—储丝筒

5）不同工件只须编写不同程序，易实现加工自动化。

6）不能加工不通孔（型腔）和阶梯形面（立体形面），只能加工通孔。

7）采用线切割加工冲模时，凸、凹模可一次加工成形。

（三）电火花线切割加工的分类及应用

1. 电火花线切割加工的分类

电火花线切割加工的分类及区别见表 5-2-1。

表 5-2-1　电火花线切割加工的分类及区别

电火花线切割加工类型 区别		快走丝线切割加工	慢走丝线切割加工
走丝速度		$8 \sim 10 \mathrm{m/s}$	$0.25 \sim 0.001 \mathrm{m/s}$
电极丝	材　料	钼丝、钨钼合金	黄铜、铜合金
	状态	往复供丝，放电后反复使用	单向供丝，放电后不再使用
	直径	$\phi 0.03 \sim \phi 0.25 \mathrm{mm}$,常用 $\phi 0.12 \sim \phi 0.2 \mathrm{mm}$	$\phi 0.003 \sim 0.3 \mathrm{mm}$,常用 $\phi 0.2 \mathrm{mm}$
	长度	数百米	数千米
	加工时振动	较大	较小
穿丝方式		手动	手动或自动都可
表面粗糙度值 Ra		$1.6 \sim 0.8 \mu \mathrm{m}$	$0.4 \sim 0.2 \mu \mathrm{m}$
加工精度		$\pm 0.01 \mathrm{mm}$	$\pm 0.001 \mathrm{mm}$
工作液		乳化液	去离子水
加工脉冲电源		空载电压 $80 \sim 100 \mathrm{V}$,工作电流 $1 \sim 5 \mathrm{A}$	空载电压 $300 \mathrm{V}$,工作电流 $1 \sim 32 \mathrm{A}$

2. 电火花线切割加工在生产中的应用

1）加工材料：淬火钢、硬质合金钢及各种形状的细小冲模零件（凸、凹模型孔加工）、窄槽。

2）加工电火花成形型孔用工具电极。

3）加工零件：适合加工品种多、数量少的零件，以及特殊难加工的零件。

4）能加工精密细小、形状复杂的零件通孔或外形复杂的直通型（含锥度）工件，不能加工不通孔。

3. 电火花线切割加工应用实例

电火花线切割加工应用实例如图 5-2-5 ~ 图 5-2-7 所示。

二、电火花线切割加工机床的类型、型号及主要技术参数

（一）电火花线切割加工机床的类型

电火花线切割加工机床分为快走丝线切割加工机床和慢走丝线切割加工机床两种，其外形结构分别如图 5-2-8 和图 5-2-9 所示。

图 5-2-5　电火花线切割加工复杂型面

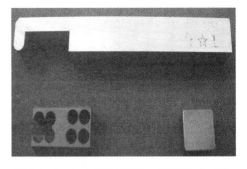

图 5-2-6　电火花线切割加工硬质合金刀具

图 5-2-7　电火花线切割加工微细结构和复杂形状工件

图 5-2-8　快走丝线切割加工机床的结构外形

图 5-2-9　慢走丝线切割加工机床的结构外形

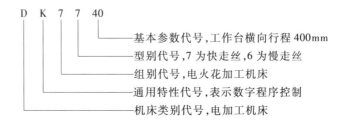

（二）电火花线切割加工机床的型号及主要技术参数

1. 电火花线切割加工机床型号的含义

即 DK7740 型号指的是工作台横向行程为 400mm 的快走丝电火花数控线切割加工机床。

2. 部分电火花快走丝数控线切割加工机床的主要技术参数

部分电火花快走丝数控线切割加工机床的主要技术参数见表 5-2-2。

表 5-2-2　部分电火花快走丝数控线切割加工机床的主要技术参数

机 床 型 号	DK7735	DK7740	DK7745	DK7750	DK7755
工作台尺寸[（长/mm）×（宽/mm）]	430×650	510×730	550×770	560×910	680×1100
工作台行程[（纵向行程/mm）×（横向行程/mm）]	350×450	400×500	450×550	500×630	550×650
最大加工厚度/mm	400	400	450	500	500
加工锥度/[（°）/mm]	$(6 \sim 30)/80$	$(6 \sim 60)/80$	$(6 \sim 60)/80$	$(6 \sim 60)/80$	$(6 \sim 60)/80$
最大切割速度/（mm²/min）	80	80	80	80	80
电极丝直径/mm	$\phi 0.12 \sim \phi 0.2$	$\phi 0.12 \sim \phi 0.2$	$\phi 0.12 \sim \phi 0.2$	$\phi 0.12 \sim \phi 0.2$	$\phi 0.12 \sim \phi 0.2$
加工面表面粗糙度值/μm	$Ra \leqslant 0.8$	$Ra \leqslant 0.8$	$Ra \leqslant 0.8$	$Ra \leqslant 0.8$	$Ra \leqslant 0.8$
加工精值度/mm	± 0.015	± 0.015	± 0.015	± 0.015	± 0.015
最大切割电流/A	6	6	6	6	8
最大工件质量/kg	350	400	450	600	1500

3. 部分电火花慢走丝数控线切割加工机床的主要技术参数

部分电火花慢走丝数控线切割加工机床的主要技术参数见表 5-2-3。

表 5-2-3　部分电火花慢走丝数控线切割加工机床的主要技术参数

机 床 型 号	DK7632	DK7650	CA20	CA30
最大工件尺寸[（长/mm）×（宽/mm）×（高/mm）]	$900 \times 670 \times 210$	$1450 \times 850 \times 250$	$900 \times 680 \times 250$	$1050 \times 800 \times 350$
最大工件质量/kg	500	1000	400	1000
最大加工锥度/[（°）/mm]	30/100		$\pm 25/80$	$\pm 25/80$
（X 轴行程/mm）×（Y 轴行程/mm）×（Z 轴行程/mm）	$320 \times 500 \times 210$	$800 \times 500 \times 250$	$350 \times 250 \times 250$	$600 \times 400 \times 350$
（U 轴行程/mm）×（V 轴行程/mm）	± 50	± 45	90×90	100×100
最大加工速度/（mm²/min）	220	600	200	300
加工精度/mm	± 0.005	± 0.003	± 0.001	± 0.001
加工表面粗糙度值 Ra/μm	$\leqslant 0.4$	$\leqslant 0.4$	$\leqslant 0.2$	$\leqslant 0.2$
电极线径/mm	$\phi 0.15 \sim \phi 0.3$	$\phi 0.15 \sim \phi 0.3$	$\phi 0.2$ 或 $\phi 0.25$（$\phi 0.15$、$\phi 0.3$ 可选）	$\phi 0.2$ 或 $\phi 0.25$（$\phi 0.15$、$\phi 0.3$ 可选）

任务实施

选择止动件冲模落料凹模电火花线切割加工机床的类型、型号及主要技术参数

1. 止动件冲模落料凹模电火花线切割加工机床的类型

由于工件加工精度为 ± 0.01mm，表面粗糙度值为 $Ra0.8$μm，而快走丝线切割加工机床价格便宜，其加工精度为 ± 0.015mm，表面粗糙度值 $\leqslant Ra0.8$μm，故满足工件技术要求。

2. 止动件冲模落料凹模电火花线切割加工机床的型号及主要技术参数

由于凹模外形尺寸为125mm×125mm×25mm，最大线切割尺寸为60mm×26mm×25mm，凹模质量为2.7kg，选择型号为DK7735的电火花快走丝线切割加工机床能够满足要求，其工作台横、纵向行程分别为350mm、450mm，能切割工件最大厚度为400mm，切割工件总质量为350kg。

任务拓展

图5-2-10和图5-2-11所示分别为支承板落料凹模三维图和平面图，材料为CrWMn，加工表面硬度为60~64HRC，选择支承板落料凹模电火花线切割加工机床的类型、型号及主要技术参数。

图 5-2-10　支承板落料凹模三维图

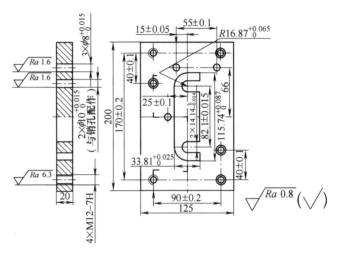

图 5-2-11　支承板落料凹模平面图

1. 支承板落料凹模电火花线切割加工机床的类型

由于工件精度为±0.001mm，表面粗糙度值为$Ra0.8\mu m$，采用慢走丝线切割机床能够保证产品质量，其加工精度为±0.001mm，表面粗糙度值≤$Ra0.4\mu m$，能够满足要求，在线切割之后可通过研磨来达到表面粗糙度要求。

2. 支承板落料凹模电火花线切割加工机床的型号及主要技术参数

由于凹模外形尺寸为200mm×125mm×20mm，最大线切割尺寸为116mm×34mm×20mm，凹模质量为4.1kg，选择型号为DK7632的电火花慢走丝线切割加工机床能够满足要求，其工作台横、纵向行程分别为320mm、500mm，切割工件最大厚度为210mm，切割工件总质量为500kg。

思考与练习

一、填空题

1. 线切割加工常用的电极丝有＿＿＿＿＿、＿＿＿＿＿、＿＿＿＿＿、＿＿＿＿＿。其中，＿＿＿＿和＿＿＿＿应用在快走丝线切割中，而＿＿＿＿和＿＿＿＿应用在慢走丝线切割中。

2. 电火花线切割机床按其走丝速度分为_____和_____线切割加工机床两种。

3. 快走丝线切割一般采用_____或铜丝作为电极丝并做_____运动，工作液为____
____。

4. 慢走丝线切割一般采用_____作为电极丝，电极丝只是_____通过间隙，不重复使用，这样可避免电极丝损耗影响精度，其工作液为_____。

5. 目前快走丝线切割加工时应用较普遍的工作液是_____。

二、选择题

1. 电火花线切割加工的特点有（　　　）。

A. 不必考虑电极损耗　　　　　　　　　B. 不能加工精密细小、形状复杂的工件

C. 不需要制造电极　　　　　　　　　　D. 不能加工不通孔类和阶梯型面类的工件

2. 电火花线切割加工的对象有（　　　）。

A. 任何硬度、高熔点包括经热处理的钢和合金

B. 成形刀、样板

C. 阶梯孔、阶梯轴

D. 塑料模中的型腔

3. 电火花线切割加工采用的是（　　　）。

A. 正极加工　　　　　　B. 负极加工　　　　　C. 正极加工和负极加工均可

4. 要提高电火花加工的工件表面质量，应考虑（　　　）。

A. 使脉冲宽度增大　　B. 使电流峰值减小　　C. 增大放电间隙

5. 电火花线切割加工的凸模应为（　　　）。

A. 直通型　　　　　　B. 阶梯形　　　　　　C. 指数型　　　　　　　D. 圆锥形

三、简答题

1. 电火花快走丝线切割加工与慢走丝线切割加工的区别有哪些？

2. DK 7735 与 DK7632 电火花线切割加工机床的型号各是什么含义？

子任务二　止动件冲模落料凹模电火花线切割数控加工程序的编写

 任务引入

图 5-2-1 和图 5-2-2 所示分别为止动件冲模落料凹模三维图和平面图，材料为 Cr12，加工表面硬度为 60~64HRC，编制止动件冲模落料凹模型孔电火花线切割数控 3B 程序。

 相关知识

一、电火花线切割 3B 格式手工编程基础知识

1. 电火花线切割数控编程步骤

1）计算补偿量和轨迹图。

2）计算直线终点相对坐标，以及圆弧起点和终点相对圆心坐标。

3）根据终点坐标确定计数方向和计数长度。

4）根据直线终点位置和圆弧起点位置确定加工指令。

2. 3B 程序指令格式

3B 程序指令格式见表 5-2-4。

表 5-2-4　3B 程序指令格式

B	X	B	Y	B	J	G	Z
分隔符号	X 坐标值	分隔符号	Y 坐标值	分隔符号	计数长度	计数方向	加工指令

（1）分隔符号 B　用来将 X、Y、J 的数码分开，利于控制装置的识别。

（2）坐标值 X、Y　X、Y 相对坐标的绝对值，只能是正值，单位为 μm。

说明：直线坐标原点为线段起点，X、Y 分别取线段在对应方向上的增量，即该线段在相对坐标系中的终点坐标的绝对值。X、Y 允许取比值，若 X 或 Y 为零时，X、Y 值均可不写，但分隔符号保留。例如，B2000 B0 B2000 GX L1 可写为 B B B2000 GX L1。

圆弧坐标原点为圆心，X、Y 取圆弧起点坐标的绝对值，但不允许取比值。

（3）计数方向 G　GX 表示取 X 方向进给总长度计数，GY 表示取 Y 方向进给总长度计数。

说明：1）描述直线时，将线段终点坐标 X、Y 的绝对值进行比较，哪个方向数值大，就取哪个方向作为计数方向。即当 $|Y|>|X|$ 时，取 GY；当 $|Y|<|X|$ 时，取 GX；当 $|Y|=|X|$ 时，取 GX 或 GY。有些机床对此有专门规定，±45°线以内的直线取 GX，如图 5-2-12 所示。

2）描述圆弧时，根据圆弧终点坐标的绝对值，哪个方向数值小，就取哪个方向为计数方向，与直线相反。即当 $|Y|<|X|$ 时，取 GY；当 $|Y|>|X|$ 时，取 GX；当 $|Y|=|X|$ 时，取 GX 或 GY。有些机床对此有专门规定，圆弧终点在 ±45°线以内的取 GY，如图 5-2-13 所示。

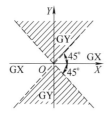　　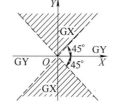

图 5-2-12　斜线段记数方向的选取　　　　图 5-2-13　圆弧记数方向的选取

（4）计数长度 J　根据计数方向，选取直线或圆弧在该方向上的投影总和（绝对值），为正值，单位为 μm。

说明：直线计数长度计算如图 5-2-14 所示，在直线 AO 的计数方向中，直线终点 A 的 $|Y|=4>|X|=3$，计数方向取 GY，故直线 AO 的计数长度 J=4000μm。

圆弧计数长度计算如图 5-2-15 所示，在圆弧 CD 的计数方向中，圆弧终点 D 的 $|Y|=6<|X|=8$，计数方向取 GY，故圆弧 CD 的计数长度是圆弧在 Y 轴方向的总投影长度 $J=J_1+J_2=(10000+6000)μm+(10000+8000)μm=34000μm$。

（5）加工指令 Z　根据被加工图的形状、所在象限和走向等确定。控制台根据这些指令进行偏差计算，控制进给方向。

1）直线加工指令：L1、L2、L3、L4，如图 5-2-16a 所示，以起点为原点，直线终点在第一象限时标记为 L1，依次类推。直线落在象限轴上，须根据起点到终点的方向来判断，如图 5-2-16b 所示。

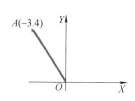

图 5-2-14　直线计数长度计算

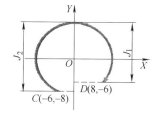

图 5-2-15　圆弧计数长度计算

2）圆弧加工指令：顺时针方向加工为 SR1、SR2、SR3、SR4，圆弧起点在第一象限（包括 Y 轴），沿顺时针方向加工到终点，加工指令为 SR1，依次类推；逆时针方向加工为 NR1、NR2、NR3、NR4，圆弧起点在第一象限（包括 X 轴），沿逆时针方向加工到终点，加工指令为 NR1，依次类推，如图 5-2-17 所示。

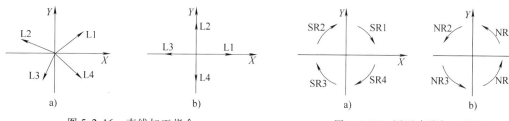

图 5-2-16　直线加工指令

图 5-2-17　圆弧直线加工指令

结论：直线程序以"终点坐标绝对值 + 终点坐标绝对值大的作为记数方向 + 终点所在象限作为加工指令"，而圆弧程序以"起点坐标绝对值 + 终点坐标绝对值小的作为记数方向 + 起点所在象限作为加工指令"。

二、3B 格式手工编程实例

1. 3B 格式斜线编程

如图 5-2-18 所示，直线终点 $|Y| > |X|$ 时，加工方向取 GY；计数长度 J 取直线在加工方向 $-Y$ 坐标轴的投影，即 Y 坐标绝对值 6000；终点在第二象限，加工指令取 L2，故加工程序为

B5000 B6000 B6000 GY L2 或 B5 B6 B6000 GY L2

2. 3B 格式直线编程

如图 5-2-19 所示，直线在 X 轴上，加工方向取 GX，计数长度 J 取直线在加工方向 $-X$ 坐标轴的投影，即 X 坐标绝对值 16000，加工指令取 L3，故加工程序为

B16000 B0 B16000 GX L3 或 B B B16000 GX L3

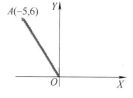

图 5-2-18　直线加工指令

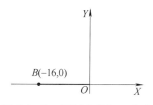

图 5-2-19　圆弧直线加工指令

3. 3B 格式圆弧编程

1）如图 5-2-20 所示，圆弧起点 C 的坐标绝对值分别为 6000 和 8000，计数方向取终点 D 的坐标绝对值小的方向为 GY，计数长度取圆弧在 Y 轴的投影总和 $J = J_1 + J_2 = (10000 + 6000 + 10000 + 8000)\mu m = 34000\mu m$，顺时针方向加工圆弧，且起点在第三象限，加工指令为 SR3，故加工程序为

B6000 B8000 B34000 GY SR3

2）如图 5-2-21 所示，圆弧起点 A 的坐标绝对值分别为 9000 和 2000，圆弧半径为 9220，计数方向取终点 B 的坐标绝对值小的方向为 GX，计数长度取圆弧在 Y 轴的投影总和 $J = J_1 + J_2 + J_3 = [(9220 - 2000) + 9220 \times 2 + (9220 - 9000)]\mu m = 25880\mu m$，顺时针方向加工圆弧，且起点在第三象限，加工指令为 SR3，故加工程序为

B9000 B2000 B25880 GX SR3

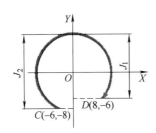

图 5-2-20　圆弧加工指令（一）

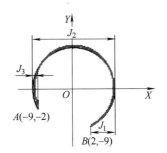

图 5-2-21　圆弧加工指令（二）

三、编程前的工艺处理

1. 工具、夹具的选择

尽可能选择通用（或标准）工具和夹具。

2. 正确选择穿丝孔和电极丝切入的位置

穿丝孔是电极丝相对于工件运动的起点，同时也是程序执行的起点，也称"程序起点"。穿丝孔一般选在工件上的基准点外，也可设在离型孔边缘 2~5mm 处。

3. 确定线切割路线

一般在开始加工时应沿着离开工件夹具的方向进行切割，最后再转向夹具方向。

四、编程前的工艺计算

1. 编程前的工艺计算步骤

1）根据工件的装夹情况和切割方向，确定相应的计算坐标系及其原点。

2）按所选电极丝半径 r，放电间隙和凸、凹模单面配合间隙 $Z/2$ 计算电极丝中心的补偿距离 ΔR。

3）将电极丝中心轨迹分割成平滑的直线和单一的圆弧线，按型孔或凸模平均尺寸计算出各线段交点的坐标值。

2. 间隙补偿量 ΔR 的计算

实际编程时，通常不按工件轮廓线编写，而是按切割时电极丝中心所走的轨迹路线编

写，故须考虑电极丝半径 r 和电极丝至工件间的放电间隙 δ。加工凸、凹模时的间隙补偿量分别如图 5-2-22 和图 5-2-23 所示。

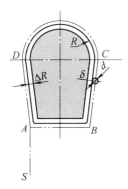

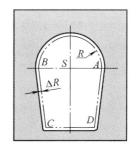

图 5-2-22　加工凸模时的间隙补偿量　　　　图 5-2-23　加工凹模时的间隙补偿量

间隙补偿量 ΔR 的计算公式为 ΔR = 电极丝半径 r + 放电间隙 δ

冲裁模以凹模尺寸为基准，编程时间隙补偿量 ΔR 的计算公式如下：

1）切割凹模或样板零件时向内偏

$$\Delta R = r + \delta$$

2）切割凸模时由凹模尺寸向外偏

$$\Delta R = r + \delta - Z/2$$

3）切割固定板时由凹模尺寸向内偏

$$\Delta R = r + \delta + Z/2$$

4）切割卸料板时由凹模尺寸向内偏

$$\Delta R = r + \delta + Z/2 - \Delta/2$$

式中　Δ——卸料板与凸模的双边间隙，一般取 0.2mm；

　　　Z——凸模与凹模的双面间隙。

五、电火花线切割手工编程全过程

在编程前应了解数控线切割加工机床的规格及主要技术参数，数控装置的功能及适应程序代码格式。

1. 正确选择穿丝孔和电极丝切入位置

穿丝孔是电极丝加工的起点，也是程序的原点，如图 5-2-24 所示，O 点为穿丝孔，一般选在工件的基准点附近，虚线所示为待线切割的孔。穿丝孔到工件之间有一条引入线段，如 OA 段，称为引入程序段。在手工编程时，须减去一个间隙补偿量 ΔR，从而保证图形位置的准确性，防止过切。

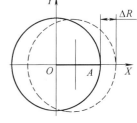

图 5-2-24　穿丝孔引入线

2. 计算间隙补偿量 ΔR（略）

3. 确定线切割加工路线

根据工件的装夹情况，建立坐标系。选择正确的加工路线能减小工件的变形，保证加工精度。

4. 求加工轨迹各线段交点的相对坐标值

将图形分割成若干条单一的直线或圆弧，按图样尺寸（平均尺寸）求出加工轨迹各线段的交点的相对坐标值。

5. 编制电火花线切割加工程序（略）

6. 电火花线切割加工程序检验

空运行，即将程序输入数控装置后空走，检查机床的回零误差。

六、钼丝加工轨迹编程实例

图 5-2-25 所示为某工件加工轨迹，由三条直线段和一段圆弧组成，故分成四段来编制加工程序，方法是：先编写各段加工程序，再把各段程序串接起来就是工件的加工程序。

1. 加工直线段 AB

以起点 A 为坐标原点，AB 与 X 轴重合，加工程序为

B B B40000 GX Ll

2. 加工斜线段 BC

应以 B 点为坐标原点，则 C 点相对 B 点的坐标为 $X = 10mm$，$Y = 90mm$，加工程序为

B10000 B90000 B90000 GY L1

3. 加工圆弧 CD

以该圆弧圆心 O 点为坐标原点，经计算圆弧起点 C 相对圆心 O 点的坐标为 $X = 30mm$，$Y = 40mm$，起点在第一象限，逆时针方向加工，加工程序为

B30000 B40000 B60000 GX NR1

4. 加工斜线 DA

以 D 点为坐标原点，终点 A 相对 D 点的坐标为 $X = 10mm$，$Y = -90mm$，终点在第四象限，加工程序为

B10000 B90000 B90000 GY L4

该工件全部加工程序如下：

B B B40000 GX Ll （AB 直线段）

B10000 B90000 B90000 GY L1 （BC 斜线段）

B30000 B40000 B60000 GX NR1 （CD 圆弧段）

B10000 B90000 B90000 GY L4 （DA 斜线段）

七、工程编程实例

编制图 5-2-26 所示凸凹模（图中尺寸为计算后的平均尺寸）的数控线切割程序。电极丝为钼丝，直径为 $\phi0.18mm$，单边放电间隙为 $0.01mm$。

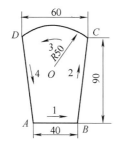

图 5-2-25　钼丝加工轨迹

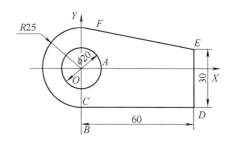

图 5-2-26　加工工件图

1. 建立坐标系，确定穿丝孔位置

切割凸凹模时，加工顺序应先内后外，选取 $\phi 20mm$ 圆的圆心 O，其中穿丝孔位置分别是 O 点和 B 点 $(0, -30)$，如图 5-2-27 所示。

2. 确定补偿量

$$\Delta R = (0.18/2 + 0.01) mm = 0.10 mm$$

3. 计算电极丝中心轨迹交点的相对坐标

O 为原点时：$A'(9.9, 0)$、$B(0, -30)$；
$C'(0, -25.1)$；$F'(8.490, 23.621)$。

B 为原点时：$C'(0, 4.9)$。

C' 为原点时：$D'(60.1, 0)$。

D' 为原点时：$E'(0, 35.17)$。

E' 为原点时：$F'(-51.61, 18.551)$。

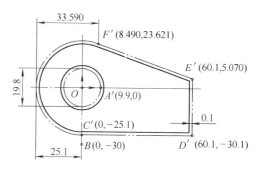

图 5-2-27　电极丝中心轨迹图

4. 编写程序

直线段 OA 和 BC 段为引导程序段，须减去补偿量 0.10mm。其余线段和圆弧按考虑间隙补偿后的轨迹编程。先切割内孔，从圆心 O 空走到外形 B 点处，再按顺序切割外形。加工顺序为：$O \to A' \to A' \to O \to B \to C' \to D' \to E' \to F' \to C'$。3B 格式加工程序为：

B	B	B9900	GX	L1	（穿丝，切割 OA 入线段）
B9900	B	B39600	GY	NR1	（切割内孔圆弧段）
B	B	B9900	GX	L3	（切割 $A'O$ 出线段）
			D		（拆丝）
B	B	B30000	GY	L4	（空走 OB 直线段）
			D		（装丝）
B	B	B4900	GY	L2	（切割 BC' 入线段）
B	B	B60100	GX	L1	（切割 $C'D'$ 直线段）
B	B	B30170	GY	L2	（切割 $D'E'$ 直线段）
B51610	B18551	B51610	GX	L2	（切割 $E'F'$ 斜线段）
B8490	B23621	B58690	GX	NR1	（切割 $F'C'$ 圆弧段）
			DD		（程序结束）

八、电火花线切割 ISO 代码数控程序编制

ISO 代码是国际标准化组织确认和颁布的国际上通用的数控机床语言。数控电火花线切割加工机床在加工工件前，须按图样编制加工程序，所编程序必须符合下列规则。

1）G（预备功能）、M（辅助功能）代码后输入两位数据。

2）C（加工条件）用三位数字格式规定加工条件。

3）H 后面为 H001、H002 或 H003（H001 为上导轮中心到主程序的距离，H002 为工件厚度，H003 为主程序面到下导轮中心的距离）。

4）每一程序段只允许含一个代码。

5）系统不需段号，仅作为用户自己的标记。

6）每一个程序必须含有结束符（M02）。

（一）常用指令分类

ISO 常用指令可分为运动指令、坐标方式指令、坐标系指令、补偿指令、M 代码、镜像指令、锥度指令、坐标指令和其他指令。

（二）程序段格式和程序格式

1. 程序段格式及其含义

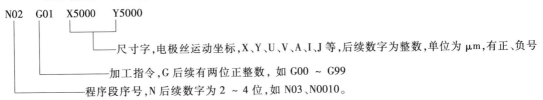

N02　　G01　　X5000　　Y5000

— 尺寸字，电极丝运动坐标，X、Y、U、V、A、I、J 等，后续数字为整数，单位为 μm，有正、负号

— 加工指令，G 后续有两位正整数，如 G00～G99

— 程序段序号，N 后续数字为 2～4 位，如 N03、N0010。

2. 程序格式

由程序名称及若干段程序组成。

P10 （程序名，用字母和数字表示）

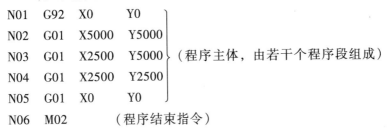

N01　　G92　　X0　　　Y0

N02　　G01　　X5000　　Y5000

N03　　G01　　X2500　　Y5000　　（程序主体，由若干个程序段组成）

N04　　G01　　X2500　　Y2500

N05　　G01　　X0　　　Y0

N06　　M02　　　　　　（程序结束指令）

（三）电火花线切割机床 ISO 代码数控程序指令代码及其含义

电火花线切割机床 ISO 代码数控程序指令代码及其含义见表 5-2-5。

表 5-2-5　电火花线切割机床 ISO 代码数控程序指令代码及其含义

代码	含义	代码	含义
G00	机床未加工时使机床某轴快速移动到指定位置	G50	取消锥度
G01	直线插补指令	G51（G52）	左（右）锥度
G02	顺时针插补圆弧指令	G54～G59	分别为加工坐标系 1、2、3、4、5、6
G03	逆时针插补圆弧指令	G80	接触感知，仅"手动"加工方式有效
G05	X 轴镜像	G82	半程移动，仅"手动"加工方式有效
G06	Y 轴镜像	G84	微弱放电找正，找正电极丝
G07	X、Y 交换，$X = Y$，$Y = X$	G90	绝对坐标尺寸
G08	X、Y 轴镜像，$X = -X$，$Y = -Y$	G91	增量坐标尺寸，以前一点为原点计算下一点坐标
G09	X 轴镜像，X、Y 交换；G09 = G05 + G07	G92	定起点，指令中坐标值为加工程序起点
G10	Y 轴镜像，X、Y 交换；G10 = G06 + G07	M00	程序暂停
G11	X、Y 轴镜像，X、Y 交换；G11 = G05 + G06 + G07	M02	程序结束
G12	取消镜像	M05	接触感知解除
G40	取消补偿	M96	主程序调用子程序
G41	电极左补偿	M97	主程序调用子程序结束
G42	电极右补偿		

（四）常用 ISO 指令代码的具体含义

1. 运动指令

（1）G00：快速移动定位指令 在线切割机床不放电的情况下，使电极丝快速移动到指定坐标位置。

指令格式如下：

G00　X±__　Y±__　Z±__

如图 5-2-28 所示，在线切割机床不放电的情况下，电极丝快速移动到 B 点，其加工程序为：

G00　X60000　Y60000

注意：如果程序中指定了 G01、G02 指令，则 G00 无效。

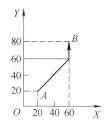
图 5-2-28　快速定位

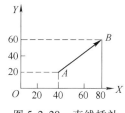
图 5-2-29　直线插补

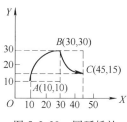
图 5-2-30　圆弧插补

（2）G01：直线插补指令 在各个坐标平面内加工任意斜率直线轮廓和用直线逼近曲线轮廓。指令格式如下：

G01　X±__　Y±__　Z±__

如图 5-2-29 所示，在 XOY 平面内，先将加工坐标系设置在 A 点，再从 A 点线切割斜线到 B 点，加工程序如下：

N10　G92　X20000　Y40000

N20　G01　X80000　Y60000

加工锥度的线切割机床具有 X、Y、U、V 工作台，则程序段格式为：

G01　X__　Y__　U__　V__

（3）G02（G03）：顺（逆）时针圆弧插补加工指令 指令格式如下：

G02（G03）　X±__　Y±__　Z±__　I±__　J±__　K±__

其中，X、Y、Z 指的是本段圆弧终点坐标，I、J、K 指的是圆心相对于起点在 X、Y、Z 方向的坐标。

圆弧插补指令一般用在平动加工中。如图 5-2-30 所示，将加工坐标系设置在 A 点，从 A 点顺时针线切割圆弧到 B 点（30000，30000），圆心相对起点 A 坐标为（20000，0），再从 B 点逆顺时针线切割圆弧到 C 点（45000，15000），圆心相对起点 B 坐标为（15000，0），加工程序为：

G92　X10000　Y10000

G02　X30000　Y30000　I20000　J0

G03　X45000　Y15000　I15000　J0

2. 坐标系指令

坐标系指令见表 5-2-6。

表 5-2-6　坐标系指令

指 令	含 义	指 令	含 义
G92	加工坐标系设置指令	G57	加工坐标系 4
G54	加工坐标系 1	G58	加工坐标系 5
G55	加工坐标系 2	G59	加工坐标系 6
G56	加工坐标系 3		

（1）G54 ~ G59：坐标系选择指令　共有六个加工坐标系，通常只用一个坐标系。提供多坐标系的目的如下：

1）重复记忆，为防止误操作丢掉加工原点。由于当前选定的加工坐标系原点通过"置零"操作可以改变，非当前加工坐标系的坐标原点不会因误置零操作而变为零，故加工前把找正好的点记入两个以上的坐标系中备份。例如一个工件找正完后，把 G54 坐标系置零，同时把 G55 也置零，当在 G54 中出现误操作丢掉坐标原点后，回到 G55 中还可以找到加工起点。

2）坐标系嵌套，即在一个程序中采用多个加工坐标系记忆多个加工起点。这组代码可以与 G92 一起使用，如图 5-2-31 所示，加工程序为：

G92 G54 X0 Y0 　［以（0，0）点做加工起点，且以此点设为坐标系 1 的原点］

G00 X100 Y100 　［快速移动到（100，100）点］

G92 G55 X0 Y0 　［以（100，100）点做新的加工起点，且以此点设为坐标系 2 的原点］

（2）G92 加工坐标系设置指令　G92 设置加工起点坐标。格式为：

G92　X ± ＿＿　Y ± ＿＿　Z ± ＿＿

可把加工起点设定为零，也可设为非零值。

若想把电极当前位置的 X、Y、Z 坐标都设为零，则执行 G92 X0 Y0 Z0 即可；若想把当前电极位置设为（100，50，1），则执行 G92 X100　Y50　Z1 即可。

3. 坐标方式指令

（1）G90 为绝对坐标指令　该指令表示程序段中编程尺寸为绝对坐标，与起点的位置无关。

（2）G91 为增量坐标指令　该指令表示程序段中编程坐标为增量坐标，即坐标值均以前一点坐标做起点来计算下一点的坐标值，与起点有关。若程序没指定，则默认为绝对坐标 G90 编程。

例如：加工图 5-2-32 所示零件（电极丝直径与放电间隙忽略不计），以原点 O 为线切割起点，直线切割到终点坐标（12000，0），接着直线切割到终点坐标（12000，20000），再切割中心相对起点坐标为（19000，0）且终点坐标为（40000，20000）的圆弧段，最后直

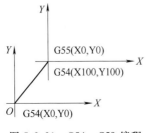

图 5-2-31　G54 ~ G59 编程

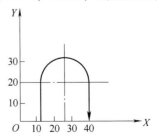

图 5-2-32　G90 与 G91 指令

线切割到终点坐标（40000，0），分别用 G90 和 G91 指令编程。

1）用 G90 指令编程，程序如下：

P1　（程序名）

N01　G92　X0　Y0

N02　G01　X12000　Y0

N03　G01　X12000　Y20000

N04　G02　X40000　Y20000　I19000　J0

N05　G01　X40000　Y0

N06　G01　X0　Y0

N07　M02　　（程序结束）

2）用 G91 指令编程，程序如下

P2　（程序名）

N01　G92　X0　Y0

N02　G91　（表示后面的坐标为增量坐标）

N03　G01　X10000　Y0

N04　G01　X0　Y20000

N05　G02　X28000　Y0　I19000　J0

N06　G01　X0　Y－20000

N07　G01　X－40000　Y0

N08　M02　（程序结束）

4. 间隙补偿指令

间隙补偿指令包括 G41 左偏间隙补偿指令、G42 右偏间隙补偿指令和 G40 取消间隙补偿指令。

（1）G41 左偏间隙补偿指令　指令格式：G41　D＿＿

其中，D 表示偏移量（补偿距离），其计算方法与 3B 代码中的间隙补偿量 ΔR 的计算方法相同，单位为 μm。如图 5-2-33a 和图 5-2-34a 所示，图中虚线为电极丝中心轨迹线，实线为加工面，沿加工方向看，加工面在电极丝的左边，如 G41 D100（左补偿量为 100μm）。

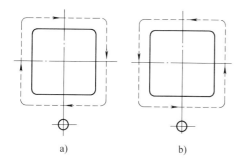

图 5-2-33　凸模加工间隙补偿指令的确定

a）G41 左偏间隙补偿指令　b）G42 右偏间隙补偿指令

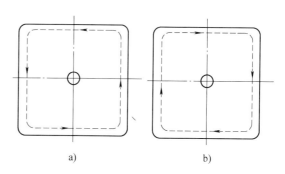

图 5-2-34　凹模加工间隙补偿指令的确定

a）G41 左偏间隙补偿指令　b）G42 右偏间隙补偿指令

（2）G42 右偏间隙补偿指令 指令格式：G42 D＿＿

其中，D 表示偏移量（补偿距离），其计算方法与 3B 代码中的间隙补偿量 ΔR 的计算方法相同，单位为 μm。如图 5-2-33b 和图 5-2-34b 所示，图中虚线为电极丝中心轨迹线，实线为加工面，沿加工方向看，加工面在电极丝的右边。如 G42 D80（右补偿量为 $80\mu m$）。

（3）G40 取消间隙补偿指令 指令格式：

G40

5. 锥度加工指令

G50 取消锥度指令，指令格式：G50

G51 锥度左偏指令，指令格式：G51 A（锥度值，如 6°）

G52 锥度右偏指令，指令格式：G52 A （锥度值，如 3.3°）

说明：

1）G51 锥度左偏指令，即沿走丝方向看，电极丝向左偏离；G52 锥度右偏指令，即沿走丝方向看，电极丝向右偏离。加工带锥度的工件时要用锥度加工指令，顺时针加工时，锥度左偏加工出来的工件为上大下小，锥度右偏加工出来的工件为上小下大；逆时针加工时，结果正好相反。

2）锥度左偏指令（G51）、锥度右偏指令（G52）程序段须放在进刀线之前，而取消锥度（G50）指令须放在退刀线之前。

3）下导轮到工作台高度 w、工件厚度 H 和工作台到上导轮高度 S 须在使用 G51、G52程序前输入。

6. 系统辅助功能指令

常用系统辅助功能指令为 M 代码，具体见表 5-2-7。

表 5-2-7 常用系统辅助功能指令

指 令	功 能	指 令	功 能
M00	程序暂停	G80	接触感知
M02	程序结束	G82	移到当前屏幕显示坐标的一半
M05	接触感知解除	G86	定时加工
M96	主程序调用文件程序	T84（T85）	开（关）油泵
M97	主程序调用文件结束	C×××	指定加工条件

（1）M00：程序暂停指令 用于换丝或调试，关闭脉冲电源出现提示，按回车键后系统恢复加工。

（2）M02：程序结束指令 关闭运丝电动机、工作液泵及加工电源，加工结束。一个完整的程序最后一定要有 M02 指令，表示程序结束且让机床复位。

（3）M05：接触感知解除指令 当电极与工件处于接触状态时，为了保证电极在移动时不出现"接触感知"报警，须使用 M05 指令。

（4）M96：主程序调用文件程序指令 例：

M96　D：\ 2003 \ wirecut \ mainprog \ AM. ISO

（5）M97：主程序调用文件结束指令

（6）G80：接触感知指令　用来寻找工件边界，确定加工位置，只在"手动"加工方式时有效。指令格式：

G80 X±；（正负号任其一，正号不省略），向 X 轴的正（负）方向接触到工件

G80 Y±；（正负号任其一，正号不省略），向 Y 轴的正（负）方向接触到工件

G80 Z±；（正负号任其一，正号不省略），向 Z 轴的正（负）方向接触到工件

（7）G82：半程移动指令　移到当前屏幕显示坐标的一半。使加工位置沿指定坐标轴返回一半的距离，即当前坐标系中坐标值一半的位置，用于找工件中心。指令格式：

G82 X/Y

例：G54　　　　　　　（G54 坐标系）

G92　X0　　Y0　　［将加工起点设在（0，0）处］

G00　X100　Y80　　［将 X 轴坐标快速移到（100，80）处］

G82　Y　　　　　（将 Y 轴坐标移到 80/2 = 40 处）

（8）G86：定时加工指令　指令格式：G86　X×××××× 或 G86　T××××××

X 代表从本段加工一开始就计时，不管加工深度是否达到设定值，到指定时间后结束。

T 代表加工到深度后再延时指定的时间后结束。其后的六位数两位一组，分别代表时、分、秒。

例如：G86 X0010000 指加工 10min，不管 Z 是否到达深度 −20mm，均结束加工

G01 Z-20

（9）T84（T85）：开（关）油泵指令

（10）C×××：加工条件代码　从 C000 ~ C999 共有 1000 个条件代码，其中 C000 ~ C099 为用户使用区，其余为机床内部使用。每个条件代码都代表一组放电参数，具体含义及使用方法见放电参数的选用。

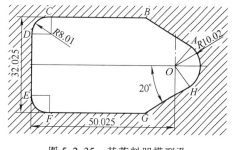

图 5-2-35　某落料凹模型孔

（五）综合编程实例

图 5-2-35 所示为某落料凹模型孔，电极丝直径为 $\phi 1.5mm$，单面放电间隙为 0.01mm，用 ISO 代码手工编制电火花线切割加工程序。

将穿丝孔选在 O 点，加工路线为 O→A→B→C→D→E→F→G→H→A。各线段交点坐标为：

A（3.427，9.416）；B（−14.698，16.013）；C（−42.015，16.013）；D（−50.025，8.003）；

E（−50.025，−8.003）；F（−42.015，−16.013）；G（−14.698，−16.013）；H（3.427，−9.416）。

ISO 代码电火花线切割数控加工程序如下：

OA2　　　　　　　　　　　　　（程序号）

G92　X0　　Y0　　　　　　　　（将 O 点设为坐标原点）

G41	D85			（左补偿间隙值0.085mm）
G01	X3427	Y9416		（直线 *OA* 插补）
G01	X − 14698	Y16013		（斜线 *AB* 插补）
G01	X − 42015	Y16013		（直线 *BC* 插补）
G03	X − 50025	Y8003	I0 J − 8010	（圆弧 *CD* 插补）
G01	X − 50025	Y − 8003		（直线 *DE* 插补）
G03	X − 42015	Y − 16013	I8010 J0	（圆弧 *EF* 插补）
G01	X − 14698	Y − 16013		（直线 *FG* 插补）
G01	X3427	Y − 9416		（斜线 *GH* 插补）
G03	X3427	Y9416	I − 3427 J9416	（圆弧 *HA* 插补）
G40				（取消间隙补偿）
G01	X0 Y0			（直线 *AO* 插补）
M02				（程序结束）

 任务实施

图 5-2-1 和图 5-2-2 所示分别为止动件冲模落料凹模三维图和平面图，材料为 Cr12，加工表面硬度为 60～64HRC，用 3B 代码自动编制止动件冲模落料凹模电火花快走丝线切割型孔加工程序。

程序如下：

CAXAWEDM- Version 2.0，Name：123.3B

Conner R = 0.00000，Offset F = 0.11000，Length = 168.417 mm

Start Point = 527.36101， 326.74187

N 1：B	4890 B	0 B	4890 GX	L3 ；	522.471，	326.742
N 2：B	0 B	8000 B	8000 GY	L4 ；	522.471，	318.742
N 3：B	1890 B	0 B	1890 GX	NR3 ；	524.361，	316.852
N 4：B	11517 B	0 B	11517 GX	L1 ；	535.878，	316.852
N 5：B	0 B	110 B	70 GX	SR1 ；	535.948，	316.827
N 6：B	16412 B	19915 B	32824 GX	NR3 ；	568.772，	316.827
N 7：B	70 B	85 B	70 GX	SR2 ；	568.842，	316.852
N 8：B	11519 B	0 B	11519 GX	L1 ；	580.361，	316.852
N 9：B	0 B	1890 B	1890 GY	NR4 ；	582.251，	318.742
N 10：B	0 B	16000 B	16000 GY	L2 ；	582.251，	334.742
N 11：B	1890 B	0 B	1890 GX	NR1 ；	580.361，	336.632
N 12：B	56000 B	0 B	56000 GX	L3 ；	524.361，	336.632
N 13：B	0 B	1890 B	1890 GY	NR2 ；	522.471，	334.742
N 14：B	0 B	8000 B	8000 GY	L4 ；	522.471，	326.742
N 15：B	4890 B	0 B	4890 GX	L1 ；	527.361，	326.742
N 16：DD						

任务拓展

图 5-2-10 和图 5-2-11 所示分别为支承板落料凹模三维图和平面图，材料为 CrWMn，加工表面硬度为 60~64HRC，用 ISO 代码自动编制支承板落料凹模电火花慢走丝线切割型孔加工程序。

ISO 格式电火花慢走丝线切割加工程序如下：

H000 = 0；

H001 = 0.135；

H002 = 0.13；

H003 = 0.105；

（P001---------）；

G90G92 X248.658　Y344.059；

C096；

G01　X244.658　Y344.059；

C001；

G42 H000；

G01　X244.158　Y344.059；

G42 H001；

G01 X244.158　Y385.059；

G02 X261.028　Y401.929 I16.87 J0.；

G01 X277.96　Y401.929；

G01 X277.96　Y392.179；

G01 X261.059　Y392.179；

G03 X261.059　Y378.039　I0. J-7.07；

G01 X277.96　Y378.039；

G01 X277.96　Y310.079；

G01 X261.059　Y310.079；

G03 X261.059　Y295.939　I0. J-7.07；

G01 X277.96　Y295.939；

G01 X277.96　Y286.189；

G01 X261.028　Y286.189；

G02 X244.158　Y303.059 I0. J16.87；

G01 X244.158　Y344.059；

M00；

C097；

G40 H000 G01 X244.658　Y344.059；

C002；

G42 H000；

G01 X244.158　Y344.059;

G42 H002;

G01 X244.158 Y385.059;

G02 X261.028 Y401.929　I16.87 J0.;

G01 X277.96　Y401.929;

G01 X277.96　Y392.179;

G01 X261.059　Y392.179;

G03 X261.059　Y378.039 I0. J-7.07;

G01 X277.96　Y378.039;

G01 X277.96　Y310.079;

G01 X261.059　Y310.079;

G03 X261.059　Y295.939　I0.　J-7.07;

G01 X277.96　Y295.939;

G01 X277.96　Y286.189;

G01 X261.028　Y286.189;

G02 X244.158　Y303.059　I0. J16.87;

G01 X244.158　Y344.059;

G40 H000G01 X244.658 Y344.059;

C003;

G42 H000;

G01 X244.158 Y344.059;

G42 H003;

G01 X244.158 Y385.059;

G02 X261.028 Y401.929 I16.87 J0.;

G01 X277.96　Y401.929;

G01 X277.96　Y392.179;

G01 X261.059 Y392.179;

G03 X261.059　Y378.039 I0. J-7.07;

G01 X277.96　Y378.039;

G01 X277.96　Y310.079;

G01 X261.059 Y310.079;

G03 X261.059 Y295.939 I0. J-7.07;

G01 X277.96　Y295.939;

G01 X277.96　Y286.189;

G01 X261.028 Y286.189;

G02 X244.158 Y303.059 I0. J16.87;

G01 X244.158 Y344.059;

G40H000 G01　X244.658 Y344.059;

G01 X248.658 Y344.059;

M02；

（：：The Cutting length ＝　373.349mm）；

思考与练习

一、选择题

1. 对于线切割加工，下列说法正确的有（　　　）。

A. 线切割加工圆弧时，其运动轨迹是折线

B. 线切割加工斜线时，其运动轨迹是斜线

C. 线切割加工斜线时，取加工终点为编程坐标系原点

D. 线切割加工圆弧时，取圆心为编程坐标系原点

2. 编制线切割加工数控程序时，下列计数方向的说法正确的有（　　　）。

A. 斜线终点坐标为（X_e，Y_e），当 $|Y_e|>|X_e|$ 时，计数方向取 GY

B. 斜线终点坐标为（X_e，Y_e），当 $|X_e|>|Y_e|$ 时，计数方向取 GY

C. 圆弧终点坐标为（X_e，Y_e），当 $|X_e|>|Y_e|$ 时，计数方向取 GY

D. 圆弧终点坐标为（X_e，Y_e），当 $|X_e|<|Y_e|$ 时，计数方向取 GY

3. 线切割加工编程时，计数长度应（　　　）。

A. 以 μm 为单位　　　B. 以 mm 为单位　　　C. 写足四为数

D. 写足五为数　　　　E. 写足六位数

4. 加工斜线 OA，起点 O 为切割坐标原点，终点 A 坐标 $X_e=17$mm，$Y_e=5$mm，其加工程序为（　　　）。

A. B17 B5 B17 GX L1

B. B17000 B5000 B017000 GX L1

C. B17000 B5000 B017000 GY L1

D. B17000 B5000 B005000 GY L1

E. B17 B5 B017000 GX L1

5. 加工半圆 AB，切割方向从 A 点到 B 点，起点坐标 A（-5，0），终点坐标 B（5，0），其加工程序为（　　　）。

A. B5000 B B010000 GX SR2

B. B5000 B B10000 GYSR2

C. B5000 B B01000 GY SR2

D. B B5000 B01000 GYSR2

E. B5 B B010000 GY SR2

二、编程题

1. 图 5-2-36 所示为某落料凹模，请用 3B 格式编制该凹模型孔的加工程序，钼丝直径为 $\phi0.18$mm，单边放电间隙为 0.01mm，起点为 O 点，逆时针方向加工。

2. 利用 ISO 格式编制图 5-2-37 所示凹模的线切割加工程序，电极丝为 $\phi0.2$mm 的钼丝，单边放电间隙为 0.01mm。

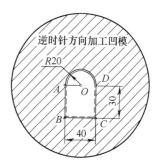

图 5-2-36　落料凹模

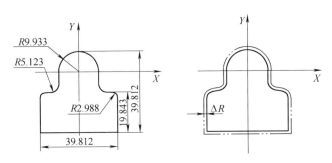

图 5-2-37　凹模轮廓

子任务三　止动件冲模落料凹模型腔电火花线切割加工工艺制订

 任务引入

图 5-2-1 和图 5-2-2 所示分别为止动件冲模落料凹模三维图和平面图，材料为 Cr12，加工表面硬度为 60~64HRC，制订其电火花线切割加工工艺。

 相关知识

一、电火花线切割加工过程及其操作过程

有关模具加工的线切割加工工艺准备和工艺过程，如图 5-2-38 所示。

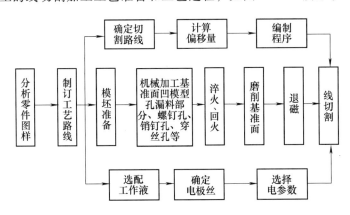

图 5-2-38　线切割加工工艺准备和工艺过程

电火花线切割加工过程包括：图样分析、模坯准备、工艺准备、工件装夹、找正工件及电极丝、程序编制、加工和检验。

（一）图样分析

电火花线切割加工工件凹角时，由于电极丝的半径和放电间隙，不能清角，只能是过渡圆弧。另外，其合理加工尺寸公差等级为 IT6，表面粗糙度值为 $Ra0.4\mu m$，若超出此范围，既不经济，在技术上也难以达到。

（二）电火花线切割加工前的准备

1. 工件材料及毛坯准备

一般采用锻件毛坯，其线切割加工常在淬火与回火后进行。由于毛坯在线切割加工前经过两次热处理，内应力较大，线切割加工后，工件大面积去除金属和切断，易产生较大变形，所以应选用可锻性好、淬透性好、热处理变形小的合金工具钢（如 Cr12、Cr12MoV、CrWMn）作为模具材料，且模具毛坯锻造及热处理工艺也应正确进行。

2. 电火花线切割加工前的预加工准备

预加工工序准备是指凸模或凹模在线切割加工之前的全部加工工序准备。

（1）凹模预加工准备

1）下料。用锯床切断所需圆棒料。

2）锻造。改善内部组织，并锻成所需的形状。

3）正火。消除锻造内应力，改善可加工性。

4）铣。铣六面，留磨削余量 0.4~0.6mm。

5）磨。磨出上、下平面及相邻两侧面，留精磨余量 0.2 mm 左右。

6）划线。划出刃口轮廓线和孔（螺孔、销孔、穿丝孔等）的位置。

7）加工型孔部分。当凹模较大时，为减少线切割加工量，须将型孔漏料部分铣（车）出，只切割刃口高度；对淬透性差的材料，可将型孔的部分材料去除，留 3~5mm 的切割余量。

8）孔加工。加工螺孔、销孔、穿丝孔等。

9）淬火。达设计要求。

10）磨。磨削上、下平面及相邻两侧面。

11）退磁处理。

（2）凸模预加工准备 凸模的准备工序，可根据凸模的结构特点，参照凹模的准备工序，将其中不需要的工序去掉即可，但应注意以下几点。

1）为便于加工和装夹，一般都将毛坯锻造成平行六面体。对尺寸、形状相同，断面尺寸较小的凸模，可将几个凸模制成一个毛坯。

2）凸模的切割轮廓线与毛坯侧面之间应留足够的切割余量（一般不小于 5mm）。毛坯上还要留出装夹部位。

3）在某些情况下，为防止切割时模坯变形，要在模坯上加工出穿丝孔。线切割的引入程序从穿丝孔开始。

（三）电火花快走丝线切割加工时工件的装夹

装夹工件时，必须保证工件的切割部位位于机床工作台纵向、横向进给的允许范围之内，避免超出极限，同时应考虑切割时电极丝的运动空间。夹具应尽可能选择通用（或标准）件，所选夹具应便于装夹，便于协调工件和机床的尺寸关系。在加工大型模具时，要特别注意工件的定位方式，尤其是在加工快结束时，工件的变形、重力的作用会使电极丝被夹紧，影响加工。

1. 悬臂式装夹

图 5-2-39 所示是悬臂方式装夹工件。这种方式装夹方便、通用性强，但由于工件一端悬伸，易出现切割表面与工件上、下平面间的垂直度误差。这种方式仅用于加工要求不高或

悬臂较短的工件。

2. 两端支承方式装夹

图 5-2-40 所示是两端支承方式装夹工件。这种方式装夹方便、稳定，定位精度高，但不能用于较大工件的装夹。

3. 桥式支承方式装夹

这种方式是在通用夹具上放置垫铁后再装夹工件，如图 5-2-41 所示，其装夹方便，可装夹大、中、小型工件。

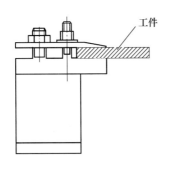

图 5-2-39　悬臂方式装夹工件

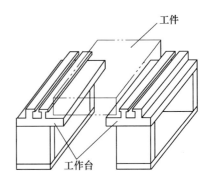

图 5-2-40　两端支承方式装夹工件

4. 板式支承方式装夹

图 5-2-42 所示是板式支承方式装夹工件。根据常用的工件形状和尺寸，采用有通孔的支承板装夹工件。这种方式装夹精度高，但通用性差。

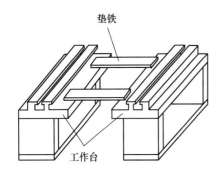

图 5-2-41　桥式支承方式装夹工件

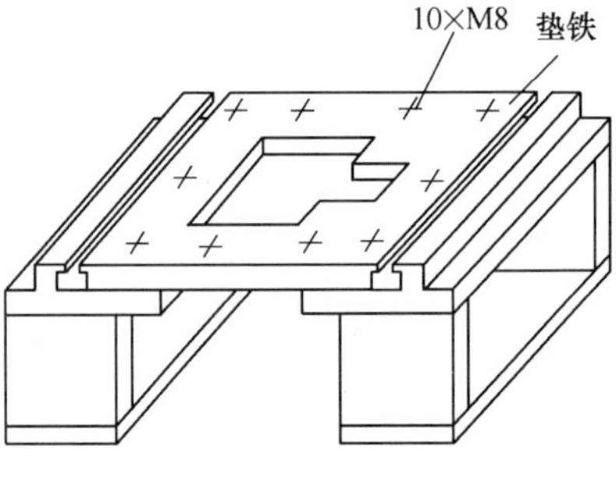

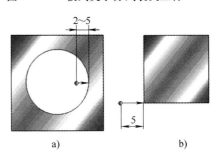

图 5-2-42　板式支承方式装夹工件

（四）穿丝孔和电极丝切入位置的选择

穿丝孔是电极丝相对工件运动的起点，同时也是程序执行的起点，一般选在工件上的基准点处。为缩短开始切割时的切入长度，穿丝孔也可选在距离型孔边缘 2～5mm 处，如图 5-2-43 a 所示。加工凸模时，为减小变形，电极丝切割时的运动轨迹与边缘的距离应大于 5mm，如图 5-2-43 b 所示。

（五）找正工件及电极丝

1）找正工件。如图 5-2-44 所示，在工作台上

图 5-2-43　工件切入位置的选择
a）凹模　b）凸模

放置工件，首先用接触感知的方法感知左边，将百分表安装在线切割机的丝架上，找正工件在 X（纵）方向的直线度，工件另一方向（横向）在加工时保证与 X 向的垂直度即可，接着将 X 坐标清零，注意此时的电极丝中心与工件加工面有一电极丝半径 r，移位时应注意加上此距离。用同样方法感知工件另一垂直边，Y 坐标清零。

2）找正电极丝。

用对丝仪找正钼丝与工作台面的垂直度，如图 5-2-45 所示。

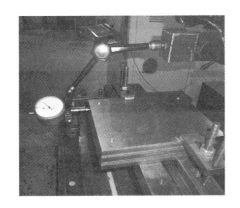

图 5-2-44 工作台上放置工件，
用百分表找正工件位置

图 5-2-45 找正钼丝与工作台面的垂直度

3）调整电极丝起始坐标位置。

使钼丝与工件两垂直面分别接触直至产生电火花，找工件 X 和 Y 方向的中心点坐标，然后转动手柄回零位，按下 <F12> 键，如图 5-2-46 和图 5-2-47 所示。

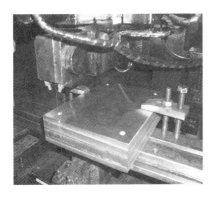

图 5-2-46 找工件中心点 Y 方向坐标

图 5-2-47 找工件中心点 X 方向坐标

4）旋转丝筒，松开钼丝，将钼丝穿入穿丝孔，如图 5-2-48 所示。

5）绘制工件加工面，自动编程，分别按下 <F10>（自动）、<F11>（高频）、<F12>（进给）键，最后按下 <F1>（开始）键，线切割加工工件加工面，如图 5-2-49 所示。

二、电火花线切割电脉冲参数的选择

通常电火花线切割快走丝电脉冲宽度越小，加工速度越小，工件表面粗糙度值越小；而脉冲间隔越小，加工电流越大，速度越快，表面粗糙度值越大，不利于厚、高工件的加工。

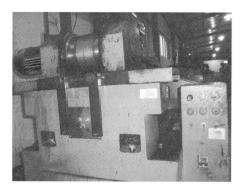

图 5-2-48 旋转丝筒，松开钼丝

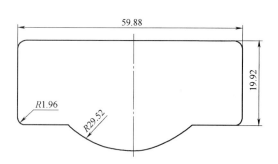

图 5-2-49 绘制工件加工面，自动编程

电火花线切割快走丝电脉冲参数可根据加工面的加工性质，查表确定脉冲宽度，调节脉冲间隔直到最优加工质量。电火花线切割快走丝电脉冲参数大致范围见表 5-2-8。电火花线切割快走丝精加工电脉冲参数见表 5-2-9。电火花线切割慢走丝精加工电脉冲参数见表 5-2-10，一般在自动编程时根据工件材质及厚度由机床直接调用默认值。

表 5-2-8　电火花线切割快走丝电脉冲参数大致范围

应　　用	脉冲宽度 /μs	电流峰值 /A	脉冲间隔 /μs	空载电压 /V
快速切割或加大厚度工件	20 ~ 40	>12	为实现稳定加工，通常 $t_o/t_i \geqslant 3 \sim 4$	通常为 70 ~ 90
半精加工	6 ~ 20	6 ~ 12		
精加工	2 ~ 6	<4.8		

表 5-2-9　电火花线切割快走丝精加工电脉冲参数（φ0.18mm 钼丝加工硬质合金）

序号	工件厚度 /mm	加工电流 /A	脉冲宽度 /μs	脉冲间隔 /μs	输出功率的功率管数量/只	表面粗糙度值 $Ra/\mu m$	线切割速度 /(mm²/min)
1	20 ~ 30	1.5	20	120	3		≥30
2	30 ~ 50	2 ~ 2.5	20	120	3 ~ 4		≥50
3	60	≥3.5	30	180	4 ~ 5	≤1.6	≥80
4	80 ~ 100	≥2.5	40	240	4		≥60
5	150 ~ 180	≥2	40	240	4		≥40
6	250 ~ 280	≥2.5	60	360	4		≥40

表 5-2-10　电火花线切割慢走丝精加工电脉冲参数

（φ0.2mm 铜丝，钨-碳硬质合金 WC，电极丝张力为 12N）

工件厚度 /mm		加工条件 编号	偏移量编号	电压 /V	电流 /A	加工速度 /(mm²/min)
20	第 1 组	C423	H175	32	7	2.6
	第 2 组	C722	H 125	60	1.0	8.0
	第 3 组	C752	H 115	65	0.5	10.0
	第 4 组	C782	H 110	60	0.3	10.0

（续）

工件厚度 /mm		加工条件编号	偏移量编号	电压 /V	电流 /A	加工速度 /(mm²/min)
30	第1组	C433	H 174	32	7.2	1.8
	第2组	C722	H 124	60	1.0	7.0
	第3组	C752	H 114	60	0.7	10.0
	第4组	C782	H 109	60	0.3	10.0
40	第1组	C433	H 178	34	7.5	1.8
	第2组	C723	H 128	60	1.5	7.0
	第3组	C753	H 113	65	1.1	10.0
	第4组	C783	H 108	30	0.7	10.0
50	第1组	C453	H 178	35	7.0	1.5
	第2组	C723	H 128	58	1.5	6.0
	第3组	C753	H 113	42	1.3	10.0
	第4组	C783	H 108	30	0.7	10.0
60	第1组	C463	H 179	35	7.0	1.1
	第2组	C724	H 129	58	1.5	5.0
	第3组	C754	H 114	42	1.3	7.0
	第4组	C784	H 109	30	0.7	10.0
70	第1组	C473	H 185	33	6.8	0.9
	第2组	C724	H 135	55	1.5	5.0
	第3组	C754	H 115	35	1.5	7.0
	第4组	C784	H 110	30	1.0	10.0
80	第1组	C483	H 185	33	6.5	0.6
	第2组	C725	H 135	55	1.5	4.5
	第3组	C755	H 115	35	1.5	5.0
	第4组	C785	H 110	30	1.0	8.0
90	第1组	C493	H 185	34	6.5	0.6
	第2组	C423	H 135	52	1.5	4.0
	第3组	C755	H 115	30	1.5	4.5
	第4组	C785	H 110	30	1.5	8.0
100	第1组	C493	H 185	34	6.3	0.5
	第2组	C725	H 135	52	1.5	4.0
	第3组	C755	H 115	30	1.5	4.0
	第4组	C785	H 110	30	1.0	8.0

三、电火花快走丝线切割加工工件实践操作过程

以国产某公司生产的 DK7740 电火花数控线切割机床为例，电火花线切割加工工件的全过程如下：

1）钻线切割加工用穿丝孔。线切割加工工件内表面（凹模）时，穿丝孔须设在内表面（凹模）内的位置；线切割加工工件的外表面（凸模）时，穿丝孔须设在凸模外和毛坯之间的位置。穿丝孔中心最好在工件直线延长线上或与工件外圆相切的切线上。

2）开机，进入线切割程序，其工作界面有如下可选菜单：File. 文件调入；Trans. 格式转换；comm. 联机；Var. 系统参数；exam. 模拟切割；Work 加工#1；Work 加工#2；Work

加工#3；Work 加工#4；Pro 绘图编程；autop 绘图编程；［3B］输入；Edit 输入编辑；draw 编程输出；F1 帮助。

3）若工件图形已绘制，则选择"File. 文件调入"菜单，调入 U 盘扩展名为. DXF 的工件图样文件→选择"Trans. 格式转换"菜单，将工件图样文件转换成扩展名为. dat 的文件→调入"数控程序"菜单，选择工件加工轮廓线，生成 3B 代码→调入"exam. 模拟切割"命令，校对无误后→调入"Work 加工#1"菜单。

4）若工件图形没有绘制，则直接选择"autop 绘图编程"菜单即可→输入文件名，右上角显示选择菜单：

①主菜单；②数控程序；③列表曲线；④字处理；⑤调磁盘文件；⑥打印机；⑦查询功能；⑧上一屏图形；⑨变改文件名；⑩数据存盘；⑪退出系统→选择右下角的显示菜单：①点；②圆；③直线；④窗口；⑤打断；⑥交点；⑦删除；⑧满屏；⑨缩放；⑩仿真；⑪清屏→进行绘图→调入"数控程序"菜单，选择工件加工轮廓线，生成 3B 代码→调入"exam. 模拟切割"命令，校对无误后→调入"Work 加工#1"菜单。

 任务实施

1. 止动件落料凹模模坯准备工艺

1）下料，$\phi75mm \times 127mm$。

2）锻六方，$130mm \times 130mm \times 30mm$。

3）正火。

4）铣六方，定尺寸 $125.6mm \times 125.6mm \times 25.6mm$。

5）粗磨上、下面，磨四侧面，定尺寸 $125.2mm \times 125.2mm \times 25.2mm$。

6）钳工：①倒角去毛刺；②划线，钻螺纹底孔 $4 \times \phi8.5mm$；③攻螺孔 $4 \times M10-7H$；④钻 $2 \times \phi10mm$ 孔为 $2 \times \phi9.8mm$，铰销孔 $2 \times \phi10mm$。

7）钻各型孔线切割穿丝孔 $\phi8mm$。

8）铣 $3 \times \phi16mm$ 孔。

9）表面淬火，硬度为 $60 \sim 64HRC$。

10）精磨上、下面及四侧面到图样尺寸。

2. 止动件落料凹模电火花线切割加工工艺参数

查电火花线切割快走丝电脉冲参数表，得到粗规准为：脉冲宽度 $= 20\mu s$，电流峰值 $= 15A$，空载电压 $= 80V$，脉冲间隔 $= 120\mu s$；精规准为：脉冲宽度 $= 4\mu s$，电流峰值 $= 4A$，空载电压 $= 80V$，脉冲间隔 $= 24\mu s$；切削液为 5% 乳化液；电极丝采用钼丝，直径为 $\phi0.18mm$。

3. 止动件落料凹模电火花线切割加工工件装夹和调整

模具外形尺寸中等，采用桥式支承方式装夹，用百分表找正工件位置，电极丝垂直度调整采用火花法。

 任务拓展

图 5-2-10 和图 5-2-11 所示分别为支承板落料凹模三维图和平面图，材料为 CrWMn，加

工表面硬度为60～64HRC，制订其电火花线切割加工工艺。

1. 支承板落料凹模模坯准备工艺

1）下料，ϕ80mm×146mm。

2）锻六方，205mm×130mm×25mm。

3）正火。

4）铣六方，定尺寸200.6mm×125.6mm×20.6mm。

5）粗磨上、下面，磨四侧面，定尺寸200.2mm×125.2mm×20.2mm。

6）钳工：①倒角去毛刺；②划线，钻螺纹底孔；③攻螺孔；④钻、铰销孔。

7）钻型孔线切割穿丝孔。

8）表面淬火，硬度为60～64HRC。

9）精磨上、下面及四侧面到图样尺寸。

2. 支承板落料凹模电火花快走丝线切割加工工艺参数

脉冲参数由机床给定，编程时根据工件厚度、铜丝直径，调用机床默认电脉冲参数即可；切削液采用去离子水；电极丝采用铜丝，直径为ϕ0.2mm。

3. 支承板落料凹模电火花快走丝线切割加工工件的装夹和调整

由于模具外形尺寸中等，采用桥式支承方式装夹，用百分表找正工件位置，电极丝垂直度调整采用火花法。

 思考与练习

一、填空题

1. 电火花线切割加工过程包括图样分析、_____、工艺准备、_____、找正工件及电极丝、_____、加工和检验。

2. 凸模预加工时为便于加工和装夹，常将毛坯锻造成_____。对尺寸、形状相同，断面尺寸较小的凸模，可将几个凸模制成_____。

3. 凸模的线切割轮廓线与毛坯侧面之间应留足够的_____，毛坯上还要留出_____。

4. 在某些情况下，为防止线切割时模坯产生变形，要在模坯上加工出_____。线切割的_____程序从穿丝孔开始。

5. 电火花线切割装夹工件时，须保证工件的切割部位位于机床工作台纵向、横向进给的允许范围之内，避免_____，还应考虑线切割时电极丝_____。夹具应尽可能选择_____，所选夹具应便于装夹，便于协调工件和电火花线切割机床的尺寸关系。

6. 在加工大型模具时，要特别注意工件的_____方式，尤其在加工快结束时，工件的变形、重力的作用会使_____被夹紧，影响加工。

二、简答题

1. 电火花快走丝线切割穿丝孔的位置怎么确定？

2. 电火花线切割加工过程包括哪些？

子任务四　止动件冲模落料凹模电火花线切割加工工艺过程卡的填写

任务引入

图 5-2-1 和图 5-2-2 所示分别为止动件冲模落料凹模三维图和平面图，材料为 Cr12，加工表面硬度为 60～64HRC，填写该凹模加工工艺过程卡。

相关知识

一、电火花线切割慢走丝加工工件工艺性分析

慢走丝（也称低速走丝电火花）线切割机床电极丝做低速单向运动，一般走丝速度低于 0.2m/s，加工精度达 0.001mm，表面质量也接近磨削水平。电极丝放电后不再使用，工作平稳、均匀、抖动小、加工质量较好，而且采用先进的电源技术，实现了高速加工，最高加工速度可达 350mm²/min。

由于慢走丝线切割机采取线电极连续供丝的方式，即线电极在运动过程中完成加工，因此即使线电极发生损耗，也能连续地予以补充，故能提高零件加工精度。慢走丝线切割机所加工的工件表面粗糙度值通常可达 Ra0.4μm 以上，且慢走丝线切割机的圆度误差、直线度误差和尺寸误差都比快走丝线切割机小很多，所以在加工高精度零件时，慢走丝线切割机得到了广泛应用。

二、电火花慢走丝线切割自动编程全过程

以止动件落料凹模为例，采用某公司生产的数控慢走丝线切割机床和 CAXA 线切割编程软件，电火花慢走丝线切割自动编程全过程如下：

1）开机，进入 CAXA 线切割编程，显示"打开文件"工作界面，如图 5-2-50 所示。

2）在 CAD 制图软件中绘制工件图形，另存图形文件为 .dxf 格式，打开 CAXX 编程软件→单击主菜单"文件"→选择"数据接口"→选择"DWG/DXF 文件读入"，工作界面如图 5-2-51 所示。

3）打开主菜单"线切割"→选择"轨迹生成"，显示"轨迹生成参数表"工作界面，如图 5-2-52 所示。

4）在"线切割轨迹生成参数表"中选择"切割参数"，在"轮廓精度"文本框中输入"0.001"→选择"切入方式"为"垂直"→选择"拐角过渡方式"为"圆弧"→选择"补偿实现方式"为"轨迹生成时自动实现补偿"→选择"样条拟合方式"为"圆弧"，工作界面如图 5-2-53 所示。

5）选择"偏移量/补偿值"，设置"第 1 次加工偏移量 = 0.2/2 + 0.01 = 0.11"，单击"确定"按钮，如图 5-2-54 所示。

6）单击工件轮廓，选择主菜单"拾取加工方向"，如图 5-2-55 所示。

7）选择加工的侧边或补偿方向，单击工件线切割型腔轮廓处，如图 5-2-56 所示。

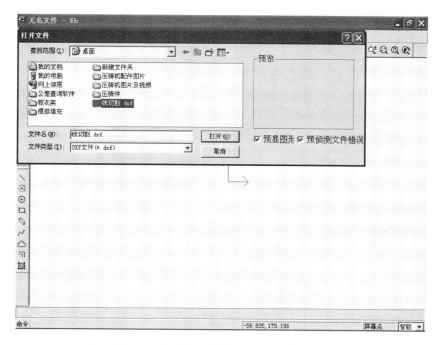

图 5-2-50　CAXA 线切割编程"打开文件"工作界面

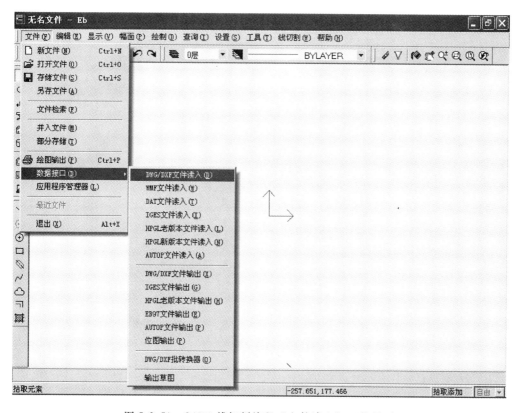

图 5-2-51　CAXA 线切割编程"文件读入"工作界面

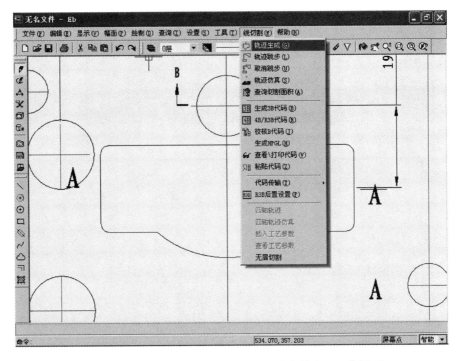

图 5-2-52　CAXA 线切割编程 "轨迹生成参数表" 工作界面

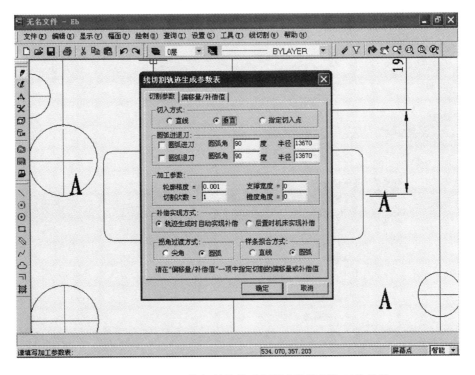

图 5-2-53　CAXA 线切割编程 "切割参数选择" 工作界面

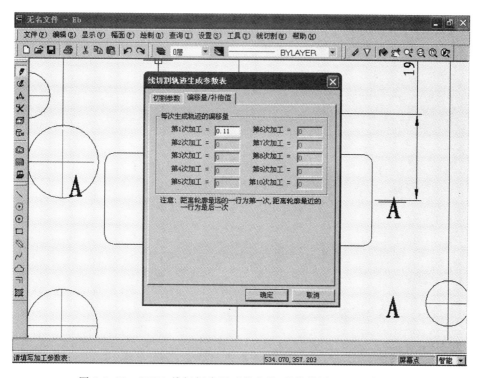

图 5-2-54 CAXA 线切割编程 "偏移量/补偿值设置" 工作界面

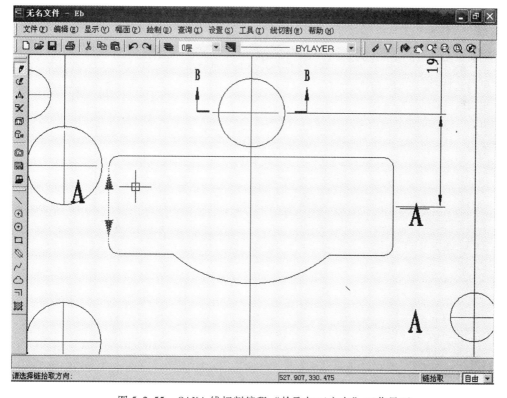

图 5-2-55 CAXA 线切割编程 "拾取加工方向" 工作界面

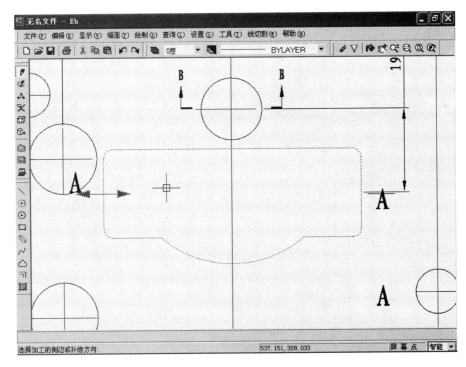

图 5-2-56　CAXA 线切割编程"加工的侧边或补偿方向选择"工作界面

8）输入穿丝点位置，单击穿丝点位置→输入退出点（与进入点重合时按回车键），如图 5-2-57 所示。

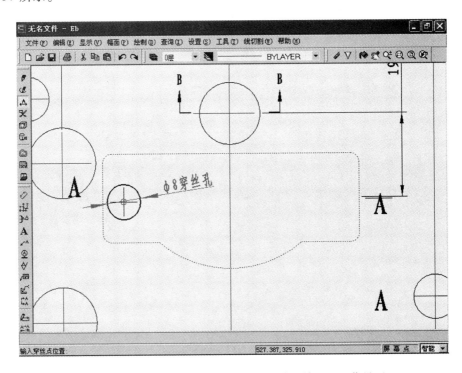

图 5-2-57　CAXA 线切割编程"穿丝点位置输入"工作界面

9) 选择主菜单"线切割"→选择"生成3B代码",如图5-2-58所示。

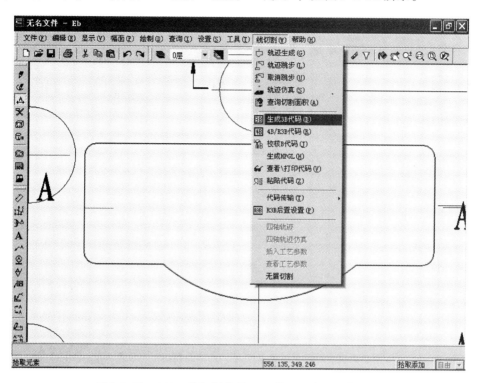

图 5-2-58　CAXA 线切割编程"3B 代码生成"工作界面

10) 设置线切割 3B 程序文件名为"123",如图 5-2-59 所示。

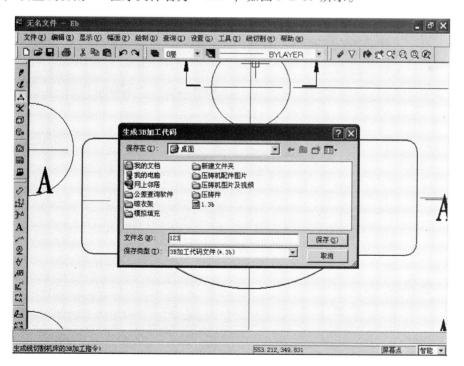

图 5-2-59　CAXA 线切割编程"3B 程序文件名设置"工作界面

11）选择"拾取加工轨迹"→单击工件加工所生成的铜丝轨迹，如图 5-2-60 所示。

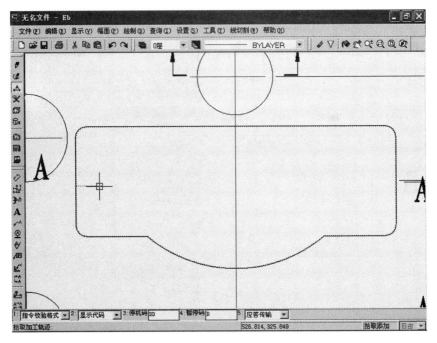

图 5-2-60　CAXA 线切割编程"加工轨迹拾取"工作界面

12）单击鼠标右键→生成 3B 代码程序文件 123.3b，如图 5-2-61 所示。

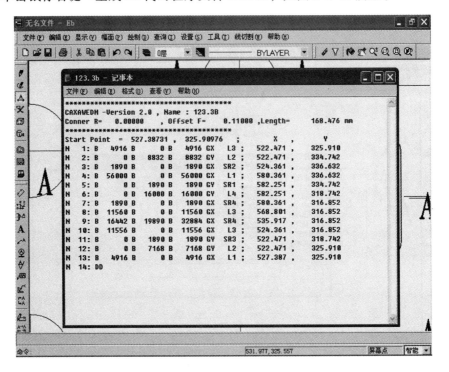

图 5-2-61　CAXA 线切割编程"3B 代码程序文件生成"工作界面

三、电火花慢走丝线切割自动编程全过程

以图 5-2-11 所示支承板落料凹模为工件，采用某公司生产的数控精密慢走丝线切割编程软件，电火花慢走丝线切割自动编程全过程如下：

1）进入自动线切割编程系统，打开支承板落料凹模".dxf"图形工作界面，如图 5-2-62 所示。

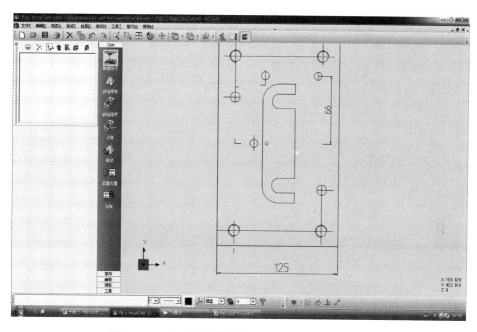

图 5-2-62　支承板落料凹模".dxf"图形工作界面

2）单击线切割图标"■"，打开如图 5-2-63 所示工作界面。

3）单击"零件"图标，打开如图 5-2-64 所示工作界面。

4）选择"XY"图标，单击"加工工件轮廓"，显示如图 5-2-65 所示工作界面。

5）单击"引入路径"菜单，打开如图 5-2-66 所示工作界面。

6）指定轮廓起点，选择轮廓线中点，显示如图 5-2-67 所示工作界面。

7）指定 XY 的起割点，单击穿丝孔中心点，显示如图 5-2-68 所示工作界面。

8）按回车键"结束"，显示如图 5-2-69 所示工作界面。

9）单击"编程"菜单，再单击"快速向导"图标，打开如图 5-2-70 所示工作界面。

10）单击"步骤 1/4"，选择丝径 $\phi 0.2\text{mm}$，切割次数 3，切割厚度 20mm，如图 5-2-71 所示。

11）单击"步骤 2/4"，选择补偿值，如图 5-2-72 所示。

12）单击"步骤 3/4"，选择残料长度，如图 5-2-73 所示。

13）单击"步骤 4/4"，确定补偿方向，单击右补偿指令"G42"，如图 5-2-74 所示。

14）单击"计算"菜单，再单击"轮廓加工方向"，显示如图 5-2-75 所示工作界面。

15）单击"后置处理"菜单，输入程序号，单击"后处理"菜单，导出程序，如图 5-2-76所示。

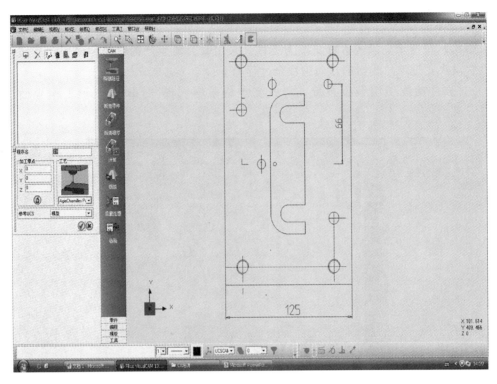

图 5-2-63　"线切割"工作界面

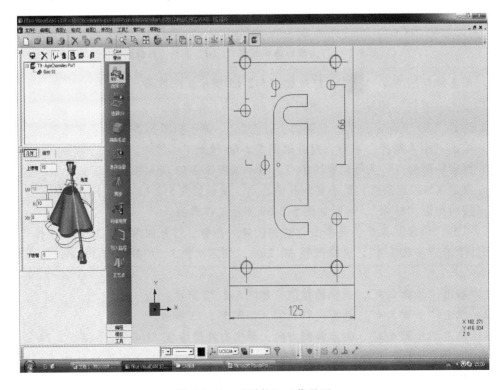

图 5-2-64　"零件"工作界面

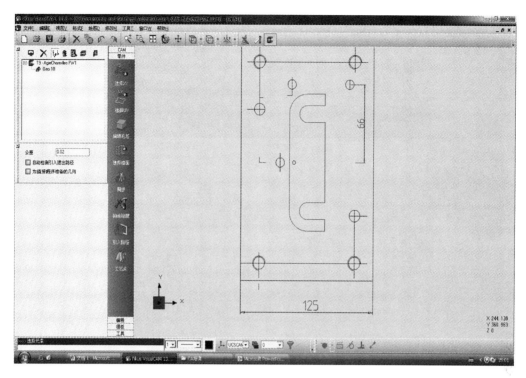

图 5-2-65　"加工工件轮廓"工作界面

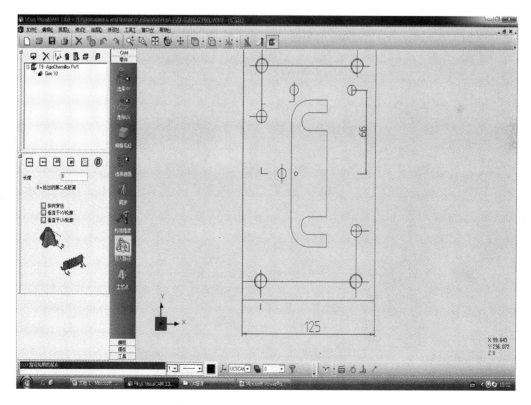

图 5-2-66　"引入路径"工作界面

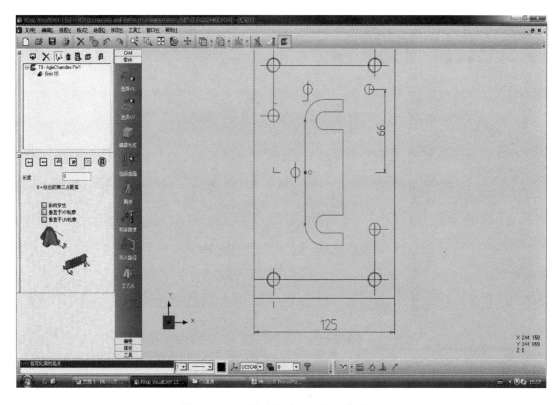

图 5-2-67　"指定轮廓起点"工作界面

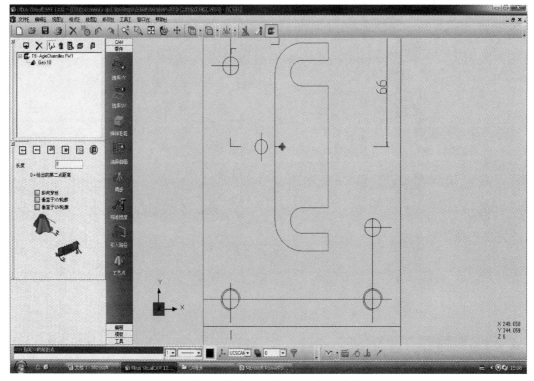

图 5-2-68　"指定 XY 的起割点"工作界面

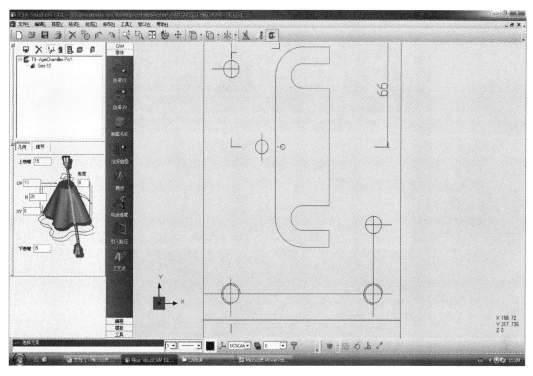

图 5-2-69 "结束"工作界面

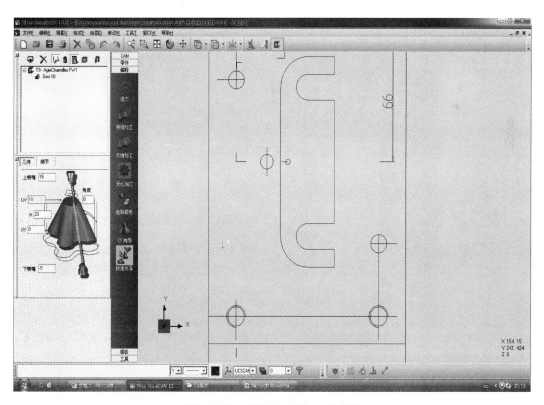

图 5-2-70 "快速向导"工作界面

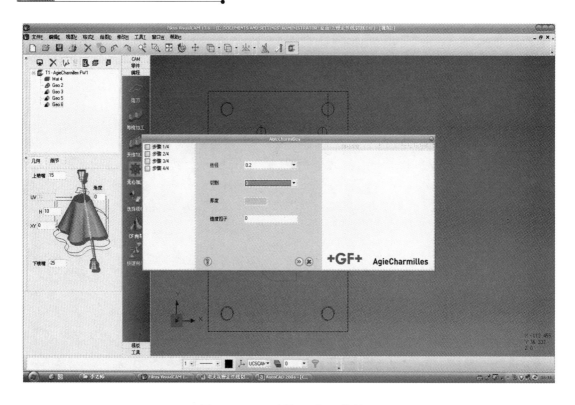

图 5-2-71 "步骤 1/4"工作界面

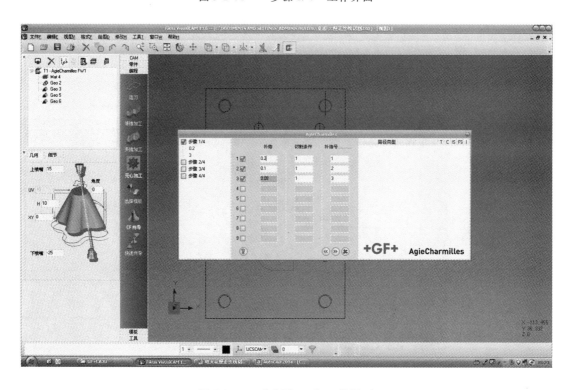

图 5-2-72 "步骤 2/4"工作界面

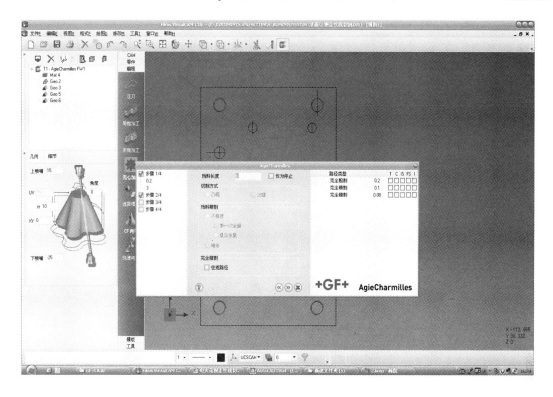

图 5-2-73 "步骤 3/4"工作界面

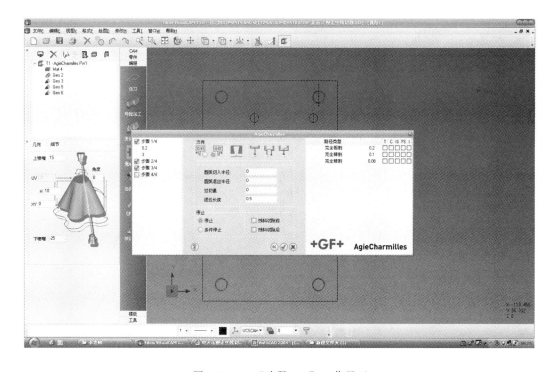

图 5-2-74 "步骤 4/4"工作界面

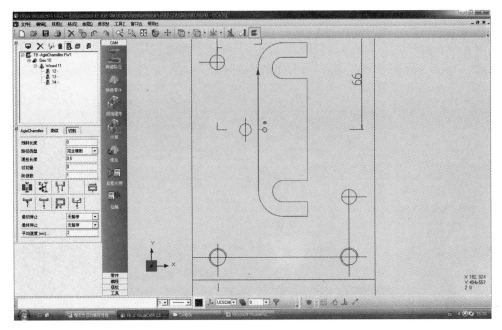

图 5-2-75　"轮廓加工方向"工作界面

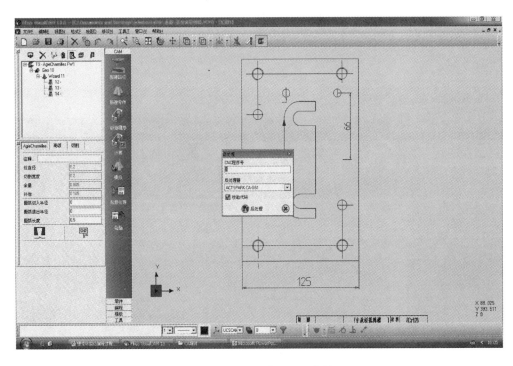

图 5-2-76　"后置处理"工作界面

 任务实施

图 5-2-1 和图 5-2-2 所示分别为止动件冲模落料凹模三维图和平面图，材料为 Cr12，加

工表面硬度为 60~64HRC，编制止动件冲模落料凹模加工工艺过程卡。

　　1）止动件冲模落料凹模模坯准备工艺。

　　2）止动件冲模落料凹模电火花线切割加工工艺。

　　3）止动件冲模落料凹模加工工艺过程卡编制，见表 5-2-11。

表 5-2-11　止动件冲模落料凹模加工工艺过程卡

序号	名称	工序内容	机床	夹具	刀具
1	下料	锯床下料 $\phi75mm \times 127mm$	G4030		
2	锻	锻六方 $130mm \times 130mm \times 30mm$	自由锻		
3	热处理	正火处理			
4	铣	铣六方，定尺寸 $125.6mm \times 125.6mm \times 25.6mm$	X52		立铣刀
5	磨	粗磨上、下面，磨四侧面，定尺寸 $125.2mm \times 125.2mm \times 25.2mm$	M1432	磁铁吸盘	砂轮
6	钳	1）倒角去毛刺 2）划线，钻螺纹底孔 $4 \times \phi8.5mm$ 3）攻螺孔 $4 \times M10$-$7H$ 4）钻 $2 \times \phi10mm$ 孔为 $2 \times \phi9.8mm$，铰销孔 $2 \times \phi10mm$ 5）钻型孔线切割穿丝孔 $\phi8mm$	Z3040	压板	$\phi8mm$ $\phi8.5mm$ $\phi9.8mm$ 钻头， $\phi10mm$ 铰刀
7	铣	铣 $3 \times \phi16mm$ 孔	X52		$\phi16mm$ 铣刀
8	热处理	表面淬火，硬度为 60~64HRC			
9	磨	精磨上、下面及四侧面到图样尺寸	M1432	磁铁吸盘	砂轮
10	线切割	找正，线切割各型孔，留研磨量 0.01~0.02mm	DK7735		
11	钳	研磨各型孔			

 任务拓展

　　图 5-2-10 和图 5-2-11 所示分别为支承板落料凹模三维图和平面图，材料为 CrWMn，加工表面硬度为 60~64HRC，编制其加工工艺过程卡。

　　1）支承板落料凹模模坯准备工艺。

　　2）支承板落料凹模电火花线切割加工工艺。

　　3）支承板落料凹模加工工艺过程卡编制，见表 5-2-12。

表 5-2-12　支承板落料凹模加工工艺过程卡

序号	名称	工序内容	机床	夹具	刀具
1	下料	锯床下料 $\phi80mm \times 146mm$	G4030		
2	锻	锻六方 $205mm \times 130mm \times 25mm$	自由锻		
3	热处理	正火			
4	铣	铣六方，定尺寸 $200.6mm \times 125.6mm \times 20.6mm$	X52		立铣刀
5	磨	粗磨上、下面，磨四侧面；定尺寸 $200.2mm \times 125.2mm \times 20.2mm$	M1432	磁铁吸盘	砂轮

（续）

序号	名称	工序内容	机床	夹具	刀具
6	钳	1）倒角去毛刺 2）划线，钻螺纹底孔 $4 \times \phi10.2mm$ 3）攻螺孔 $4 \times M12\text{-}7H$ 4）钻 $2 \times \phi10mm$ 孔为 $2 \times \phi9.8mm$，铰销孔 $2 \times \phi10^{+0.015}_{0}mm$ 5）钻 $3 \times \phi8mm$ 孔为 $2 \times \phi6.8mm$，铰销孔 $3 \times \phi8^{+0.015}_{0}mm$ 6）钻型孔线切割穿丝孔 $\phi8mm$	Z3040	压板	$\phi6.8mm$ $\phi8mm$ $\phi9.8mm$ $\phi10.2mm$ 钻头， $\phi8mm$ 及 $\phi10mm$ 铰刀
7	钻	钻型孔线切割穿丝孔 $\phi3mm$			
8	热处理	表面淬火，硬度为 $60 \sim 64HRC$			
9	磨	精磨上、下面及四侧面到图样尺寸	M1432	磁铁吸盘	砂轮
10	线切割	找正，线切割各型孔，留研磨量 $0.01 \sim 0.02mm$	DK7632		
11	钳	研磨各型孔			

 思考与练习

一、填空题

1. 慢走丝电火花线切割机以_____做低速单向运动，其走丝速度_____，加工精度达_____，表面质量_____磨削水平。

2. 慢走丝电火花线切割工作_____、均匀、_____、加工质量较好，其最高加工速度可达_____。

3. 慢走丝线切割机所加工的工件表面粗糙度值通常可达_____ μm，用于加工_____零件。

二、简答题

简述电火花慢走丝线切割自动编程操作全过程。

项目六

模具装配技术

[项目简介]

前五个项目讲述了模具零件加工工艺。模具零件制造完成后，需要对其进行装配和调试，这就涉及模具装配技术。本项目主要介绍冲模装配技术和注射模装配技术。

[项目工作流程]

1. 分析模具装配图技术要求。
2. 选择模具装配工艺及方法。
3. 计算模具装配尺寸链。
4. 确定冲模凸、凹模间隙控制方法。
5. 模具组件装配。
6. 模具总装装配、调试和修理。
7. 模具装配工艺过程卡的编制。

[知识目标]

1. 熟悉模具装配工艺及方法。
2. 掌握模具装配尺寸链的计算方法和计算过程。
3. 熟悉模具装配的固定方法。
4. 掌握冲模凸、凹模间隙及位置的控制方法。
5. 掌握冲模组件装配方法和总装装配顺序。
6. 熟悉塑料模组件装配方法和总装装配顺序。
7. 掌握模具的调试和修理方法。

[能力目标]

1. 会进行冲模组件装配、总装及间隙调整。
2. 会进行塑料模组件的装配与修模。

[重点]

1. 模具装配工艺及方法的确定。

2. 模具装配固定方法。

3. 模具组件装配及总装装配。

[难点]

模具组件装配及总装装配。

任务一　梅花垫落料模模具装配工艺及方法

任务引入

图 6-1-1 所示为梅花垫落料模装配图，选择梅花垫落料模装配工艺和装配方法。

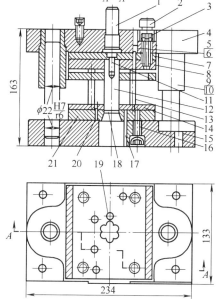

技术要求

1. 装配时应保证凸、凹模之间的间隙一致，配合间隙符合设计要求，Z_{min}=0.008mm，Z_{max}=0.012mm，不允许采用使凸、凹模变形的方法来修正间隙。

2. 各接触面保证密合。

3. 落料的凹模刃口高度按设计要求制造，其落料孔应保证畅通。

4. 冲模所有活动部分的移动应平稳灵活，无滞止现象。

5. 各紧固用的螺钉、销不得松动，并保证螺钉和销的端面不凸出上、下模座平面。

图 6-1-1　梅花垫落料模装配图

1—模柄　2—限位螺钉　3—紧固螺钉　4—上模座　5—卸料螺钉　6—卸料弹簧　7—垫板
8—凸模固定板　9—导柱　10—导套　11—紧定螺钉　12—凸模　13—弹簧　14—卸料板
15—下模座　16—螺钉　17—圆柱销　18—梅花垫　19—挡料销　20—导料销　21—凹模板

相关知识

一、模具装配的定义、内容及精度要求

1. 模具装配的定义

模具装配是根据模具的结构特点、技术和各零件间的相互关系，以一定的装配顺序和方法，将合格的零件连接固定为组件、部件（半成品），直至装配成合格的模具（成品），使之成为半成品或成品。它可以分为组件装配和总装装配等。

模具装配是模具制造过程的最后阶段，其质量的好坏影响冲压件的精度、模具使用寿命和各部分的功能。一副合格的模具，除了要保证模具组成零件的制造精度外，还必须确保装配精度，否则冲压件质量难以保证。另外，模具装配阶段的工作量比较大，影响模具生产制

造周期和生产成本。因此，模具装配是模具制造中的重要环节。

2. 模具装配的内容

模具装配主要包括：①选择装配基准；②模具组件装配、调整及修配；③模具部件装配、调整及修配；④研磨抛光、检验和试模等环节，通过装配达到模具各项精度指标和技术要求，在装配调试过程中及时发现问题并采取措施解决。

3. 模具装配的精度要求

模具装配的精度要求包括以下六个方面。

1）位置精度：塑料模动、定模之间，冲模上、下模之间的位置精度。

2）运动精度：导柱与导套配合精度，冲模送料装置的送料精度，顶件块和卸料装置是否灵活可靠。

3）配合精度：包括零件之间的配合间隙和过盈程度。

4）接触精度：塑料模动、定模分型面的吻合一致性，冲模上、下模接触面的吻合一致性等。

5）标准件互换：紧固螺栓和定位销采用标准件。

6）模具安装尺寸符合所选设备的要求。

零件制造精度直接影响制件的精度。若干个零件的制造精度决定模具的某项装配精度，这就出现了误差累积问题，因此要用装配尺寸链分析模具的有关组成零件的精度对装配精度的影响。

二、冲模装配技术要求

1. 冲模外观要求

1）冲模表面应平整，无锈斑、伤痕等缺陷，除刃口外的锐边倒角。

2）当冲模质量大于25kg时，模座上应有起重螺孔。

3）冲模周边涂绿色或蓝色油漆，模具正面有铭牌或刻字、模具名称、编号、制造日期等。

2. 冲模工作零件装配要求

1）冲模凸模、凹模、侧刃与固定板安装基面应垂直。

2）冲模凸模、凹模与固定板装配后，其底面与固定板应磨平。

3）冲模凸模和凹模拼块的接缝应无错位，接缝处平行度误差不大于0.02mm。

3. 冲模紧固件装配要求

1）螺钉装配后应拧紧，不许有任何松动。

2）对钢件连接，螺纹旋入长度≥螺钉直径；对铸件连接，螺纹旋入长度≥1.5倍的螺钉直径。

3）圆柱销与销孔的配合松紧适度，配合长度≥销钉直径的1.5倍，但配合长度也不宜过长。

4. 导向零件装配要求

1）导柱与模座安装基面应垂直。其垂直度允差为：滑动导柱≤0.01/100，滚珠导柱≤0.005/100。

2）导料板导向面与凹模中心线应平行，平行度允差为：冲裁模≤0.05/100，连续模≤0.05/100。

5. 凸、凹模装配后的间隙要求

凸、凹模装配后，两者之间间隙应均匀，冲裁模凸、凹模间隙误差≤规定间隙的20%；对弯曲、成形、拉深模，其凸、凹模间隙误差≤料厚偏差。

6. 推出、顶出、卸料件装配要求

1）装配后，卸料板、推件板、顶料板应露出凸模顶端、凹模口或凸凹模顶端 0.5～1mm。

2）同一模具的顶杆、推杆长度应一致，误差≤0.1mm。

3）卸料机构和推料及顶料机构动作灵活，无卡住现象。

7. 模柄装配要求

冲模模柄与上模座应垂直，垂直度误差≤0.05/100。

三、模具装配工艺及方法

（一）模具装配的组织形式

当许多零件装配在一起构成零件组，直接成为产品的组成部分时，称为部件；当零件组是部件的直接组成部分时，称为组件。把零件装配成组件的过程称为组件装配，把零件装配成部件的过程称为部件装配，把零件装配成最终产品的过程称为总装装配。根据产品的生产批量不同，装配过程的不同组织形式见表 6-1-1。

表 6-1-1　装配过程的不同组织形式

形式		特　点	应用范围
固定装配	集中装配	从零件装配成部件或产品的全过程均在固定工作地点，由一组（或一个）工人来完成。对工人技术水平要求较高，工作地面积大，装配周期长	1. 单件、小批生产 2. 装配高精度产品，调整工作较多
	分散装配	把产品装配的全部工作分散为各种部件装配和总装装配，各分散在固定的工作地点完成，装配工人增多，生产面积增大，生产率高，装配周期短	成批生产
移动装配	产品按自由节拍移动	装配工序分散。每一组装配工人完成一定的装配工序，每一装配工序无一定的节拍。产品经传送工具自由地（按完成每一工序所需时间）送到下一工作地点，对装配工人的技术要求较低	大批生产
	产品按一定节拍周期移动	装配分工原则同前一种组织形式。每一装配工序是按一定的节拍进行的。产品经传送工具按节拍周期性（断续）地到下一工作地点，对装配工人技术水平要求低	大批和大量生产
	产品按一定速度连续移动	装配分工原则同上。产品通过传送工具以一定速度移动，每一工序的装配工作必须在一定的时间内完成	大批和大量生产

（二）模具装配的特点

模具装配属单件小批量生产类型，工艺灵活性大，工序集中，工艺文件不详细，设备、工具尽量选通用的，组织形式以固定式为多，手工操作比重大，要求工人有较高的技术水平和多方面的工艺知识。

（三）模具装配的工艺方法

模具装配的工艺方法有互换装配法、修配装配法和调整装配法。模具生产属于单件小批量生产，具有成套性和装配精度高的特点。目前，模具装配常用修配装配法和调整装配法。随着模具加工设备的现代化，零件制造精度逐渐满足互换装配法的要求，互换装配法的应用将会越来越广泛。

1. 互换装配法

互换装配法的实质是通过控制零件制造加工误差来保证装配精度，可分为完全互换法、不完全互换法和分组互换法。

（1）完全互换法　这种方法在模具装配时，相互有配合的零件不经选择、修理和调整即可达到装配精度的要求。

它具有装配工作简单，质量稳定，易于流水作业，效率高，对装配工人技术要求低，模具维修方便等优点；但单个零件加工精度要求高，仅用于装配精度不太高的模具标准部件的大批量生产的模具装配。这种装配法要求有关零件制造公差之和小于或等于总装配公差 T_Σ，即

$$T_\Sigma \geqslant T_1 + T_2 + \cdots + T_{n-1} = \sum_{i=1}^{n-1} T_i$$

（2）不完全互换法　当相互有配合的零件加工精度不能满足完全互换法装配要求时，将配合零件的平均制造公差放大 $\sqrt{n-1}$ 倍进行制造，单个零件制造公差 $T_i = T_\Sigma / \sqrt{n-1}$，$T_\Sigma = \sqrt{\sum_{i=1}^{n-1} T_i^2}$，这时有 0.27% 的零件不能达到完全互换要求，几乎可以忽略不计。这种装配法可有效降低模具零件的制造难度，提高加工经济性，用于装配精度要求高、组成环多时的大批量生产。

（3）分组互换法　当相互有配合的零件加工精度不能满足完全互换法装配要求时，将配合零件制造公差放大 n 倍（扩大倍数以能按经济精度进行加工为度），再对加工出来的零件进行实测，按扩大前的公差大小、扩大倍数及实测尺寸进行分组，以不同颜色区别各组，进行分组装配。此法既能实现互换装配，又能达到高装配精度，用于组成环多且装配精度要求高的模具部件的成批生产，但应注意以下几点。

1）每组配合尺寸的公差要相等，以保证分组后各组的配合精度和配合性质都能达到原来的设计要求。因此，扩大配合尺寸的公差时要向同方向扩大，扩大倍数等于分组数 n。

2）分组不宜过多（一般分为4组或5组），否则零件的测量、分类和保管工作复杂。

3）分组互换法不宜用于组成环很多的装配尺寸链。因为尺寸链环数太多，也会和分组过多一样导致装配工作复杂。此法适宜用于高精度、少环尺寸链（尺寸链数 $n < 4$）的大批量生产中。

如模架生产厂，将生产的导柱和导套配合尺寸制造公差均扩大4倍，按实测尺寸大小分成4组进行有选择的装配，大导柱配大导套，可保证各组装配后的最大配合间隙为 0.055mm，最小配合间隙为 0.005mm，见表6-1-2。零件加工公差扩大更容易制造，而组内零件尺寸公差和配合间隙与图样要求的装配精度要求相同。

表 6-1-2　导柱、导套分组互换法装配应用

组别	标志颜色	导柱配合尺寸/mm	导套配合尺寸/mm	配合间隙/mm	
				最大配合间隙	最小配合间隙
1	白色	$\phi 25^{-0.025}_{-0.050}$	$\phi 25^{+0.005}_{+0.02}$	0.055	0.005
2	绿色	$\phi 25^{-0.050}_{-0.075}$	$\phi 25^{-0.020}_{-0.045}$	0.055	0.005
3	黄色	$\phi 25^{-0.075}_{-0.100}$	$\phi 25^{-0.045}_{-0.070}$	0.055	0.005
4	红色	$\phi 25^{-0.100}_{-0.125}$	$\phi 25^{-0.070}_{-0.095}$	0.055	0.005

2. 修配装配法

修配装配法是指装配时修去指定零件的预留修配量，达到装配精度要求的方法。这种方法组成环可按经济精度制造，而装配精度却很高；但修配工作量大，生产率低，对装配人员技术水平要求高。修配装配法用于单件或小批量生产的模具装配工作。常用修配方法有以下两种。

（1）指定零件修配法　指定零件修配法是在装配尺寸链的组成环中，预先指定一个零件作为修配件，并预留一定的加工余量，装配时再对该零件进行切削加工，达到装配精度要求的加工方法。

这种装配法指定的零件应易于加工，且在装配时其尺寸变化不会影响其他尺寸链。图6-1-2 所示为热固性塑料冲模，装配后要求上型芯 1 及下型芯 6 在 B 面重合，凹模 3 的上、下平面分别与上固定板 11 及下固定板 9 在 A、C 面上同时保持接触。为了保证零件的加工和装配简化，选择凹模 3 为修配件。

凹模 3 上、下平面在加工时预留一定的修配余量，其大小可根据具体情况或经验确定。修配前应进行预装配，测出实际的修配余量大小，然后拆开凹模 3 按测出的修配余量修配，再重新装配达到装配精度要求。

（2）合并加工修配法　合并加工修配法是将两个或两个以上的配合零件装配后，再进行机械加工，以达到装配精度要求的方法。

如图 6-1-3 所示，凸模和凸模固定板组装后，要求凸模上端面和凸模固定板的上平面为同一平面。采用合并加工修配法，在生产制造凸模和凸模固定板时，对其加工尺寸不严格控制，但在两者组合装配后，再磨削上平面，以保证装配要求。

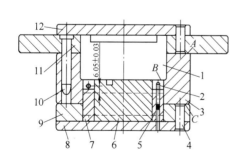

图 6-1-2　热固性塑料冲模

1—上型芯　2—嵌件螺钉　3—凹模　4—铆钉
5、7—型芯拼块　6—下型芯　8、12—支承板
9—下固定板　10—导柱　11—上固定板

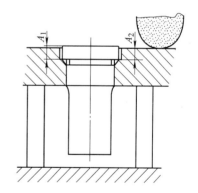

图 6-1-3　合并加工修配法

3. 调整装配法

调整装配法是指通过改变模具中可调零件的相对位置或变化一组固定尺寸零件（如垫圈、垫片），来达到装配精度要求的方法。这种方法组成环可按经济精度制造，而装配精度却很高，但要另外增加一套调整装置，常用的有可动调整法和固定调整法。

（1）可动调整法　可动调整法是在装配时，利用移动、旋转等运动改变所选定的调整件位置来达到装配要求的方法。图 6-1-4 所示为冲模上出件的弹性顶件装置，通过旋转螺母，压缩橡胶，使顶件力增大。此法不用拆卸零件，操作方便。在模具装配中常用此法，并常用螺栓、斜面、挡环、垫片或连接件之间的间隙做补偿环（调整环），调整后使封闭环尺寸及偏差达到图样要求。此法用于小批量生产。

（2）固定调整法　固定调整法是按一定尺寸公差等级制造出一套专用零件（如垫圈、垫片及轴套等）做调整件，装配时选某一合适尺寸的调整件加入装配结构中，从而达到装配精度的方法。此法须对调整环进行测量分级，调整过程中须装拆零件，装配不方便。此法用于大批量生产。

图 6-1-5 所示为塑料注射模滑块型芯水平位置的调整，可通过更换调整垫片的厚度达到装配精度的要求。调整垫片可制造成不同厚度，装配时根据预装配时对间隙的测量结果，选择一个适当厚度的调整垫片进行装配，获得所要求的型芯位置。

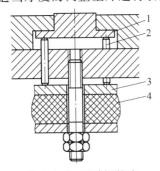

图 6-1-4　可动调整法

1—顶料板　2—顶杆　3—垫板　4—橡胶

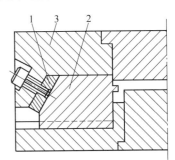

图 6-1-5　固定调整法

1—调整垫片　2—滑块型芯　3—定模板

调整装配法和修配装配法的共同之处是都能通过制造精度较低的零件，达到较高的装配精度；两者不同之处是前者是用更换调整零件或改变调整件位置的方法达到装配精度的，后者是从修配件上切除一定的修配余量达到装配精度的。

 任务实施

梅花垫落料模模具装配工艺和装配方法

1. 梅花垫落料模模具装配工艺

选梅花垫落料模中的凹模作为装配基准件→各组件装配→总体装配→调整凸、凹模间隙为 0.008 ~ 0.012mm→检验、调试。

2. 梅花垫落料模模具装配方法

由于模具为单件、小批生产且装配精度要求高，不适合互换装配法，故采用修配装配法。

 任务拓展

图 6-1-6 所示为垫圈冲孔模装配图，加工方案为先落料再冲孔，材料为 H62，要求装配后保证凸、凹模间隙为 0.246 ~ 0.360mm，选择垫圈冲孔模装配工艺和装配方法。

1. 垫圈冲孔模模具装配工艺

选垫圈冲孔模中凹模 2 作为装配基准件→组件装配→总体装配→调整凸、凹模间隙→检

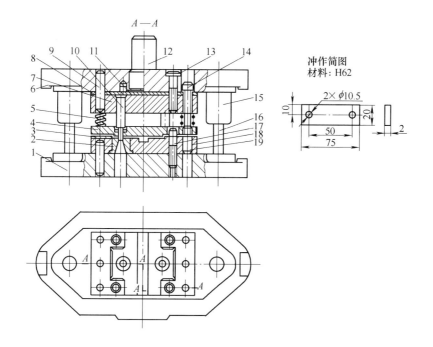

图 6-1-6　垫圈冲孔模装配图

1—下模座　2—凹模　3—定位板　4—卸料板　5—弹簧　6—上模座　7—凸模固定板

8—垫板　9、11、19—圆柱销　10—凸模　12—模柄　13、17—螺钉

14—卸料螺钉　15—导套　16—导柱　18—凹模固定板

验、调试。

2. 垫圈冲孔模模具装配方法

由于模具为单件、小批生产且装配精度要求高，不适合互换装配法，故采用调整装配法。

 思考与练习

一、填空题

1. 模具生产属_____，在装配工艺上多采用_____和_____来保证装配精度。

2. 互换装配法分为_____、_____和_____。

3. 模具装配精度包括相关零件的_____、_____、_____、_____、

_____、_____六方面内容。

4. 常见的修配方法有_____、_____。

5. 合并加工修配法是将_____或_____零件装配在一起，再进行_____，以达到装配精度要求。

6. 完全互换法的特点是装配尺寸链组成环公差之和_____封闭环公差，用于装配精度要求_____的大批量生产的模具标准部件的装配。

二、选择题

1. 集中装配的特点是（　　　　　）。

A. 从零件装成部件或产品的全过程均在固定地点

B. 由几组（或多个）工人来完成

C. 对工人技术水平要求低

D. 装配周期短

2. 完全互换装配法的特点是（　　　　　）。

A. 对工人技术水平要求高　　　　　　B. 装配质量稳定

C. 产品维修方便　　　　　　　　　　D. 不易组织流水作业

3. 分散装配的特点是（　　　　　）。

A. 适合成批生产　　　　　　　　　　B. 生产率低

C. 装配周期长　　　　　　　　　　　D. 装配工人少

4. 对调整装配法，叙述正确的是（　　　　　）。

A. 在调整过程中不须拆卸零件　　　　B. 调整法装配精度较低

C. 调整法装配需要修配加工　　　　　D. 只能通过更换调整件的方法达到装配精度

三、简答题

1. 什么是修配装配法？

2. 什么是分组装配法？

3. 调整装配法与修配装配法的共同之处有哪些？不同之处又有哪些？

梅花垫落料模装配尺寸链计算

图 6-2-1、图 6-2-2、图 6-2-3 所示分别为梅花垫冲裁件、落料凹模及凸模，计算梅花垫落料模装配尺寸链。

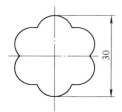

图 6-2-1　梅花垫冲裁件

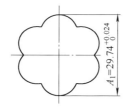

图 6-2-2　梅花垫落料凹模

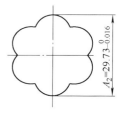

图 6-2-3　梅花垫落料凸模

任何产品都是由若干零、部件组装而成的。为保证产品（部件）技术要求，先要保证各零、部件之间的尺寸精度和几何精度，最后将这些零件装配起来，达到部件的装配技术要求。在产品设计、装配工艺制订、装配技术等方面都要用到尺寸链来解决问题。

一、装配尺寸链的概念

在产品（部件）装配过程中，由相关零件的有关尺寸（表面或轴线间的距离）和相互位置关系（同轴度、平行度、垂直度等）所组成的相互连接且按一定顺序首尾相接排列成的尺寸封闭图形称为装配尺寸链。

二、装配尺寸链的组成

装配尺寸链由封闭环和组成环组成。

（1）环　组成尺寸封闭图的各个尺寸。

（2）封闭环　装配后形成的被间接保证精度的那个尺寸。

（3）组成环　构成封闭环的各个零件的相关尺寸，分为增环和减环。

1）增环：当其余各组成环不变，该环增大时封闭环也增大。

2）减环：当其余各组成环不变，该环增大时封闭环会减小。

三、装配尺寸链的作用

建立和分析装配尺寸链的作用有两个。

1）了解累积公差和装配精度的关系。

2）可通过计算公式和定量计算，确定合理的装配工艺方法和各个零件的制造公差。

建立装配尺寸须遵循尺寸链组成最短原则，即环数最少原则。

如图 6-2-4 所示，尺寸 A_0 是装配后形成的，是装配技术要求规定的尺寸，是封闭环；A_1、A_2、A_3 和 A_4 是组成环。封闭环公差＝各组成环公差之和。

四、装配尺寸链的计算过程及步骤

图 6-2-5a 所示为注射模斜楔滑块机构装配尺寸链，零件 1、2 的公称尺寸分别为 $A_1 = 57^{+0.15}_{+0.10}$ mm，$A_2 = 20^{-0.03}_{-0.05}$ mm，$A_3 = 37^{-0.05}_{-0.10}$ mm，要求两零件装配后定模 1 的内平面到滑块 2 分型面的距离 $A_0 = 0.18 \sim 0.30$ mm，斜楔滑块机构装配尺寸链如图 6-2-5b 所示，分别采用互换装配法和修配装配法装配，确定各组成环的公称尺寸和极限偏差。

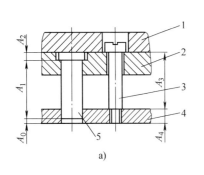 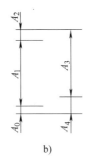 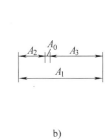

图 6-2-4 装配尺寸链简图

a）装配简图 b）装配尺寸链图

1—垫板 2—凸模固定板 3—卸料螺钉

4—卸料板 5—凸模

图 6-2-5 注射模斜楔滑块机构
装配尺寸链简图

a）装配简图 b）装配尺寸链图

1—定模 2—滑块

1. 采用互换装配法装配模具（与工艺尺寸链极值计算法相类似）

其尺寸链的求解与工艺尺寸链相类似，采用极值计算法，由于 A_0 是在装配过程中最后形成的，故为封闭环，A_1 为增环，A_2、A_3 为减环。封闭环公称尺寸 A_0 的计算过程见表 6-2-1。

表 6-2-1 采用互换装配法装配斜楔滑块机构装配尺寸链的计算 （单位：mm）

尺寸链	公称尺寸	上极限偏差 ES	下极限偏差 EI
增环 A_1	57	＋0.065	＋0.015
减环 A_2	－20	＋0.205	＋0.165
减环 A_3	－37	＋0.03	0
封闭环 A_0	0	0.30	0.18

通过计算，斜楔滑块机构的封闭环尺寸 A_0 的范围为 $0.18 \sim 0.30$ mm，显然两零件装配后能够满足技术要求。

2. 采用修配装配法装配模具

这种装配尺寸链用概率法求解，其关键是正确选择修配环和确定其尺寸及极限偏差。

（1）修配环选择

1）便于拆装，易于修配。选择形状简单、修配面较小的零件做修配件。

2）尽量不选公共组成环，否则无法同时满足多个装配尺寸链装配对公共环的要求，而选择只与一项装配精度有关的环。

（2）修配环尺寸及偏差的计算

1）各组成环的平均公差 $T_M = T_0/m$，其中，m 为组成环个数，T_0 为封闭环公差，T_M 为组成环的平均公差。

2）调整各组成环公差 T_i：以平均公差 T_M 为基础，根据各组成环公称尺寸及加工难易程度调整各组成环公差 T_i，难加工尺寸公差值取大些，易加工尺寸公差值取小些，但各组成环公差之和 ≤ 封闭环公差 T_0。

3）计算各组成环公差带中心对于公称尺寸的坐标值 Δ_i：先按"入体"原则标注组成环公称尺寸 A_i 及偏差，确定平均尺寸 A_{im}，$\Delta_i = A_i - A_{im}$，如图 6-2-6 所示。

4）计算修配环 A_X 公差带中心对于公称尺寸的坐标值 Δ_X：封闭环公差带中心对于公称尺寸的坐标值 Δ_0 与各组成环公差带中心对于公称尺寸的坐标值 Δ_i 的关系为 $\Delta_0 = \sum \Delta_{i增} - \sum \Delta_{i减}$，$\Delta_{i增}$、$\Delta_{i减}$ 分别为各增环、减环公差带中心对于公称尺寸的坐标值。

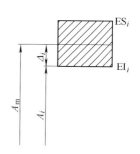

图 6-2-6　公称尺寸 A_i 及平均尺寸 A_{im} 和 Δ_i 的关系

5）计算修配环 A_X 的上极限偏差 ES_X 和下极限偏差 EI_X

$$ES_X = \Delta_X + \frac{T_X}{2}, EI_X = \Delta_X - \frac{T_X}{2}$$

① 各组成环的平均公差 T_M 为 $T_M = T_0/m = 0.12\text{mm}/3 = 0.04\text{mm}$

② 调整各组成环 A_1、A_2、A_3 的公差。此处取尺寸 A_1 的公差 $T_1 = 0.05\text{mm}$，尺寸 A_2、A_3 的公差 $T_2 = T_3 = 0.03\text{mm}$，调整后封闭环实际公差 $T_0' = 0.11\text{mm} <$ 封闭环公差 $T_0 = 0.12\text{mm}$，符合要求。

③ 计算各组成环公差带中心对于公称尺寸的坐标值 Δ_i。通过修配零件 1 的尺寸 A_1 来调整尺寸 A_0，其余各组成环按"入体"原则标注尺寸及偏差，则尺寸 $A_2 = X_{-0.03}^{\ 0}$，公称尺寸为 X，平均尺寸 $A_{2m} = (X + 0 + X - 0.03)/2 = X - 0.015\text{mm}$，故尺寸 A_1 公差带中心对于公称尺寸的坐标值 $\Delta_2 = -0.015\text{mm}$；尺寸 $A_3 = 37_{-0.03}^{\ 0}\text{mm}$，公称尺寸为 37mm，平均尺寸 $A_{3m} = (37 + 0 + 37 - 0.03)\text{mm}/2 = 36.985\text{mm}$，尺寸 A_3 公差带中心对于公称尺寸的坐标值 $\Delta_3 = 36.985\text{mm} - 37\text{mm} = -0.015\text{mm}$。

④ 计算修配环 A_1 公差带中心对于公称尺寸的坐标值 Δ_1。封闭环平均尺寸 $A_{0m} = (0.18 + 0.3)\text{mm}/2 = 0.24\text{mm}$，公称尺寸 $A_0 = 0$，故 $\Delta_0 = 0.24\text{mm}$，根据 $\Delta_0 = \Delta_1 - (\Delta_2 + \Delta_3)$，故 $\Delta_1 = \Delta_0 + (\Delta_2 + \Delta_3) = +0.24\text{mm} + (-0.015 - 0.015)\text{mm} = 0.21\text{mm}$。

⑤ 计算修配环 A_1 的上极限偏差 ES_1 和下极限偏差 EI_1 为：

$$ES_1 = \Delta_1 + T_1/2 = 0.21\text{mm} + 0.05\text{mm}/2 = 0.235\text{mm},$$

$$EI_1 = \Delta_1 - T_1/2 = 0.21\text{mm} - 0.05\text{mm}/2 = 0.185\text{mm}$$

故 $A_1 = 57_{+0.185}^{+0.235}\text{mm}$

⑥ 验证。按互换装配法装配时尺寸 $A_1 = 57_{+0.015}^{+0.065}\text{mm}$，按修配法装配后变成 $A_1 = 57_{+0.185}^{+0.235}\text{mm}$，尺寸增大了 0.17mm，且封闭环实际公差 $T_0' = 0.11\text{mm} <$ 封闭环公差 $T_0 = 0.12\text{mm}$。

结论：按互换装配法装配模具，各组成环公差值最小，公差等级约为 IT9。按修配装配法装配得到的各组成环的公差值最大，公差等级约为 IT11，而模具装配精度比互换装配法高。但修配装配法增加了修配工作量，广泛用于模具单件小批生产。

 任务实施

1. 绘出梅花垫落料模装配尺寸链

图 6-2-7 所示为梅花垫落料模凸模、凹模装配简图，若凸、凹模分别制造，装配之后技术要求保证凸、凹模单边间隙 $Z=0.008\sim0.012\text{mm}$，装配尺寸链如图 6-2-8 所示。

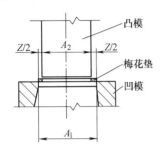

图 6-2-7 梅花垫落料模凸模、凹模装配简图

图 6-2-8 梅花垫落料模凸模、凹模装配尺寸链图

2. 找出梅花垫落料模装配尺寸链的封闭环、增环、减环

装配尺寸链中凹模刃口尺寸 A_1 为增环，凸模刃口尺寸 A_2 为减环，凸、凹模单边间隙 Z 在凸、凹模装配后来保证，为封闭环。

3. 计算梅花垫落料模装配尺寸链凸、凹模间隙 Z

由于凸、凹模尺寸已知，根据图 6-2-2，凹模刃口尺寸 $A_1=29.74^{+0.024}_{0}\text{mm}$，凸模刃口尺寸 $A_2=29.73^{0}_{-0.016}\text{mm}$，按表 6-2-2 计算得凸、凹模单边间隙 $Z=0.01^{+0.04}_{0}\text{mm}$。

表 6-2-2 梅花垫冲裁模装配尺寸链计算

尺寸链	公称尺寸	上极限偏差	下极限偏差
增环 A_1	29.74	$+0.024$	0
减环 A_2	29.73	-0.016	0
封闭环 Z	0.01	$+0.04$	0

4. 判断梅花垫落料模凸、凹模装配后能否满足技术要求

通过计算，得到梅花垫冲裁模凸、凹模间隙 Z 的尺寸范围为 $0.01\sim0.05\text{mm}$，显然超过技术要求范围 $Z=0.008\sim0.012\text{mm}$，不能满足要求。这时凸、凹模不可分开制造，而是其中一个先做好，再配作另一个零件。

 任务拓展

图 6-1-6 所示为垫圈冲孔模装配图，加工方案为先落料再冲孔，材料为 H62，要求装配后保证凸、凹模间隙 $0.246\sim0.360\text{mm}$，计算垫圈冲孔模凸、凹模尺寸链。

1. 绘出垫圈冲孔模装配尺寸链

图 6-2-9 所示为垫圈冲孔模凸模、凹模装配简图，若凸、凹模分别制造，经计算，凸模刃口尺寸为 $\phi10.635^{0}_{-0.022}\text{mm}$，凹模刃口尺寸为 $\phi10.881^{+0.02}_{0}\text{mm}$，装配之后技术要求保证

凸、凹模单边间隙 $Z = 0.246 \sim 0.360$mm，装配尺寸链如图 6-2-10 所示。

2. 找出垫圈冲孔模装配尺寸链封闭环、增环、减环

装配尺寸链中凹模刃口尺寸 A_1 为增环，凸模刃口尺寸 A_2 为减环，凸、凹模单边间隙 Z 在凸、凹模装配后来保证，为封闭环。

3. 计算垫圈冲孔模装配尺寸链凸、凹模间隙 Z

根据所计算的凹模刃口尺寸 $A_1 = \phi 10.881^{+0.02}_{0}$mm，凸模刃口尺寸 $A_2 = \phi 10.635^{0}_{-0.022}$mm，按表 6-2-3 计算得凸、凹模单边间隙 $Z = 0.246^{+0.044}_{0}$mm。

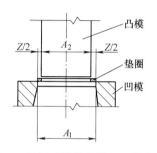

图 6-2-9 垫圈冲孔模凸模、凹模装配简图

图 6-2-10 垫圈冲孔模凸模、凹模装配尺寸链图

表 6-2-3 垫圈冲孔模装配尺寸链计算

尺寸链	公称尺寸	上极限偏差	下极限偏差
增环 A_1	10.881	+ 0.02	0
减环 A_2	10.635	− 0.022	0
封闭环 Z	0.246	+ 0.044	0

4. 判断垫圈冲孔模凸、凹模装配后能否满足技术要求

通过计算，得到垫圈冲孔模凸、凹模间隙 Z 的尺寸范围为 $0.246 \sim 0.290$mm，满足技术要求。

 思考与练习

一、填空题

1. 在产品（部件）装配过程中，由相关零件的_____和_____关系所组成的_____且按一定顺序_____排列成的尺寸封闭图形称为_____。

2. 封闭环是装配后被_____的那个尺寸；当其余各组成环不变，该环增大时封闭环也_____的为增环；该环增大时封闭环_____的为减环。

二、模具装配分析题

1. 已知在图 6-2-11 所示冲孔模中，$A_1 = 25^{+0.52}_{0}$mm，$A_2 = 5^{0}_{-0.3}$mm，$A_3 = 23^{0}_{-0.52}$mm，$A_4 = 7^{0}_{-0.15}$mm，为保证顺利卸料，须使 $A_0 = 0.3 \sim 0.5$mm，根据已知条件对 A_0 的数值进行验证。若不满足条件，采用什么方法且怎样进行装配？

2. 图 6-2-12 所示为落料冲模的工作部分，装配时，要求保证凸、凹模冲裁间隙为

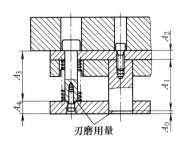

刃磨用量

图 6-2-11　冲孔模

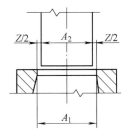

图 6-2-12　落料冲模的工作部分

$Z_{min} = 0.10$mm，$Z_{max} = 0.14$mm，在模具零件的制造过程中，直接控制的尺寸为 $A_1 = 29.74 ^{+0.024}_{0}$mm，$A_2 = 29.64 ^{0}_{-0.016}$mm，用极值法判断凸模和凹模型孔的制造精度能否保证装配要求。

任务三　梅花垫落料模零件一般固定及凸、凹模间隙控制

任务引入

图6-1-1所示为梅花垫落料模，确定其凸、凹模间隙的控制方法，选择凸、凹模装配基准件。

相关知识

一、模具零件一般固定加工法

1. 螺孔配钻加工法

配钻加工是指在钻削某一零件孔或孔组时，各孔位置根据与之相连接的另一零件上已钻好的孔（孔组）位置来配作，在模具孔及孔组加工中常采用这种加工方法。如制作冲模时，先将凹模按图样要求加工出螺钉孔、销孔或内部圆形孔，凸模固定板、卸料板等孔的加工以凹模已加工的孔来引钻配作。常用配钻加工法有以下三种。

（1）直接引钻法　直接引钻法是将两个零件按装配时的相对位置夹紧在一起，以通孔为引钻孔，选用与通孔直径相配合的麻花钻，在待加工工件欲钻孔中心位置钻出锥孔，松开待加工工件，以锥孔为基准钻螺钉孔。这种加工方法用于另一零件已加工孔为通孔的情况。

图6-3-1所示为通过凹模1的通孔对凸模固定板2直接引钻锥孔，拆开后，再按锥孔位置加工凸模固定板2上的螺钉孔或通孔。若凹模上通孔孔径小于凸模固定板2的孔径，可从凹模1的通孔直接向凸模固定板2引钻锥孔，分开后，根据引钻锥孔对凸模固定板2进行扩孔加工。

（2）样冲印孔法　当待加工零件孔位是根据另一相关零件已加工好的不通螺孔来配钻时，可先将准备好的螺纹样冲拧入已加工好的螺钉孔中，然后将待加工工件和配作的零件按装配位置装夹在一起，轻轻给样冲施加压力，在待加工工件上影印出相应样冲孔位，再松开待加工工件，按样冲孔位加工孔或孔组即可。

图6-3-2所示为样冲印孔法的应用实例，先将螺纹样冲5拧入凹模4中，待相关零件凸模2、凸模固定板3及凹模4位置找正后，在下模座6上冲压印出孔（孔组）的中心位置，再进行后续钻孔加工。

（3）复印印孔法　在已加工好的光孔或螺钉孔平面上涂上一层红丹粉，将两个工件按装配要求放在一起，即可在待加工工件上印上印痕，根据印痕位置打上样冲眼，按样冲眼位置加工孔或孔组即可。

2. 圆柱销孔的加工方法

圆柱销与模板销孔采用 H7/m6 的过渡配合，加工方法为先钻孔后铰孔到直径尺寸，且同一模具中相关零件的圆柱销孔采用配钻铰加工方法，先在基准件上加工出销孔直径 d，将基准件和待加工销孔的另一零件夹好，选用 $d = 0.1 \sim 0.2mm$ 的麻花钻引钻待加工件的销孔锥坑，分开后，根据引钻锥坑对待加工件钻孔，接着在淬火后用硬质合金铰刀铰孔。

219

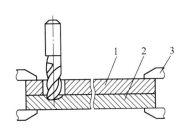

图 6-3-1 直接引钻法

1—凹模 2—凸模固定板 3—平行夹头

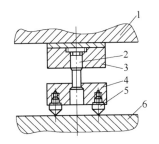

图 6-3-2 样冲印孔法

1—上模座 2—凸模 3—凸模固定板
4—凹模 5—螺纹样冲 6—下模座

3. 同钻同铰加工法

将多个相关零件位置找正后用平行夹头夹成一体，较软材料在下方，较硬材料放上方，然后按一块板上的划线位置同时钻孔与铰孔。如图 6-3-3 所示，将上模座 1 放下面，接着放上较软的垫板 3，较硬的凸模固定板 2 放最上面，找正各零件位置，用平行夹头 4 夹紧 3 个零件，钻铰各孔。

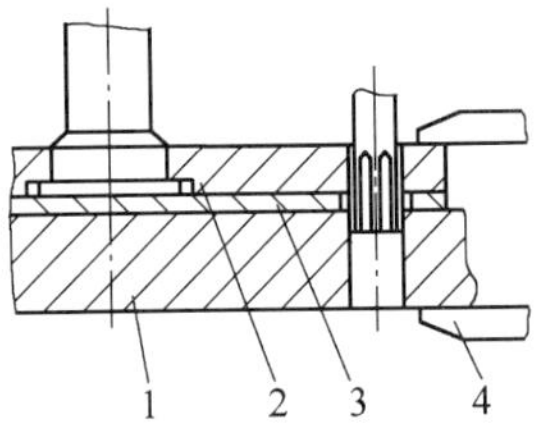

图 6-3-3 同钻同铰加工法

1—上模座 2—凸模固定板
3—垫板 4—平行夹头

二、凸、凹模间隙控制

冲模装配关键是如何保证凸、凹模之间具有正确合理而又均匀的间隙。这既与模具有关零件的加工精度有关，也与装配工艺的合理与否有关。为了保证凸、凹模间位置正确、间隙均匀，装配时根据图样要求先选择其中某一主要件（如凸模、凹模或凸凹模）作为装配基准件，以该件位置为基准，用找正间隙的方法来确定其他零件的相对位置，以确保其相互位置的正确性和间隙的均匀性。控制凸、凹模间隙的方法有以下几种。

1. 测量法

测量法是将凸模和凹模分别用螺钉固定在凸、凹模固定板的相应位置，在导向装置带动下，将凸模送入凹模内，用塞尺检查凸、凹模之间的间隙是否均匀，再根据测量结果调整模具，直至凸、凹模间隙均匀后再拧紧凸、凹模与固定板的螺钉，配钻、铰销孔，最后压入圆柱销的方法。这种方法简单，操作方便，用于凸、凹模之间单面间隙 $\geqslant 0.02$mm 的冲模装配。

2. 透光法

凭肉眼观察，根据透过光线的强弱来判断间隙的大小和均匀性。有经验的操作者凭透光法来调整间隙可达到较高的均匀程度。如图 6-3-4 所示，用电筒照射凸模和凹模的间隙，从落料孔观察光线透过多少来确定间隙是否均匀并进行调整。模具调整好后固定，用纸进行试冲，检验间隙是否均匀。这种方法简单，操作方便，但费工时，用于凸、凹模间隙较小的小型冲模的装配。

3. 试切法

当凸、凹模之间的间隙小于 0.1mm 时，可在装配后试切纸张（或薄板）。根据切下纸张四周毛刺的分布情况（毛刺是否均匀一致）来判断间隙的均匀程度，并做适当的调整。

4. 垫片法

如图 6-3-5 所示，将厚度均匀且厚度值等于间隙值的纸片、金属片或垫片放于凸模 2 和凹模 1 的间隙中，从而保证配合间隙均匀。这种方法用于凸、凹模间隙较大的场合。

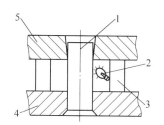

图 6-3-4　透光法调整间隙
1—凸模　2—光源　3—垫铁　4—凸模固定板　5—凹模

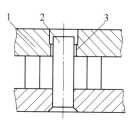

图 6-3-5　垫片法
1—凹模　2—凸模　3—垫片

如图 6-3-6 所示，在凹模刃口四周的适当位置安放垫片（纸片或金属片），垫片厚度等于凸、凹模单边间隙值；接着开动压力机，模具上模座的导套慢慢套进导柱，观察凸模 I 和凸模 II 是否顺利进入凹模与垫片接触，在上、下模座间垫好等高垫铁，轻轻敲击凸模固定板调整凸、凹模间隙直到其均匀为止，拧紧上模座事先松动的螺钉；最后放纸试冲，由切纸观察凸、凹模间隙是否均匀。不均匀时再调整，直至均匀后再配钻、铰上模座与凸模固定板定位销孔，打入销。

5. 利用工艺定位器调整间隙

如图 6-3-7 所示，用工艺定位器 3 来保证倒装式冲裁复合模的凸模 1、凹模 2 及凸凹模 4 三者同轴，控制装配过程中凸、凹模间隙均匀。工艺定位器 3 的尺寸 d_1 与凸模 1 配合，d_2 与凹模 2 配合，d_3 与凸凹模 4 的孔配合，d_1、d_2、d_3 经一次装夹车削而成，以保证三个直径的同轴度。此法用于复合模的装配。

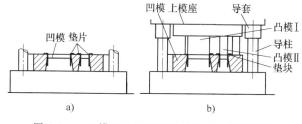

图 6-3-6　凹模刃口处用垫片控制凸、凹模间隙
a) 放垫片　b) 合模观察调整

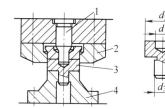

图 6-3-7　用工艺定位器保证上、下模同轴
1—凸模　2—凹模　3—工艺定位器　4—凸凹模

6. 镀铜法

在凸模的工作段镀上厚度为单边冲裁间隙值的铜（或锌）层来代替垫片，使凸模和凹模装配后间隙均匀。由于镀层均匀，可提高装配间隙的均匀性。镀层本身会在冲模使用中自行剥落，装配后不必去除，无须安排去除工序。这种方法可控制凸、凹模间隙均匀，但工艺复杂，用于凸、凹模间隙较小的场合。

7. 涂层法

与镀铜法相似，涂层法仅在凸模工作段涂上一层厚度等于单边间隙值的涂料（如磁漆或氨基醇酸绝缘漆等）来代替镀层，再将凸模送入凹模型孔中，以获得均匀的配合间隙。这种方法工艺简单，用于凸、凹模间隙较小的场合。

8. 酸蚀法

将凸模的尺寸做成与凹模型孔尺寸相同，待装配好后，再将凸模工作部分用酸腐蚀，以达到间隙要求。这种方法用于凸、凹模间隙较小的场合。

9. 利用加长凸模工艺尺寸定位法

对于圆形凸模和凹模，可在制造凸模时在其工作部位加长 1~2mm，将加长部分的尺寸按凹模孔的实测尺寸零间隙配合，以便装配时凸、凹模容易对中（同轴），并保证间隙均匀。待装配完成后，将凸模加长部分的工艺尺寸磨去。这种方法工艺简单，用于圆形结构的凸、凹模间隙控制。

 任务实施

1. 梅花垫落料模凸、凹模间隙的控制方法

由梅花垫落料模技术要求可知，凸、凹模间隙为 0.008~0.012mm，模具外形尺寸小，属小型模具，凸、凹模形状简单，可采用透光法或试切法来控制梅花垫冲裁模凸、凹模间隙。

2. 梅花垫落料模凸、凹模装配基准件

由于梅花垫冲裁模为单工序简单落料模，故以凹模做装配基准件。

 任务拓展

确定垫圈冲孔模凸、凹模间隙的控制方法及装配基准件

1. 垫圈冲孔模凸、凹模间隙的控制方法

垫圈冲孔模凸、凹模间隙为 0.246~0.360mm，凸、凹模形状简单且间隙较大，可采用垫片法来控制垫圈冲孔模的凸、凹模间隙。

2. 垫圈冲孔模凸、凹模装配基准件的选择

垫圈冲孔模为单工序模，且凹模安装在下模部分，故以凹模做装配基准件。

 思考与练习

一、填空题

1. 配钻加工是指在钻削某一零件孔或孔组时，各孔位置根据_____的另一零件上_____位置来配作，在模具孔及孔组加工中常采用这种加工方法。

2. 常用螺孔配钻加工方法有_____、_____和_____。

3. 模具零件的一般固定加工法有_____、_____、_____。

4. 调整冲裁间隙的方法有_____、_____、_____、_____、_____、_____等。

5. 调整冲裁模凸模与凹模的间隙可用_____，即将模具翻过来把_____夹在台虎钳上，用电筒照射，从_____观察间隙大小和是否均匀。

二、简答题

1. 装配冲模工作零件时，调整间隙的方法有哪些？

2. 控制和调整冲裁模凸、凹模间隙的方法有哪些？

任务四　梅花垫落料模组件装配工艺

任务引入

图 6-1-1 所示为梅花垫落料模，确定其组件装配工艺。

相关知识

一、冲模装配顺序

冲模在使用时，下模座部分被压紧在压力机的工作台上固定不动；上模座部分通过模柄和压力机的滑块连为一体，随压力机的滑块做上、下冲压加工运动。装配模具时为了方便地将上、下两部分的工作零件调整到正确位置，使凸模、凹模具有均匀的冲裁间隙，应正确安排上、下模的装配顺序，以防出现不便调整的情况。上、下模的装配顺序与模具的结构有关。

为保证级进模、复合模及多冲头简单模的凸、凹模之间的准确位置，要尽量提高凹模及凸模固定板型孔的位置精度。装配前应确定装配基准件，再将基准件所在部件装配好，然后装配另一部件，最后进行整体装配。不同结构模具的装配顺序说明如下：

（1）对无导向装置（导柱、导套及模架）的冲模　凸、凹模配合间隙是在模具安装到压力机上时才进行调整的，冲压件精度由压力机导轨精度保证，上、下模组件装配分别进行，彼此基本无关。

（2）多冲头导板模　常选导板做基准件。装配时应将凸模穿过导板后装入凸模固定板，再装入上模座，然后再装凹模及下模座。

（3）对带模架的单工序冲模　若凹模安装在下模座上，则先将凹模安装在下模，再将凸模与凸模固定板装在一起，以下模为基准件配装上模。其装配路线为：导柱与下模座组件装配→导套与上模座组件装配→模柄与上模座组件装配→装配下模部分→装配上模部分→试模。

（4）带模架的级进模　以凹模做装配基准件（如果凹模是镶拼式结构，应先组装镶拼式凹模）。其装配路线为：把凹模装配在下模座上→凸模与凸模固定板装在一起，再与上模座安装→以凹模为基准，调整好间隙，将凸模固定板安装在上模座上→经试冲合格后，钻、铰定位销孔。

（5）带模架的复合模　相当于先装配冲孔模，再以冲孔模为基准来装配落料模。以凸凹模做装配基准件，装配顺序为：将装有凸凹模的固定板用螺栓和销钉安装、固定在图样对应模座的相应位置→按凸凹模内孔装配、调整冲孔凸模固定板相应位置，待冲孔凸、凹模间隙均匀后，用螺栓固定→以凸凹模外形为基准，调整落料凹模与相应凸凹模的位置，待两者间隙均匀后，用螺栓固定→试冲冲裁件无误后，分别对冲孔凸模固定板与图样相应模座、落料凹模与图样对应模座配钻、配铰销孔，打入定位销。

二、冲模装配全过程

冲模装配全过程为：装配前分析装配图及冲压件图→模具组件装配→模具装配基准件确

定→模具上、下模总体装配→调整凸、凹模间隙→模具冲压件试加工（试模）。

三、冲模凸模与凸模固定板、凹模与凹模固定板组件的装配方法

（一）紧固件法

1. 螺钉紧固式

如图 6-4-1 所示，用凸模固定板 2 将凸模固定定位，用螺钉 3 拉紧凸模，将凸模所受冲压力传递给上模座 4。凸模与凸模固定板采用 H7/m6 的过渡配合或小间隙配合。该方法用于线切割加工的直通式凸模的固定。

2. 螺钉、销钉紧固式

如图 6-4-2 所示，凹模 1 上的螺纹配合长度取螺钉直径的 1.5～2 倍。销孔钻通，便于拆装模具时打出销，销配合长度取销直径的 2～4 倍。下模座 3 上的螺孔和销孔与凹模 1 配钻。该方法用于大截面的凸模和凹模的固定。

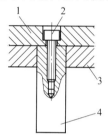

图 6-4-1　螺钉紧固式

1—凸模　2—凸模固定板　3—螺钉　4—上模座

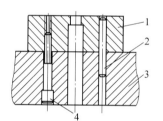

图 6-4-2　螺钉、销钉紧固式

1—凹模　2—圆柱销　3—下模座　4—螺钉

3. 挂销固定式

如图 6-4-3 所示，凸模型面和销孔采用线切割加工，凸模固定板型孔采用线切割加工，挂销固定用沉孔采用铣削加工，沉孔深略小于挂销到凸模底部的尺寸，凸模装配后尾部与固定板磨平。该方法用于形状复杂、截面细长的直通式凸模的固定。

4. 卡销固定式

如图 6-4-4 所示，凸模固定板 2 与凸凹模 4 的配合长度为固定板厚的 2/3，凸凹模两边磨出凹槽，用两卡销或钢丝将凸凹模卡紧在固定板的槽内。两槽间的距离 ≤ 两卡销与凸凹模装配后的尺寸。该方法用于形状复杂、壁厚较薄的凸凹模的固定。

5. 台肩固定式

如图 6-4-5 所示，在凸模 3 的直边处做出台肩，凸模型面和台肩面采用线切割加工，凸

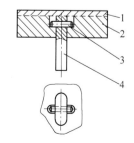

图 6-4-3　挂销固定式

1—垫板　2—凸模固定板　3—挂销　4—凸模

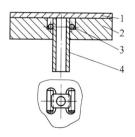

图 6-4-4　卡销固定式

1—垫板　2—凸模固定板　3—卡销　4—凸凹模

模固定板 2 型孔采用线切割加工，沉孔采用铣削加工，凸模 3 装配后尾部与凸模固定板 2 磨平。该方法用于固定截面有直边的复杂凸模。

6. 压板固定式

如图 6-4-6 所示，在凸模 4 的一边磨出或线切割凹槽，用压板 3 卡在槽内将凸模 4 压紧在凸模固定板 2 上，凸模 4 更换方便，可快速更换凸模。该方法用于固定线切割加工的形状复杂、壁厚较薄的直通式凸模。

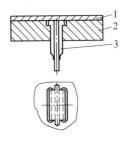

图 6-4-5 台肩固定式

1—垫板　2—凸模固定板　3—凸模

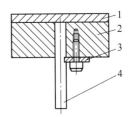

图 6-4-6 压板固定式

1—垫板　2—凸模固定板　3—压板　4—凸模

7. 斜压块紧固式

如图 6-4-7 所示，在凹模固定板 1 上铣出长槽，用斜面压块 3 将凹模 4 固定在槽内。该方法适合无导向简易模且固定截面较小的长条形凹模的固定。

（二）压入固定法

如图 6-4-8 所示，平板上放置磁性等高垫块 3，再将凸模固定板 2 放在磁性等高垫块 3 上，将凸模 1 的引导部分压入凸模固定板 2 中，检查凸模 1 与凸模固定板的垂直度，用压力机将凸模压入凸模固定板 2，最后用砂轮磨平凸模和凸模固定板上平面。装配前，对有台阶的圆形凸模，压入部分应设置引导部分，引导部分可采用小圆角、小锥度，长度在 3mm 内，将直径磨小 0.03 ~ 0.05mm；对无台肩的成形凸模，其压入端（非刃口端）四周应修成斜度或圆角，以便压入；凸模与凸模固定板采用 H7/m6 或 H7/n6 的过渡配合。该方法用于凸模与凸模固定板的装配。

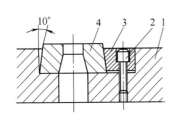

图 6-4-7 斜压块紧固式

1—凹模固定板　2—螺钉　3—斜面压块　4—凹模

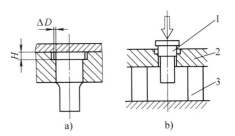

图 6-4-8 压入固定法

1—凸模　2—凸模固定板　3—磁性等高垫块

（三）铆接固定法

如图 6-4-9 所示，凸模与凸模固定板孔有 0.01 ~ 0.03mm 的过盈量，用于冲裁板厚 $t \leqslant$ 2mm 的冲裁凸模和其他轴向拉力不太大的零件。装配时在压力机上调整好凸模与固定板的垂直度，将凸模压入固定板内，凸模应与凸模固定板支承面垂直，垂直度公差等级见表

6-4-1。经检查合格后用锤子和錾子将凸模的上端铆合，并在平面磨床上将凸模的上端面和固定板一起磨平。

表 6-4-1　凸模与凸模固定板垂直度公差等级

凸、凹模间隙值/mm	垂直度公差等级	
	单凸模	多凸模
薄料无间隙（≤0.02）	IT5	IT6
>0.02～0.06	IT6	IT7
>0.06	IT7	IT8

（四）热套法

如图 6-4-10 所示，将配合孔过盈量为（0.001～0.002）A 或（0.001～0.002）B 的凹模和凹模固定板加热，凹模加热到 200～250℃，凹模固定板加热到 400～450℃，将凹模固定板放入固定板中，冷却后磨平上、下平面，接着加工型孔。

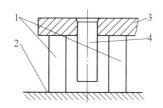

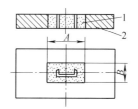

图 6-4-9　铆接固定法　　　　　　　　　图 6-4-10　热套固定法

1—磁性等高垫块　2—平板　3—凸模固定板　4—凸模　　　　1—凹模　2—凹模固定板

四、冲模其他组件的装配

1. 模柄与上模座组件的装配

如图 6-4-11 所示，模柄与上模座采用 H7/m6 的过渡配合，使用压力机将模柄 1 压入上模座 2 中，用直角尺检查模柄 1 与上模座 2 的垂直度，合格后压实，配作骑缝销，将两零件底面在平面磨床上磨平。

2. 下模座与导柱、上模座与导套组件的装配

冲模导套、导柱与上、下模座均采用压入式连接，如图 6-4-12 所示，装配导柱 2 与下模座 3，用压力机压导柱时，将压块 1 放在导柱 2 上，压入很少部分后，用百分表分别找正导柱两个方向的垂直度，符合要求后压入下模座。

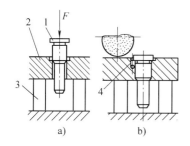

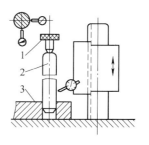

图 6-4-11　模柄与上模座组件装配　　　　　图 6-4-12　导柱与下模座组件的装配

a）模柄装配　b）磨平模柄端面　　　　　　1—压块　2—导柱　3—下模座

1—模柄　2—上模座　3—等高垫块　4—骑缝销

图 6-4-13 所示为导套 2 与上模座 3 装配，将上模座 3 反置在导柱上，然后套上导套 2 并转动，用百分表检查导套压入部分时内、外圆的同轴度，将最大偏差 Δ_{max} 放在两导套中心连线的垂直方向，用帽形垫铁顶住导套 2 上端面，压力机顶住帽形垫铁将导套全部压入上模座。

3. 模架装配

如图 6-4-14 所示，将装配好导套和导柱的模座组合在一起，在上、下模座之间垫一球头垫块支承上模座，球头垫块高度必须控制在被测模架闭合高度范围内，然后用百分表沿凹模周界对角线测量被测表面。根据被测表面大小可移动模座或百分表座。在被测表面内取百分表的最大与最小示值之差作为被测模架的平行度误差。

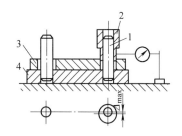

图 6-4-13 导套与上模座组件装配
1—导柱 2—导套 3—上模座 4—下模座

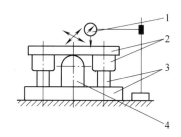

图 6-4-14 模架装配
1—百分表 2—上模组件 3—下模组件 4—球头垫块

4. 凹模与凹模固定板的装配

如图 6-4-10 所示，凹模与凹模固定板采用 H7/n6 或 H7/m6 的配合。先将凹模压入凹模固定板内，检查凹模与凹模固定板支承面的垂直度，合格后将凹模全部压入凹模固定板，然后在平面磨床上将上、下平面磨平，使凹模固定端端面和凹模固定板支承面处于同一平面内。

任务实施

梅花垫落料模（图 6-1-1）组件装配

一、梅花垫落料模下模装配工艺

1. 凹模与凹模固定板的装配工艺

将凹模 21 压入凹模固定板内，然后在平面磨床上将上、下平面磨平。

2. 钻下模座上的螺钉孔

采用直接引钻法配钻下模座 15 的螺孔和圆柱销孔。把凹模 21 放在下模座 15 上，按中心线找正凹模 21 的位置，用平行夹头夹紧，通过凹模螺钉孔在下模座 15 上配钻出锥窝。拆去凹模，在下模座 15 上按锥窝钻螺钉过孔、锪沉孔，重新将凹模 21 置于下模座 15 上找正，并用螺钉 16 紧固。调整好凹模型孔及下模座 15 的落料孔位置，配钻、铰圆柱销孔，打入圆柱销定位。

二、梅花垫落料模上模装配工艺

1. 凸模与凸模固定板组件装配

在压力机上调整好凸模 12 与凸模固定板 8 的垂直度，再将凸模 12 压入凸模固定板 8

内，检查凸模对凸模固定板支承面的垂直度，合格后，用锤子和錾子将凸模的上端铆合，在平面磨床上，用等高块垫高凸模固定板组件，将凸模上端面与凸模固定板一起磨平。

2. 钻凸模固定板 8 的卸料螺钉孔

将卸料板套在凸模上与凸模固定板贴平，配钻凸模固定板上的卸料螺钉孔。

3. 钻上模座 4 上的螺钉过孔

在凹模型孔中放入 0.012mm 厚度的纸片，将凸模组件插入凹模型孔中（在下模座上放置等高块），将上模座 4 与凸模组件对齐并夹紧，划出上模座 4 上螺钉过孔的位置线，钻上模座 4 上的螺钉过孔并钻、铰销孔，在上模座 4 上锪沉孔。

4. 模柄 1 与上模座 4 的装配

用等高垫块垫高上模座，将模柄打入上模座，磨平模柄上平面。

最后，用螺钉连接垫板、凸模固定板组件及上模座 4，但不拧紧，将卸料板 14 套在凸模 12 上，装上卸料弹簧 6 和卸料螺钉 5 并调节好弹簧预压缩量，使卸料板 14 高出凸模 12 下端 1mm，检查并调整凸模 12 与凹模 21 之间的间隙，拧紧紧固螺钉 3，打入销。

 任务拓展

垫圈冲孔模（图 6-1-6）组件装配工艺

一、垫圈冲孔模下模部分装配工艺

1. 凹模与凹模固定板组件装配工艺

将凹模 2 压入凹模固定板 18 内，形成凹模组件；在平面磨床上将上、下平面磨平；将定位板 3 安装在凹模组件上，钻、铰定位销孔，打入定位销，形成凹模固定板组件。

2. 钻下模座螺纹孔

将凹模固定板组件放在下模座 1 上，找正中心位置，用平行夹头夹紧，以凹模固定板孔为基准配钻下模座螺孔锥窝，松开平行夹头，取出凹模固定板组件，在下模座锥窝位置钻孔并攻内螺纹。

3. 装配下模

用螺钉连接凹模固定板组件与下模座，钻、铰圆柱销孔，装入圆柱销。

二、垫圈冲孔模上模部分装配工艺

1）装配凸模 10 与凸模固定板 7 成凸模组件。

2）将卸料板 4 套在凸模上与凸模固定板 7 贴平，用平行夹头夹紧，以卸料板上的螺孔定位，配钻凸模固定板 7 上的卸料螺钉孔锥窝，松开平行夹头，拆去卸料板，钻凸模固定板 7 上的卸料螺钉过孔。

3）钻扩垫板及上模座螺钉过孔。将上模座 6、垫板 8 与凸模组件对齐并用平行夹头夹紧，以凸模固定板 7 上的孔定位，在上模座 6 上钻锥窝，拆开凸模固定板 7，重新用平行夹头夹紧上模座 6、垫板 8，钻螺钉过孔，再用螺钉将上模座 6、垫板 8 与凸模固定板连接并稍加紧固，然后在上模座 6 上锪沉孔，在垫板上扩孔。

4）调整凸、凹模间隙。将已装好的上模部分套在导柱 16 上，调整位置使凸模 10 插入凹模 2 中，根据配合间隙调整方法调整凸、凹模间隙使其均匀，以纸片做材料试冲，若冲裁处只有局部毛刺，说明凸、凹模配合间隙不均匀，应进行调整，直到纸样轮廓整齐，无毛刺或周边毛刺均匀为止。

5）用螺钉 13 拧紧上模座、垫板及凸模组件，钻铰定位销孔，安装圆柱销 9。

6）安装卸料板。将卸料板 4 套在凸模 10 上，装上弹簧 5 和卸料螺钉 14，在弹簧作用下卸料板处于最低位置时，使卸料板 4 高出凸模 10 下端 0.5mm 且上下运动灵活。

 思考与练习

一、填空题

1. 对无导向装置的冲模，上、下模组件装配_____进行，彼此_____。

2. 对带模架的单工序冲模，以_____为装配基准件；对带模架的复合模，则以_____为装配基准件。

3. 采用台阶孔固定塑料模型芯，装配时要注意找正_____，防止压入时破坏_____和使_____产生变形，压入后在平面磨床上磨平_____。

4. 冲模凸（凹）模与凸（凹）模固定板组件的装配方法有_____、_____、_____。

二、模具结构分析题

如图 6-4-15 所示模具结构：

1）请说明型芯与固定板的装配步骤。

2）若装配后在型芯端面与型腔处出现间隙 Δ，采用哪些方法可消除？（列出三种方法）

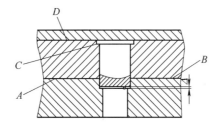

图 6-4-15　型芯与固定板的装配

任务五　梅花垫落料模总体装配工艺

任务引入

图 6-1-1 所示为梅花垫落料模，确定其总体装配工艺。

相关知识

一、导柱式单工序落料模装配顺序及工艺案例

图 6-5-1 所示为导柱式单工序落料模装配图，其装配顺序及过程如下：

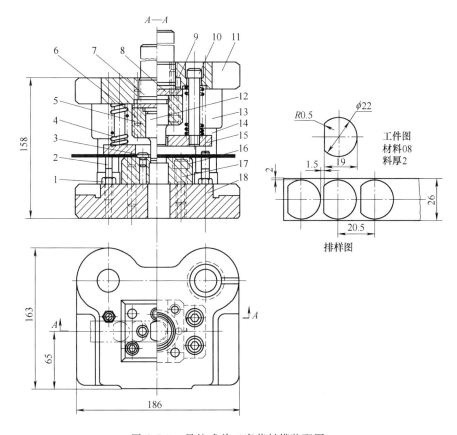

图 6-5-1　导柱式单工序落料模装配图

1—螺母　2—挡料柱　3—挡料销　4—弹簧　5—凸模固定板　6—销钉　7—模柄　8—垫板
9—止动销　10—卸料螺钉　11—上模座　12—凸模　13—导套　14—导柱
15—卸料板　16—凹模　17—内六角螺钉　18—下模座

1. 装配前图样分析

该模具为带模架的导柱式单工序落料模，上模部分是模具的活动部分，由弹簧 4、凸模固定板 5、销钉 6、模柄 7、垫板 8、止动销 9、卸料螺钉 10、上模座 11、凸模 12、导套 13

和卸料板 15 组成；下模部分是模具的固定部分，由螺母 1、挡料柱 2、挡料销 3、凹模 16、内六角螺钉 17 和下模座 18 组成。

模具工作零件为凸模 12 和凹模 16，两者须有正确的相对位置，具有均匀的冲裁间隙，才能使模具获得正常的工作状态。凹模 16 直接用螺钉和圆柱销装在下模座 18 上，凸模 12 则直接安装在凸模固定板 5 上。

2. 组件装配

本模具组件有凸模 12 与凸模固定板 5、模柄 7 与上模座 11 两个。

1）将模柄 7 装配入上模座 11 内，磨平端面。

2）将凸模 12 装入凸模固定板 5 内，磨平凸模固定端面。

3. 确定装配基准

凹模 16 在下模部分，装配基准为下模，先安装、固定下模部分，再以下模部分去调试、安装上模部分。

4. 装配过程及步骤

1）采用直接引钻法配钻下模座 18 的螺孔和圆柱销孔。把凹模 16 放在下模座上，按中心线找正凹模 16 的位置，用平行夹头夹紧，通过凹模螺钉孔在下模座 18 上配钻出锥窝。拆去凹模，在下模座 18 上按锥窝钻螺纹底孔并攻螺纹，重新将凹模 16 置于下模座 18 上并找正，用螺钉紧固，配钻、铰圆柱销孔，打入圆柱销定位。

2）在凹模上安装挡料销 3，在下模座上安装挡料柱 2。

3）采用直接引钻法配钻凸模固定板 5 上卸料螺钉 10 的过孔。将卸料板 15 套在已装入凸模固定板 5 的凸模 12 上，在凸模固定板 5 与卸料板 15 之间垫入适当高度的等高垫块，用平行夹头将其夹紧。按卸料板 15 上的螺钉孔在凸模固定板 5 上钻出锥窝，拆开平行夹头后按锥窝钻凸模固定板上的螺钉过孔（装配前卸料板 15 上用于安装卸料螺钉 10 的螺孔已加工完成，故只须用卸料板 15 上的螺孔配作凸模固定板 5 上的过孔即可）。

4）采用直接引钻法配作上模座的螺孔。将已装入凸模固定板 5 的凸模 12 插入凹模 16 的型孔中。在凹模 16 与凸模固定板 5 之间垫入适当高度的等高垫块，将垫板 8 放在凸模固定板 5 上，装上上模座 11，用平行夹头将上模座 11 和凸模固定板 5 夹紧。翻转 180° 放置，通过凸模固定板 5 在上模座 11 上钻锥窝，拆开后按锥窝钻孔，然后用螺钉紧固上模座 11、垫板 8、凸模固定板 5（装配前凸模固定板 5 和垫板 8 上用于连接上模部分的螺钉孔已加工完成，故只须用凸模固定板 5 上的孔配作上模座 11 的螺孔即可）。

5）调整凸、凹模配合间隙。在凹模 16 上铺上一定厚度的塑料薄膜，将装好的上模组件套在导柱 14 上，用锤子轻轻敲击凸模固定板 5 的侧面，使凸模插入凹模 16 的型孔，再将模具翻转。由于塑料薄膜可延伸，不易被切断，能使配合间隙均匀。

6）安装卸料板。将卸料板 15 套在凸模 12 上，装上弹簧 4 和卸料螺钉 10，装配后要求卸料板 15 应运动灵活并保证在弹簧 4 的作用下卸料板 15 处于最低位置时，凸模 12 下端面缩在卸料板 15 孔内 0.5 ~ 1mm。

7）试模。冲模装配完成后，在该模具设计所选压力机上进行试冲加工，可以发现模具设计和制造时存在的问题，保证冲模能冲出合格的制件。

5. 冲裁模的调整及修正

冲裁模常见问题及解决办法如下：

（1）冲裁断面质量差 若圆角大，毛刺大，说明凸、凹模间隙太大，应更换凸模，加大凸模尺寸。出现双光亮带时，说明间隙过小，应加大间隙，可根据工件尺寸情况采取修磨凸模或凹模的办法，局部间隙太大或太小则应局部进行修正。

（2）卸料困难 由于卸料板与凸模配合过紧，或因卸料板倾斜而卡紧时，应重新修磨卸料板、顶板等零件，或重新装配；凹模存在倒锥度造成工件堵塞时，应修磨凹模；顶出杆过短或长短不一时，修整各顶出杆，使其长度一致；卸料力不够时，应增加或加长弹簧。

（3）凸、凹模刃口啃伤

1）凸、凹模与固定板安装面不垂直，可重磨安装面或重装凸、凹模。

2）上、下模板不平行时，应以下模板底面为基准修磨上模板上平面。

3）卸料板孔位不正或孔壁不垂直，导致凸模位移或倾斜时，应修整或更换卸料板。

4）凸模与凹模中心不重合，可用錾子挤凸模固定板，使凸模位移到与凹模中心重合。

二、复合模装配顺序及工艺案例

（一）复合模的结构特点

复合模是在压力机的一次行程中，完成两个或两个以上的冲压工序的模具，根据落料凹模所在位置分为倒装式和正装式两种。复合模结构紧凑，内、外型面相对位置精度要求高，冲压生产率高，对装配精度要求也高。

（二）倒装式落料-冲孔复合模装配顺序及过程

图 6-5-2 所示为倒装式落料-冲孔复合模装配图，其特点是落料凹模在上模部分，凸凹模在下模部分，有两套推出（顶出）和卸料装置。其装配顺序及过程如下：

1. 组件装配

1）将压入式模柄 2 装配于上模座 3 内，并磨平端面。

2）将凸模 6 装入凸模固定板 7 内，为凸模组件。

3）将凸凹模 18 装入凸凹模固定板 17 内，为凸凹模组件。

2. 确定装配基准件，装下模

落料-冲孔复合模以凸凹模为装配基准件，首先确定凸凹模 18 在模架中的位置，按凸凹模组件配钻下模座 14 和下垫板 16 的落料孔、螺孔和销孔。

确定凸凹模组件在下模座 14 上的位置，然后用平行夹板将凸凹模组件、下垫板 16 和下模座夹紧，配钻落料孔和螺孔，配钻、铰销孔，装入定位销和螺钉。下模座落料孔尺寸单边应比凸凹模落料孔尺寸大 0.5 ~ 1mm。

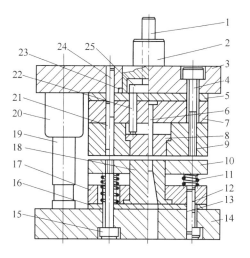

图 6-5-2 倒装式落料-冲孔复合模装配图

1—打料杆 2—模柄 3—上模座 4—卸料螺钉
5—上垫板 6—凸模 7—凸模固定板 8—推件块
9—落料凹模 10—卸料板 11—卸料弹簧
12—内六角螺钉 13—圆柱销 14—下模座
15—卸料螺钉 16—下垫板 17—凸凹模固定板
18—凸凹模 19—导柱 20—导套 21、24—圆柱销
22—推杆 23—防转螺钉 25—推板

3. 安装上模

1）检查上模各个零件尺寸是否能满足装配技术条件要求。如推件块 8 推出端面应凸出落料凹模 9 的端面等，卸料系统各零件尺寸是否合适，动作是否灵活等。

2）安装上模、调整冲裁间隙。将上模各零件分别装于上模座 3 和模柄 2 的孔内，将落料凹模 9、凸模组件、上垫板 5 和上模座 3 装配在一起，用垫片来保证冲裁间隙均匀，用平行夹板将上模各板夹紧、夹牢。

3）钻、铰上模销孔和螺孔。上模部分通过平行夹板夹紧，在钻床上以落料凹模 9 上的销孔和螺孔作为引钻孔，钻、铰销孔和螺钉过孔，然后安装定位销和螺钉，拆卸平行夹板。

4. 安装卸料部分

1）安装卸料板。将卸料板 10 套在凸凹模上，卸料板 10 和凸凹模组件端面垫上等高垫块，保证卸料板上端面与凸凹模上平面的装配位置尺寸，用平行夹板将卸料板 10、下垫板 16 和下模座 14 夹紧，以卸料板 10 上的孔为基准，在钻床上配钻卸料螺钉孔，拆掉平行夹板，最后将下模各板卸料螺钉孔加工到规定尺寸。

2）安装卸料弹簧 11 和圆柱销 13。在凸凹模组件和卸料板 10 上分别安装卸料弹簧 11 和圆柱销 13，拧紧卸料螺钉 15。

5. 试模（略）

（三）正装式连接板落料-冲孔复合模装配顺序及工艺案例

图 6-5-3 所示为正装式连接板落料-冲孔复合模装配图，在模具同一位置同时完成 $\phi16\text{mm}$ 冲孔并落外形尺寸 $60\text{mm} \times 36\text{mm}$，其特点是凸凹模在上模部分，落料凹模和冲孔凸模在下模部分，有三套推出（顶出）和卸料装置。

模具工作时，上模与压力机滑块一起下行，卸料板首先压紧条料在凹模端面；压力机滑

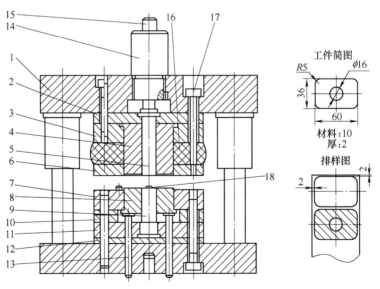

图 6-5-3　正装式连接板落料-冲孔复合模装配图

1—上模座　2—垫板Ⅰ　3—凸凹模固定板　4—凸凹模　5—推杆　6—卸料板　7—落料凹模　8—顶件块
9—冲孔凸模　10—垫板Ⅱ　11—凸模固定板　12—垫板Ⅲ　13—顶杆　14—模柄
15—打料杆　16—橡胶　17—卸料螺钉　18—挡料销

块继续下行，凸凹模与推板一起将落料部分的条料压紧，以防工件变形；压力机滑块下移到最低点时，凸凹模进入落料凹模，同时完成落料及冲孔；上模随压力机上行，推板将工件从落料凹模中推出，卸料板在橡胶作用下将条料从凸凹模上卸下，打料杆将冲孔废料从凸凹模中打出，在左侧有两个定位销控制条料送料方向，中间的一个定位销控制条料送料步距。其装配顺序及过程如下：

1. 组件装配

1）将压入式模柄 14 装在上模座 1 中，并磨平端面。

2）将凸凹模 4 装入凸凹模固定板 3 内，为凸凹模组件。

3）将冲孔凸模 9 装入凸模固定板 11 内，为凸模组件。

2. 确定装配基准件

以凸凹模为装配基准件，确定凸凹模 4 在模架中的位置，先安装上模部分，下模留待调试。

3. 上模部分装配

1）配作上模固定用螺钉过孔。将凸凹模固定板 3、上模座 1 及垫板 2 用平行夹头夹紧，以凸凹模固定板 3 上的螺纹孔为基准，在上模座 1 及垫板 2 上钻出锥窝，松开平行夹头，取出凸凹模固定板 3，重新用平行夹头夹紧上模座 1 及垫板 2，按锥窝位置钻螺钉过孔，在上模座 1 上锪沉孔。

2）配作卸料螺钉过孔。将卸料板 6 套在凸凹模 4 上，将卸料板 6 与凸凹模固定板 3、上模座 1 及垫板 2 用平行夹头夹紧，以卸料板 6 为定位基准，在凸凹模固定板 3 相应位置上钻螺纹底孔，松开卸料板 6，重新用平行夹头夹紧凸凹模固定板 3、上模座 1 及垫板 2，钻卸料螺钉过孔，在上模座 1 上锪卸料螺钉用沉孔，在卸料板 6 上攻内螺纹孔。

3）用螺钉初步拧紧上模座 1、垫板 2 及凸凹模固定板 3。

4. 下模部分装配

1）配作下模固定用螺钉过孔。将落料凹模 7、垫板 10 和 12、凸模固定板 11 及下模座用平行夹头夹紧，钻安装螺钉用螺纹底孔，松开平行夹头，取出落料凹模 7，重新用平行夹头夹紧垫板 10 和 12、凸模固定板 11 及下模座，钻、扩螺钉过孔，在下模座上锪沉孔。

2）调整凸凹模、凹模及凸模之间的配合间隙。将下模部分的冲孔凸模 9 插入凸凹模 4 的孔中，以凸凹模 4 为基准件，采用透光法调整凸模固定板 11 中冲孔凸模 9 与凸凹模 4 的相对位置，使两者间隙均匀；接着调整落料凹模 7 与凸凹模 4 的相对位置，使两者间隙均匀。

3）下模部分的固定。用螺钉固定落料凹模 7、垫板 10 和 12、凸模固定板 11 及下模座。

4）用纸试切，根据切出纸的质量，判断间隙是否均匀，如不均匀须重新调整，直到间隙均匀为止。在下模部分钻定位销孔，打上定位销。

5. 其他零件的装配

（1）顶件块 8 及顶杆 13 的装配 将工件或废料从凹模中推出，一般采用顶件块（推杆或顶杆），在下模部分钻推杆 5 上的过孔，松开螺钉和圆柱销，将顶件块 8 装入落料凹模 7，顶杆 13 装入凸模固定板 11、垫板 12 及下模座，重新用螺钉固定下模，打入定位销。

（2）卸料板 6 和橡胶 16 的装配 将卸料板 6 套在凸凹模 4 上，装上橡胶 16 和卸料螺钉 17，调节橡胶压缩量，调节卸料螺钉 17，使卸料板 6 高出凸凹模 0.2～0.5mm。

6. 注意事项

1）检验主要工作零件（冲孔凸模 9、落料凹模 7 及凸凹模 4），若采用配制法加工，应实测其尺寸，并检验按实测尺寸形成的实际冲裁间隙是否在最小冲裁间隙和最大冲裁间隙之间。

2）切忌颠倒安装顺序。

3）检查推料件动作是否灵活，切忌有卡死现象。

4）顶杆长度须一次加工并保证长度一致，顶杆过孔与顶杆间隙为 0.2 ~ 0.3mm。

三、级进模装配顺序及工艺案例

级进模对步距精度和定位精度要求比较高，装配难度大，对零件的加工精度要求也比较高。现以图 6-5-4 所示的游丝冲裁级进模的装配为例，说明冲裁级进模的装配过程。

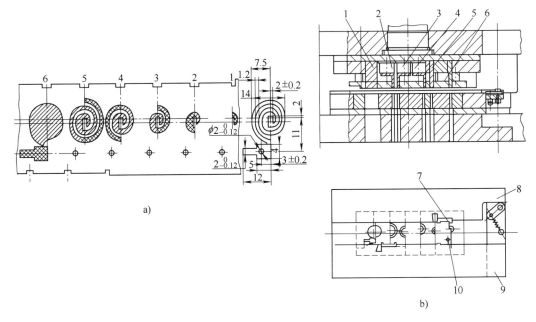

图 6-5-4 游丝冲裁级进模

a）游丝冲裁排样图 b）游丝冲裁级进模装配图

1—落料凸模 2、3、4、5、6—凸模 7—侧刃 8、9—导料板 10—冲孔凸模

1. 冲裁级进模装配要点

1）要求凹模上各型孔位置尺寸及步距加工正确、装配准确，否则冲出制品很难达到规定要求。

2）凹模型孔板、凸模固定板和卸料板三者型孔位置尺寸必须一致，即装配后各组型孔的中心线一致。

3）各组凸、凹模的冲裁间隙均匀一致。

2. 装配基准件

冲裁级进模以凹模为装配基准件，级进模的凹模分为整体凹模和拼块凹模两大类。整体凹模各型孔的孔径尺寸和型孔位置尺寸在加工时已经保证，拼块凹模在凹模组装时与各凸模试配进行修整。

3. 组件装配

（1）凹模组件的装配过程　图6-5-5所示为镶拼结构的凹模组件图，该凹模组件由9个凹模拼块和1个凹模模套拼合而成，形成6个冲裁工位和2个侧刃孔。

在组装凹模组件时，应先压入精度要求高的凹模拼块，后压入易保证精度要求的凹模拼块。例如有冲孔、冲槽、弯曲和切断的级进模，可先压入冲孔、冲槽和切断凹模拼块，后压入弯曲凹模拼块。视凹模拼块和模套拼合结构不同，也可按排列顺序依次压入凹模拼块。

（2）凸模组件的装配过程　级进模中各个凸模与凸模固定板的连接根据模具结构不同有单个凸模压入法、单个凸模低熔点合金浇注或黏结剂黏接法，也有多个凸模依次相连压入法。

图6-5-6所示为级进模的凸模组件装配采用单个凸模压入法，各凸模压入固定板1的顺序为：①压入半圆凸模6和8（连同垫块7一起压入）；②依次压入半环凸模3、4和5；③压入侧刃凸模10和落料凸模2；④压入冲孔圆凸模9；⑤磨削凸模组件上、下端面对压入的顺序无严格要求。

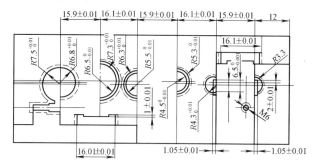

图6-5-5　凹模组件图（1～9凹模镶拼）

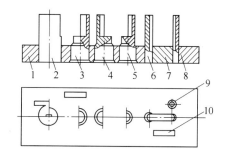

图6-5-6　单个凸模压入法
1—固定板　2—落料凸模　3、4、5—半环凸模
6、8—半圆凸模　7—垫块　9—冲孔圆凸模
10—侧刃凸模

四、冲裁模试冲

模具装配后须在生产条件下试冲，通过试冲发现模具设计及制造的不足之处，找出原因加以改进，对模具进行调整和修理，直到模具正常工作，冲出合格制件为止。模具试冲合格后，在模具正面模板上刻上编号、模具图号、制件号、使用压力机型号、制造日期等，涂上防锈油经检验合格入库。

冲裁模试冲的常见缺陷、产生原因及调整方法见表6-5-1。

表6-5-1　冲裁模试冲的常见缺陷、产生原因及调整方法

缺　陷	产　生　原　因	调　整　方　法
冲件毛刺过大	1. 刃口不锋利或淬火硬度不够 2. 间隙过大或过小，间隙不均匀	1. 修磨刃口使其锋利 2. 重新调整凸、凹模间隙，使之均匀
冲件不平整	1. 凹模有倒锥 2. 顶出杆与顶出器接触零件的面积太小	1. 修磨凹模后角 2. 更换顶出杆，加大与零件的接触面积

（续）

缺　陷	产　生　原　因	调　整　方　法
尺寸超差,形状不准确	凸模、凹模形状及尺寸精度差	修整凸、凹模形状及尺寸,使之达到形状及尺寸精度要求
凸模折断	1. 冲裁时产生侧向力 2. 卸料板倾斜	1. 模具设置靠块抵消侧向力 2. 修整卸料板或增加凸模导向装置
凹模被胀裂	凹模有倒锥,使刃口上大下小	修磨凹模刃口,消除倒锥现象
凸、凹模刃口相咬	1. 上模座、下模座、固定板、凹模、垫板等零件安装基面平行度超差 2. 凸、凹模错位 3. 凸模、导柱、导套与安装基面垂直度超差 4. 导柱、导套配合间隙太大 5. 卸料板孔位偏斜导致冲孔凸模偏移	1. 调整相关零件,重新安装 2. 重新安装凸、凹模,使之对正 3. 调整其垂直度到符合技术要求 4. 更换导柱、导套 5. 修整及更换卸料板
冲裁件断面光亮带宽,甚至出现毛刺	冲裁间隙过小	适当放大冲裁间隙,冲孔模间隙加大在凹模方向上,落料模间隙加大在凸模方向上
冲裁件断面光亮带宽窄不均匀,局部有毛刺	冲裁间隙不均匀	修磨或重装凸模或凹模,调整间隙,保证均匀
外形与内孔偏移	1. 在级进模中孔与外形偏心,且所偏方向一致,表明侧刃长度与步距不一致 2. 级进模多件冲裁时,其他孔形正确,只有一孔偏心,表明该孔凸、凹模位置有变化 3. 复合模孔形错误,表明凸凹模相对位置偏移	1. 加大(减少)侧刃长度或磨小(加大)挡料块尺寸 2. 重新装配凸模并调整位置到正确 3. 更换凸凹模,重新装配调整到相对位置正确
送料不正确,有时被卡死	易发生在级进模 1. 两导料板之间尺寸过小或有斜度 2. 凸模与卸料板之间间隙太大,导致条料搭边翻转而堵塞 3. 导料板工作面与侧刃不平行,卡住条料,形成锯齿形 4. 侧刃与导料板挡块间有缝隙,配合不严密,形成毛刺大	1. 重修或重新装配导料板 2. 减小凸模与导料板之间的配合间隙或重新加工卸料板孔 3. 重新装配导料板,使之平行 4. 修整侧刃及挡块之间的间隙,使配合严密
卸料及卸件困难	1. 卸料装置不动作 2. 卸料弹力不够 3. 卸料孔不畅,卡住废料 4. 凹模有倒锥 5. 落料孔太小 6. 卸料杆长度不够	1. 重新装配卸料装置,使之灵活 2. 增加卸料弹力 3. 修整卸料孔 4. 修整凹模 5. 加大落料孔 6. 加长卸料杆

五、弯曲模和拉深模的装配特点

（一）弯曲模

1. 弯曲模的装配特点

弯曲模的作用是使坯料在塑性变形范围内进行弯曲,使其产生永久变形,得到所要求的弯曲件。弯曲模导柱、导套配合精度要求略低于冲裁模,但凸、凹模工作部分表面粗糙度值要求低于冲裁模($Ra \leqslant 0.4\mu m$),以提高模具寿命和弯曲件的表面质量。弯曲件质量故障主要是回弹(在模具中弯曲的形状与取出后的形状(弯曲半径和弯曲角度)不同,而回弹量大小很难用设计计算来消除,而是通过试模时来确定,故模具制造时常在弯曲凸模上留出修模余量,故凸、凹模的热处理淬火一般在试模后进行。弯曲模试冲的目的是找出模具缺陷,加以修正和调整,确定弯曲件毛坯尺寸。故弯曲件调整工作比冲裁模复杂很多。

2. 弯曲模试冲缺陷、产生原因及调整方法

弯曲模试冲常见缺陷、产生原因及调整方法见表6-5-2。

表6-5-2 弯曲模试冲常见缺陷、产生原因及调整方法

缺 陷	产 生 原 因	调 整 方 法
制件弯曲角度不够	1. 凸、凹模弯曲回弹角制造过小 2. 凸模进入凹模深度太浅 3. 凸、凹模配合间隙过大 4. 校正弯曲时实际单位校正力太小	1. 修正凸、凹模,使弯曲角度与图样相符 2. 加大凹模深度,增大制件有效变形区域 3. 据实际情况采取措施,减小凸、凹模配合间隙 4. 增大校正力或修正凸、凹模形状,使校正力集中在变形区
制件的弯曲位置错误	1. 定位板位置不正确 2. 弯曲件两侧受力不平衡使制件产生滑移 3. 压料力不足	1. 重新安装定位板,保证其位置精度 2. 分析制件受力不平衡的原因并加以克服 3. 采取措施增大压料力
制件尺寸过长或不足	1. 凸、凹模配合间隙过小,导致材料拉长 2. 压料装置的压料力过大使材料伸长 3. 设计计算错误或不正确	1. 根据实际情况修磨凸、凹模,增大凸、凹模配合间隙 2. 根据实际情况采取措施,减少压料装置的压料力 3. 落料尺寸在弯曲模试模后确定
制件表面擦伤	1. 凹模圆角半径过小,表面粗糙度不符合要求 2. 润滑不良使毛坯黏附在凹模上 3. 凸、凹模间隙不均匀	1. 增大凹模圆角半径,减小表面粗糙度值 2. 合理润滑 3. 修整凸、凹模,使间隙均匀
制件弯曲部位产生裂纹	1. 板料的塑性差 2. 弯曲线与板料纤维方向平行 3. 剪切断面的毛刺在弯曲的外侧	1. 将坯料退火后再弯曲 2. 修改排样图,使弯曲线与板料纤维方向成一定角度 3. 使毛刺在弯曲的内侧,光亮带在外侧

(二)拉深模

1. 拉深模的装配特点

拉深模使金属板料(或空心坯料)在模具作用下产生塑性变形,变成开口的空心制件。其装配特点如下:

1)拉深模凸、凹模工作端面要求有光滑圆角。

2)拉深模工作零件表面粗糙度值一般为$Ra0.4 \sim 0.1\mu m$。

3)拉深模组成零件精度和装配精度符合技术要求时,由于材料弹性变形使得拉深出的制件不一定合格,模具试冲后常常要对模具进行修整加工。

2. 拉深模试冲缺陷、产生原因及调整方法

拉深模试冲目的：①发现模具存在的缺陷，找出原因并进行调试和修正；②确定拉深件在拉深前的毛坯尺寸。先按工艺设计方案进行毛坯试冲，然后测量试冲件尺寸偏差，再确定是否对毛坯尺寸进行修正，直到拉深件符合技术要求为止。

拉深模试冲常见缺陷、产生原因及调整方法见表6-5-3。

表6-5-3 拉深模试冲常见缺陷、产生原因及调整方法

缺　陷	产　生　原　因	调　整　方　法
制件拉深高度不够	1. 毛坯尺寸小 2. 凸、凹模间隙过大 3. 凸模圆角半径太小	1. 加大毛坯尺寸 2. 更换凸、凹模，使凸、凹模间隙适当 3. 加大凸模圆角半径
制件拉深高度太大	1. 毛坯尺寸太大 2. 凸、凹模间隙太小 3. 凸模圆角半径太大	1. 减小毛坯尺寸 2. 修整凸、凹模，加大间隙 3. 减小凸模圆角半径
制件壁厚和高度不均	1. 凸、凹模间隙不均匀 2. 定位板或挡料销位置错误 3. 凸模不垂直 4. 压料力不均匀 5. 凹模几何形状错误	1. 重装凸、凹模，使间隙均匀 2. 重新修整定位板或挡料销位置，使之正确 3. 修整凸模后重装 4. 调整顶杆长度或弹簧位置 5. 重新修整凹模
制件起皱	1. 压边力太小或不均 2. 凸、凹模间隙太大 3. 凹模圆角半径太大 4. 板料太薄或塑性差	1. 增加压边力或调整顶杆长度、弹簧位置 2. 减小凸、凹模间隙 3. 减小凹模圆角半径 4. 更换板料
制件破裂或有裂纹	1. 压料力太大 2. 压料力不够，起皱引起破裂 3. 毛坯尺寸太大或形状不当 4. 凸、凹模间隙太小 5. 凹模圆角半径太小 6. 凹模圆角表面粗糙 7. 凸模圆角半径太小 8. 冲压工艺不当 9. 凸、凹模不同轴或不垂直 10. 板料质量不好	1. 调整压料力 2. 调整顶杆长度或弹簧位置 3. 调整毛坯形状或尺寸 4. 增大凸、凹模间隙 5. 增大凹模圆角半径 6. 修整凹模圆角，减小表面粗糙度值 7. 加大凸模圆角半径 8. 增加工序或调换工序 9. 重装凸、凹模 10. 更换材料或增加退火工序，改善润滑条件
制件表面拉毛	1. 凸、凹模间隙太小或不均匀 2. 凹模圆角表面粗糙 3. 模具或板料不干净 4. 凹模硬度太低，板料有黏附现象 5. 润滑油质量太差	1. 修整凸、凹模间隙 2. 修光凹模圆角 3. 清理模具及板料 4. 提高凹模硬度进行镀铬及渗氮处理 5. 更换润滑油
制件底面不平	1. 凸、凹模（顶出器）无出气孔 2. 顶出器在冲压最终位置时顶力不足 3. 材料本身存在弹性	1. 凸模钻出气孔 2. 调整模具结构，使上、下模闭合时顶出器处于刚性接触状态 3. 改变凸模、凹模和压料板形状

任务实施

梅花垫落料模总体装配工艺（表6-5-4）。

表6-5-4　梅花垫落料模总体装配工艺

序号	名称	工 序 内 容
1		采购模架
2	钳	装配下模组件 1）以凹模21螺钉孔为基准,在下模座15上划出螺钉过孔位置线 2）钻下模座15螺钉过孔 3）下模座15锪沉孔 4）将挡料销19打入凹模21 5）用螺钉16连接凹模21与下模座15 6）调整好凹模孔及下模座15落料孔位置,钻、铰圆柱销孔,打入圆柱销
3		装配上模组件 1）装配凸模12与凸模固定板8 2）将卸料板14套在凸模上与凸模固定板贴平,配钻凸模固定板8上的卸料螺钉孔 3）在凹模21型孔内放入0.012mm厚度的纸片,将凸模组件插入凹模21型孔中(在下模座上放置等高垫块) 4）将上模座4与凸模组件对齐并夹紧,划出上模座4上螺钉过孔位置线 5）钻上模座4上的螺钉过孔并钻、铰销孔 6）在上模座4上锪沉孔 7）装配模柄1与上模座4 8）用螺钉连接垫板、凸模固定板组件及上模座4,但不拧紧 9）将卸料板14套在凸模12上,装上卸料弹簧6和卸料螺钉5并调节好弹簧预压缩量,使卸料板14高出凸模12下端1mm 10）检查并调整凸模12与凹模21的间隙,拧紧紧固螺钉3,打入销

任务拓展

垫圈冲孔模总体装配工艺见表6-5-5。

表6-5-5　垫圈冲孔模总体装配工艺

序号	名称	工 序 内 容
1		采购模架
2	钳	装配下模组件 1）将凹模2装进凹模固定板18中 2）以凹模固定板18螺钉孔为基准,在下模座1上划出螺钉过孔位置线 3）钻下模座1螺纹底孔 4）攻下模座1螺孔 5）用螺钉17连接凹模固定板18与下模座1 6）调整好凹模孔及下模座1落料孔位置,钻、铰圆柱销孔,打入圆柱销19 7）在组装好的凹模固定板上安装定位板3

（续）

序号	名称	工 序 内 容
3	钳	装配上模组件 1）装配凸模 10 与凸模固定板 7 2）将卸料板 4 套在凸模上与凸模固定板 7 贴平,配钻凸模固定板 7 上的卸料螺钉孔 3）在凹模型孔中放入 0.01mm 厚的纸片,将凸模组件插入凹模型孔中（在下模座上放置等高垫块） 4）将上模座 6 与凸模组件对齐并夹紧,划出上模座 6 上的螺钉过孔位置线 5）钻上模座 6 上的螺钉过孔并钻、铰圆柱销孔 6）在上模座 6 上锪沉孔 7）装配模柄 12 与上模座 6 8）用螺钉固定垫板 8、凸模固定板组件及上模座 6,但不拧紧 9）将卸料板 4 套在凸模 10 上,装上卸料弹簧 5 和卸料螺钉 14 并调节好弹簧预压缩量,使卸料板 4 高出凸模 10 下端 1mm 10）检查并调整凸模 10 与凹模 2 的间隙,拧紧紧固螺钉 13,打入圆柱销 9
4		装上冲模模架,试冲产品

 思考与练习

一、填空题

1. 冲裁件断面质量差,说明冲裁模凸、凹模间隙_____,须加大凸模尺寸;出现双光亮带时,说明凸、凹模间隙_____,可根据工件尺寸情况修磨_____或_____。

2. 若冲裁模因卸料板倾斜而卡紧,应重新修磨_____、_____等零件。

3. 凸、凹模刃口啃伤,可能是凸、凹模与固定板安装基面_____,上、下模板_____,卸料板孔位_____或孔壁_____,凸模与凹模中心_____。

二、选择题

1. 弯曲模试模时,冲件的弯曲角度不够,原因是（　　）。

A. 凸、凹模的弯曲回弹角过大　　　　B. 凸模进入凹模的深度太浅

C. 凸、凹模之间的间隙过小　　　　　D. 校正力太大

2. 拉深模试冲时出现冲件拉深高度不够,其原因是（　　）。

A. 拉深凹模圆角半径太大　　　　　　B. 拉深间隙过小

C. 拉深凸模圆角半径过小　　　　　　D. 压料力太小

3. 冲裁模试冲时,冲件的毛刺太大,原因是（　　）。

A. 刃口太锋利　　　　　　　　　　　B. 淬火硬度高

C. 凸、凹模配合间隙过大　　　　　　D. 凸、凹模配合间隙过小

4. 拉深模试冲时,制件起皱,可能的原因是（　　）。

A. 压边力太小或不均　　　　　　　　B. 凸、凹模间隙太小

C. 凹模圆角半径小　　　　　　　　　D. 板料太厚或塑性差

5. 级进模一般以凹模为装配基准件,落料-冲孔复合模以（　　）为装配基准件。

A. 凸模　　　　　　　　　　　　　　B. 凸凹模

C. 凹模　　　　　　　　　　　　　　D. 导板

6. 冲裁模试冲时，冲压件不平的原因有（　　　）。

A. 落料凹模有上小、下大的正锥度　　B. 级进模导正钉与预冲孔配合过松

C. 侧刃定距不准　　　　　　　　　　D. 冲模结构不当，落料时没有压料装置

7. 冲裁模试冲时送料不通畅或条料被卡死的主要原因有（　　　）。

A. 刃口不锋利　　　　　　　　　　　B. 两导料板之间的尺寸过大

C. 凸模与卸料板间间隙小　　　　　　D. 凸模与卸料板间间隙过大，使卸料板翻扭

模具制造工艺编制与实施

任务六　端盖两板注射模组件装配工艺编制

任务引入

图6-6-1所示为端盖推件板推出的两板注射模装配图，塑件材料为PP，外形尺寸为300mm×250mm×230mm，合模距离为200mm，顶出行程为120mm，编制其组件装配工艺。

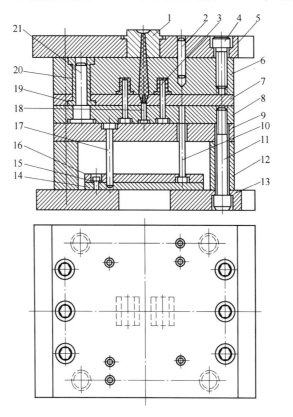

图6-6-1　端盖推件板推出的两板注射模装配图

1—浇口套　2—圆柱销　3—型芯　4—螺钉　5—定模座板　6—定模板　7—推件板
8—动模板　9—支承板　10—复位杆　11—长螺钉　12—等高垫块　13—动模座板
14—推板　15—螺钉　16—推杆固定板　17—推板导柱　18—拉料杆
19—导套Ⅰ　20—导套Ⅱ　21—导柱

相关知识

一、塑料模的装配基准

1）当不采购塑料模模架时，以动、定模板上的导柱和导套孔作为装配基准。

模板导柱和导套孔先不加工，将型腔镶件和型芯镶件分别装入定模板和动模板内形成定模组件和动模组件，在型腔和型芯之间以垫片法或工艺定位法来保证塑件壁厚，再将定模组件和动模组件合模用平行夹钳夹紧，配镗导柱和导套孔，用于大、中型模具的装配。

2）当采购塑料模模架时，以模板相邻两垂直侧面作为装配基准。

拆开已经采购的模架，将已有导向机构的定模和动模分别装入型腔镶件和型芯镶件装配后，以带标记的两垂直侧面为装配基准分别安装定模和动模上的其他零件。

二、塑料模装配步骤

技术要求分析→装配工艺规程设计→型芯（镶件）与模板组件装配→型腔镶件与模板组件装配→浇口套与模板组件装配→推出机构装配→滑块抽芯机构装配→动、定模总装配→试模。

三、塑料模组件的装配

（一）型芯与型芯固定板的装配

1. 小型芯的装配

（1）过渡配合装配法　如图 6-6-2a 所示，将型芯 1 压入型芯固定板 2，找正型芯垂直度，防止型芯切坏孔壁，压入后，在平面磨床上磨平 A 面。

（2）骑缝螺钉装配法　如图 6-6-2b 所示，将型芯 1 拧入型芯固定板 2 后，用骑缝螺钉 3 定位，注意防止型芯切坏孔壁，压入后，在平面磨床上磨平 A 面。

对某些有方向要求的型芯，当螺纹拧紧后型芯的实际位置与理想位置之间常常出现误差，可通过修磨型芯固定板 a 面或 b 面进行消除，修磨前测出理想位置与实际位置之间的误差角 α，修磨量 $\Delta = P\alpha/36°$（P 为螺纹螺距），如图 6-6-3 所示。

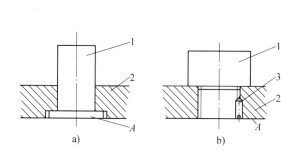

图 6-6-2　小型芯的装配

a）过渡配合装配法　b）骑缝螺钉装配法

1—型芯　2—型芯固定板　3—骑缝螺钉

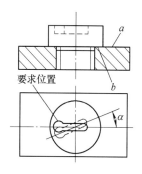

图 6-6-3　有方向要求的型芯的装配

（3）螺母紧固装配法　图 6-6-4 所示为用螺母紧固装配法装配小型芯，将小型芯 1 压入固定板 3，用螺母固定，当型芯位置固定后，拧紧骑缝螺钉 2。

（4）螺钉紧固装配法　图 6-6-5 所示为用螺钉紧固装配法装配小型芯，将型芯压入端棱边修磨成小圆弧，再将小型芯 1 压入固定板 3，找正合格后用螺钉 2 紧固。此法用于有方向要求的任意形状的型芯及多个型芯的同时固定。

2. 大型芯的装配

图 6-6-6 所示为大型芯的装配，装配顺序如下：

1）在大型芯 1 上压入实心的定位销钉套 5。

2）用平行夹钳 3 夹紧定位板 4，确定型芯与固定板的位置。

3）在型芯螺孔部抹红丹粉，将螺钉孔位置复印到固定板上，在固定板上钻螺钉或锪沉孔。

4）在固定板上划出销孔位置，并与型芯一起钻、铰销孔，压入销。

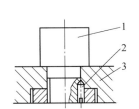

图 6-6-4　螺母紧固装配法

1—小型芯　2—骑缝螺钉

3—固定板

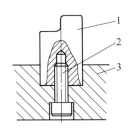

图 6-6-5　螺钉紧固装配法

1—小型芯　2—螺钉

3—固定板

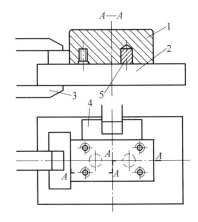

图 6-6-6　大型芯的装配

1—大型芯　2—固定板　3—平行夹钳

4—定位板　5—定位销钉套

（二）凹模与固定板的装配

1. 整体镶嵌式凹模与模板的装配

（1）圆形整体镶嵌式凹模的装配　如图 6-6-7 所示，为保证型腔与动、定模板装配后其分型面紧密配合，凹模压入端不设压入斜度，将压入时的导入部分设在模板上。

（2）非圆形整体镶嵌式凹模的装配　如图 6-6-8 所示，这种凹模装入模板时，关键是凹模形状和模板相对位置的调整及其最终定位。其调整方法有以下两种。

1）部分压入后调整法。型腔凹模压入模板极小一部分时，用百分表找正其直边部分。当调至正确位置时，将型腔凹模全部压入模板，最后在平面磨床上将两端面和模板一起磨平。

2）全部压入后调整法。将型腔凹模全部压入模板以后再调整其位置。用这种方法时不能采用过盈配合，一般使其有 0.01 ~ 0.02mm 的间隙。位置调整正确后，须用定位键定位，防止其转动。

2. 非圆形拼块式凹模的装配

图 6-6-9 所示为非圆形拼块式凹模的装配，一般拼块拼合面在热处理后要进行磨削加工。在装配压入过程中，为防止拼块在压入方向上相互错位，可在压入端垫一块平垫板。

（三）型芯与型腔的配合及修正

如图 6-6-10a 所示，型芯与型腔装配后，型芯端面和型腔端面出现了间隙 Δ，有三种办法修正。

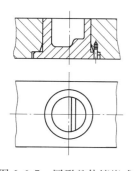

图 6-6-7　圆形整体镶嵌式
凹模的装配

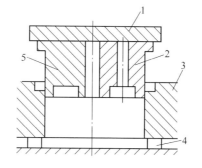

图 6-6-8　非圆形整体镶嵌式凹模的装配
1—平垫板　2、5—凹模拼块
3—模板　4—等高垫块

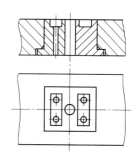

图 6-6-9　非圆形拼块式
凹模的装配

1）在型芯台肩和固定板孔底部垫入厚度等于间隙 Δ 的垫片，然后一起磨平型芯和固定板上平面，如图 6-6-10b 所示。

2）在型腔上平面与凸模固定板之间增加厚度等于间隙 Δ 的垫片，用螺钉紧固，如图 6-6-10c 所示。

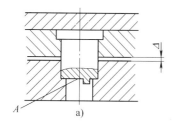
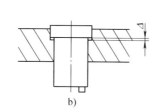
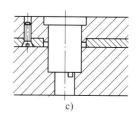

a)　　　　　　　b)　　　　　　　c)

图 6-6-10　型芯与型腔的配合及修正

3）如图 6-6-11 所示，通过修磨模具组成零件来调整（修配法）。

方案 1：修磨型芯台肩面 C，型芯装配合格后一起磨平固定板上平面 D。

方案 2：直接修磨型腔板上平面 B，这种调试方法用于多个型芯的调试。

方案 3：修磨凸模固定板下平面 A，这种调试方法需要拆装型芯。

（四）浇口套的装配

1）浇口套与定模板的配合采用 H7/m6。

2）浇口套台肩应和模板沉孔底面贴紧。装配好的浇口套压入端与配合孔间应无缝隙。故浇口套压入端不允许有导入斜度，应将导入斜度开在模板的浇口套配合孔的入口处。为防止在压入时浇口套将配合孔壁切坏，常将浇口套压入端倒成小圆角，如图 6-6-12a 所示。浇口套加工时应留有去除圆角的修磨余量 Z，压入后使圆角突出在模板之外，如图 6-6-12b 所示。在平面磨床上磨平，如图 6-6-12c 所示。

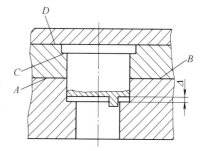

图 6-6-11　型腔与型腔的配合及修正

（五）导柱和导套的装配

导柱和导套分别安装于动模板和定模板上，是模具开合模时用的导向装置，压入动、定模板后，开模和合模时导柱、导套应滑动灵活，无卡滞现象，保证动、定模板上导柱和导套安装孔的中心距一致（其误差≤0.01mm）。导柱主要有短导柱和长导柱两种。

短导柱的装配如图 6-6-13 所示，先压入距离最远的两个导柱，检查两个导柱装配是否合格，再压入第 3 和第 4 个导柱。

长导柱的装配如图 6-6-14 所示，先将导套 4 压入定模板 3，借助导套导向，压入导柱 1 到动模板 2 中。

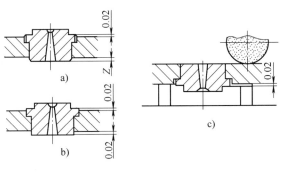

图 6-6-12　浇口套的装配

a）装配前　b）装配后　c）装配后修磨

（六）推出机构的装配

如图 6-6-15 所示，推出机构由推板 6、推杆固定板 7、推杆 8、导柱 5 和复位杆 2 等组成，其装配技术要求为：装配后推出机构应运动灵活，无卡阻现象；推杆在推杆固定板孔内每边都有 0.5mm 的间隙；推杆工作端面应高出型面 0.05～0.1mm，推出塑件后，推杆应在合模后自动退回原始位置。

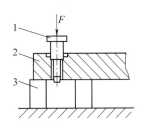

图 6-6-13　短导柱的装配

1—导柱　2—动模板
3—等高垫块

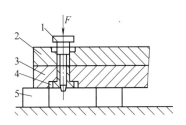

图 6-6-14　长导柱的装配

1—导柱　2—动模板　3—定模板
4—导套　5—等高垫块

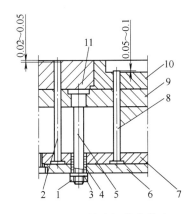

图 6-6-15　推出机构的装配

1—螺母　2—复位杆　3—垫圈　4—导套
5—导柱　6—推板　7—推杆固定板　8—推杆
9—支承板　10—型腔镶块　11—动模板

1. 配镗导柱、导套孔

将推板 6、推杆固定板 7 和支承板 9 重叠在一起，配镗导柱 5、导套 4 安装孔。

2. 导柱与支承板组件装配

将导柱 5 垂直压入支承板 9 并将端面与支承板 9 一起磨平，用螺钉拧紧支承板 9 及动模板 11。

3. 配钻支承板 9 上的复位杆及推杆过孔

将动模板 11（型腔、型芯）叠在支承板 9 上，用平行夹头夹紧，配钻支承板 9 上的复位杆孔；按型芯（腔）上已加工好的推杆孔，配钻支承板 9 上的推杆过孔。

4. 配钻推杆固定板 7 上的复位杆及推杆安装孔

将支承板 9 叠在推杆固定板 7 上，用平行夹头夹紧，配钻推杆固定板 7 上的复位杆安装孔及推杆安装孔。

5. 推杆装配

将动模板组件倒置放在平板上，支承板 9 放在动模板 11 上，再将装有导套 4 的推杆固定板 7 套入导柱 5，与支承板 9 重叠。

1）将推杆孔入口处和推杆顶端倒出小圆角或斜度，不溢料。

2）检查推杆尾部台肩厚度及推板固定板的沉孔深度，修磨，保证装配后有 0.05mm 的间隙。

3）将推杆 8 及复位杆 2 装入推杆固定板 7、支承板 9 和动模板 11 中，盖上推板 6，用螺钉紧固。

4）修磨推杆及复位杆长度。模具处于闭合状态时，推杆顶面应高出分型面 0.05 ~ 0.1mm；复位杆顶面应低于分型面 0.02 ~ 0.05mm。上述尺寸受垫高块和限位螺钉的影响，在确定推杆及复位杆长度前，应将限位螺钉装入定模座板中，将限位螺钉和垫高块磨到图样尺寸，将装配好的推杆、动模组件、支承板、动模座板组合在一起，当推板 6 复位到与限位螺钉接触时，若推杆低于分型面，应修磨导柱 5 的台肩或垫高块上平面；若推杆高于分型面，则可修磨推板 6 的底面。复位杆及推杆的顶面修磨可在平面磨床上用 V 形块或自定心卡盘装夹完成。

（七）斜导柱滑块抽芯机构的装配

斜导柱抽芯机构如图 6-6-16 所示，应以凹模分型面为装配基准。

1. 斜导柱滑块抽芯机构装配技术要求

1）闭模后，滑块 1 上平面与定模下平面须留有间隙 $x = 0.2 ~ 0.8$mm。这个间隙在注射模闭合时被锁模力消除，转移到斜楔和滑块之间。

2）闭模后，斜导柱 3 外侧与滑块 1 的斜导柱孔之间留有间隙 $y = 0.2 ~ 0.5$mm。在注射模闭模后锁模力把滑块 1 推向内方，如不留间隙会使斜导柱 3 受侧向弯曲力。

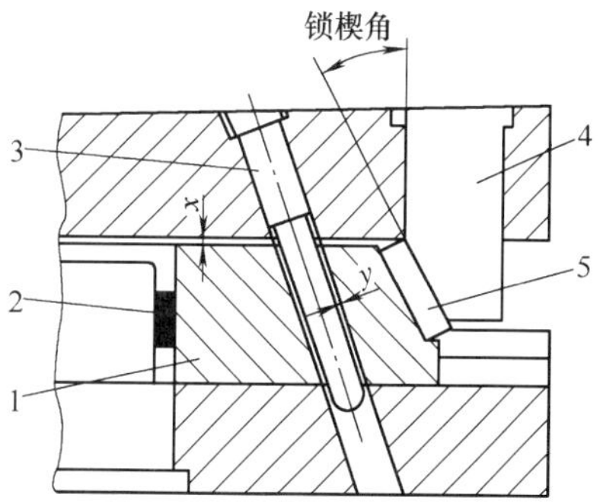

图 6-6-16　斜导柱抽芯机构结构图
1—滑块　2—壁厚垫片　3—斜导柱
4—锁楔（压紧块）　5—垫片

2. 斜导柱滑块抽芯机构的装配步骤

1）将型芯装入型芯固定板成为型芯组件。

2）装配凹模（或型芯）。如图 6-6-17 所示，将凹模镶块 2 压入凹模固定板 1，磨上、下平面定尺寸 A。

3）加工凹模固定板 1 上的滑块槽。将凹模镶块 2 退出凹模固定板 1，加工滑块安装用 T 形槽。以凹模镶块 2 的 M 面为基准，按滑块台肩实际尺寸精铣滑块安装用 T 形槽，钳工修正。

4）配钻滑块的侧型芯固定孔。将定中心工具装入凹模镶块孔，将滑块推装入滑块槽与定中心工具接触，在滑块上压出侧型芯孔圆形印迹，如图 6-6-18 所示。按印迹找正，钻、铰滑块上的侧型芯固定孔。

5）滑块与侧型芯的装配。模具闭合时侧型芯应与定模型芯接触，如图 6-6-19 所示。常在定模型芯上留出余量，通过修磨来实现零件的接触。其操作过程如下：

① 在侧型芯 3 与定模型芯 1 接触处，将侧型芯 3 端部磨削成吻合形状。

② 将滑块 4 装入凹模固定板 5 的滑块槽，使左端面与凹模镶块 2 的 A 面接触，测得尺寸 b。

③ 将侧型芯 3 装入滑块 4 并推入凹模固定板滑块槽，使侧型芯 3 与定模型芯 1 接触，测得尺寸 a。

④ 修磨侧型芯。修磨量 $= b - a - 0.05 \sim 0.1$ mm。$0.05 \sim 0.1$ mm 为滑块端面与凹模镶块 A 面之间的间隙。

⑤ 将修磨后的侧型芯 3 与滑块 4 配钻圆柱销孔后用圆柱销固定。

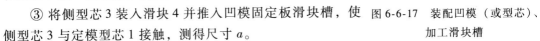

图 6-6-17 装配凹模（或型芯）、加工滑块槽
1—凹模固定板 2—凹模镶块

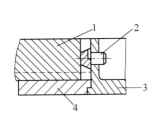

图 6-6-18 压印、钻型芯固定孔
1—滑块 2—定中心工具
3—凹模镶块 4—凹模固定板

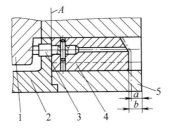

图 6-6-19 装配滑块型芯
1—定模型芯 2—凹模镶块 3—侧型芯
4—滑块 5—凹模固定板

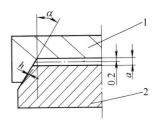

图 6-6-20 楔紧块的装配
1—楔紧块 2—滑块

⑥ 装配楔紧块 1。如图 6-6-20 所示，装配时要求模具在闭合状态下楔紧块 1 与滑块 2 斜面均匀接触，并保证有足够的锁紧力。滑块 2 上平面与楔紧块 1 下平面之间须保留 0.2mm 的间隙。此间隙靠修磨滑块 2 斜面预留的修磨量来保证。此外，楔紧块 1 在受力状态下不能向开合模方向松动，楔紧块 1 的后端面应与定模板处于同一平面。根据上述要求，楔紧块的装配过程如下：

a. 用螺钉将楔紧块 1 紧固在固定板上。

b. 修磨滑块 2 的斜面，使之与楔紧块 1 的斜面密合。滑块斜面修磨量 $b = (a - 0.2)\sin\alpha$。其中，a 为闭模后测得的分型面实际间隙，α 为楔紧块斜角。

c. 将楔紧块 1 后端面与定模板一起磨平。

⑦ 闭模。如图 6-6-16 所示，检查间隙 $x = 0.2 \sim 0.8$mm 是否合格。否则，应修磨和更换滑块尾部垫片，以保证 x 值。

⑧ 镗削斜导柱孔。如图 6-6-16 所示，将装有楔紧块的定模板、滑块和装有型芯的动模板装配固定后用夹钳夹紧，在卧式镗床上配镗斜导柱孔，取出滑块，在铣（镗）床上将滑块斜孔直径镗大 1mm。

⑨ 松开模具，安装斜导柱，修正滑块上的斜导柱孔口为圆环状。

⑩ 调整导柱，使之与滑块松紧适应，钻导块销孔，安装销孔，安装侧型芯。

⑪ 修磨限位块。如图 6-6-21 所示，开模后滑块复位的正确位置由限位块定位。在图 6-6-22 中，滑块复位的正确位置则由滚珠定位。在设计模具时一般使滑块后端面与定模板外

形齐平，由于加工中的误差而使两者不处于同一平面时，可按需要将定位块修磨成台阶形。

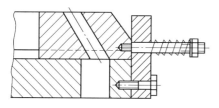

图 6-6-21　用定位板做滑块的定位

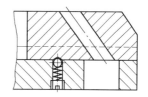

图 6-6-22　用滚珠做滑块复位时的定位

任务实施

如图 6-6-1 所示，端盖推件板推出的两板注射模，塑件材料为 PP，外形尺寸为 $300\,mm \times 250\,mm \times 230\,mm$，合模距离为 $200\,mm$，顶出行程为 $120\,mm$，编制其组件装配工艺

拆下购入模架的螺钉，将其拆卸成各零（组）件，但导柱、导套与相应模板的装配不用拆卸。

1. 动模部分的装配

（1）将动模板 8 与型芯 3、拉料杆 18 装配成型芯固定板组件　将带导柱的动模板 8 倒置在平板上，在相应位置装入型芯 3 和拉料杆 18，磨平下端面。

（2）配钻支承板 9 及推杆固定板 16 上的推杆过孔　将动模板组件、支承板 9 和推杆固定板 16 用平行夹头夹紧，以动模板 8 上的推杆孔为定位基准，在支承板 9 和推杆固定板 16 相应位置上钻推杆过孔，松开平行夹头，倒置推杆固定板 16，锪推杆沉头孔。

（3）检测和调整型芯 3 成型高度　检查型芯 3 与推件板的运动灵活性，将推件板套在动模板组件上，检查型芯 3 的成型高度。若型芯高度大于设计高度，则修磨或调整型芯；若型芯高度小于设计高度，则在平面磨床上磨削推件板上、下面，以保证型芯高度。

（4）装配推出机构及动模部分　将动模板组件倒置，支承板 9 搁置在动模板组件上，然后将推杆固定板 16 倒置在支承板 9 上，对齐推杆过孔，在推杆固定板 16 推杆孔相应位置插入推杆、复位杆孔相应位置插入复位杆；在推杆固定板 16 上放上推板 14，将推板 14 与推杆固定板 16 及推杆、复位杆用螺钉 15 拧紧，形成推出组件；接着在支承板 9 上放置垫高块 12，最后在垫高块 12 上放置动模座板，用长螺钉 11 拧紧各零件，形成动模部分，放正动模部分，套上推件板 7。

2. 定模部分的装配

（1）浇口套 1 与定模座板 5 的装配　将浇口套 1 打入定模座板 5 中形成定模座板组件，倒置定模座板组件放在等高块上，磨平，将磨平的浇口套 1 稍微退出定模座板 5，磨去定模座板 0.02mm，重新压入浇口套。

（2）装配定模部分　找正定模座板和定模板基准，用螺钉 4 拧紧定模座板组件和定模板 6，最后配钻、铰定位销孔，打入定位销。

任务拓展

图 6-6-23 所示为衬套两板侧浇口推管推出注射模，塑件材料为 PVC，外形尺寸为 $200\,mm \times 150\,mm \times 100\,mm$，合模距离为 $100\,mm$，顶出行程为 $50\,mm$，确定其组件装配工艺。

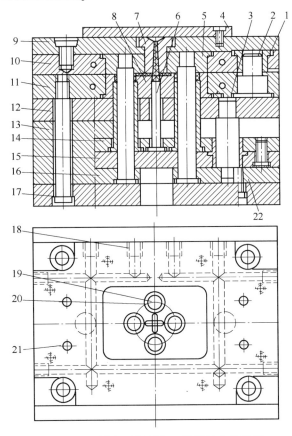

图 6-6-23　衬套两板侧浇口推管推出注射模

1—导套　2—导柱　3—推板导柱　4—定位圈　5—定模镶件　6—拉料杆　7—浇口套　8—动模镶件　9—定模座板
10—定模板　11—动模板　12—支承板　13—垫块　14—推杆固定板　15—推板　16—型芯固定板　17—动模座板
18—水嘴　19—型芯　20—推管　21—复位杆　22—推板导套

1. 定模部分的装配

（1）定模座板组件的装配　将浇口套 7 打入定模座板 9 中形成定模座板组件，倒置定模座板组件放在等高块上，磨平，将磨平的浇口套 7 稍微退出定模座板 9，磨去定模座板 0.02mm，重新压入浇口套。

（2）定模板组件的装配　将定模镶件 5 打入定模板 10 中形成定模板组件，磨平下端面。

（3）装配定模部分　找正定模座板和定模板基准，用螺钉拧紧定模座板组件和定模板组件，最后配钻、铰定位销孔，打入定位销。

2. 动模部分的装配

（1）将动模板 11 与动模镶件 8 装配成动模板组件　将动模板 11 倒置在等高块上，在相应位置装入动模镶件 8，磨平下端面。

（2）配钻支承板 12 及推杆固定板 14 上的推管过孔　将动模板组件、支承板 12 和推杆固定板 14 用平行夹钳夹紧，以动模镶件 8 上的推管孔和拉料杆孔为定位基准，在支承板 12 和推杆固定板 14 相应位置分别钻推管过孔和拉料杆过孔，松开平行夹钳，倒置推杆固定板 14，锪推管沉头孔。

（3）装配推出机构　将支承板 12 搁置在动模板组件上，装入推板导柱 3，形成支承板组件，将动模板组件倒置，支承板组件放在动模板上，再将推杆固定板 14 倒置在支承板 12 上（对齐推管过孔和拉料杆过孔），对准推板导柱（套）和推管孔，在推杆固定板 14 推管孔相应位置插入推管 20，在复位杆孔相应位置插入复位杆 21；在拉料杆过孔位置插入拉料杆 6，在推杆固定板 14 上放上推板 15，用螺钉拧紧推杆固定板 14 和推板 15，形成推出组件；接着在支承板 12 上放置垫块 13。

（4）型芯 19 的装配　将型芯固定板 16 放在推板 15 上，套入推板导柱孔（对准推管孔和推管中孔），在型芯固定板 16 中装入型芯 19，最后将动模座板 17 搁在垫块 13 上，用长螺钉拧紧各零件，形成动模部分。

 思考与练习

一、填空题

1. 当塑料模不采购模架时，应以动、定模板上的_____和_____孔作为装配基准；当塑料模采购模架时，则以模板_____作为装配基准。

2. 小型芯与型芯固定板的装配有_____、_____、_____、_____。

3. 斜导柱滑块抽芯机构注射模闭模后，滑块的上平面与定模平面必须留有间隙_____，斜导柱外侧与滑块斜导柱孔留有间隙_____。

4. 斜导柱安装孔须采用_____加工，将_____、_____和_____装配固定后用夹板夹紧，在卧式镗床上配镗斜导柱孔。

5. 装配好的塑料模处于闭合状态时，推杆顶面应_____分型面_____ mm，复位杆端面应低于分型面_____ mm。

6. 塑料模在闭合状态下楔紧块与滑块斜面均匀接触。滑块上平面与楔紧块下平面之间须保留_____的间隙，此间隙靠修磨滑块的斜面预留的_____来保证。

二、选择题

1. 对塑料模浇口套的装配，下列说法正确的是（　　）。
A. 浇口套与定模板采用间隙配合　　　B. 浇口套的压入端允许有导入斜度
C. 常将浇口套的压入端加工成小圆角　D. 浇口套导入斜度加工时不须留有修磨余量

2. 带有斜导柱滑块抽芯机构的注射模滑块槽的加工，须采用下列（　　）加工方法。
A. 车削加工　　　　　　　　　　　　B. 镗削加工
C. 直接在零件上加工，不用与滑块配作　D. 应按滑块台肩实际尺寸配作

3. 带有斜导柱滑块抽芯机构的注射模滑块上平面与楔紧块下平面间所需间隙通过修磨（　　）来保证。
A. 滑块的斜面　　　　　　　　　　　B. 滑块的下平面
C. 滑块的上平面　　　　　　　　　　D. 楔紧块的下平面

4. 塑料模推出机构中推杆低于分型面，应修磨（　　）。
A. 型芯上平面　　　　　　　　　　　B. 导柱台肩或垫高块上平面
C. 型腔镶块下平面　　　　　　　　　D. 推杆固定板上平面

任务七　端盖两板注射模整体装配工艺编制

 任务引入

图 6-6-1 所示为端盖推件板推出的两板注射模，塑件材料为 PP，外形尺寸为 300mm×250mm×230mm，合模距离为 200mm，顶出行程为 120mm，编制其整体装配工艺。

相关知识

一、塑料模装配技术要求

1. 塑料模外观要求

1）塑料模装配后的模具闭合高度、与注射机的各配合部位尺寸、顶出板顶出形式、开模距离等均应符合图样要求及所使用设备条件。

2）塑料模外露非工作部位棱角边均应倒角。

3）大、中型模具均应有起吊孔、吊环供搬运用。

4）模具闭合后，各承压面（分型面）之间要紧密接触，不得有较大缝隙。

5）零件之间各承压面要互相平行，平行度误差为 0.05/200。

6）装配后的塑料模应打印标记，包括模具名称、编号、制造日期、合模标记等。

2. 塑料模成型零件及浇口套装配要求

1）塑料模成型零件及浇口套表面应光洁，无塌坑、伤痕等缺陷。

2）对成型时有腐蚀的塑料零件，其型腔表面应镀铬、抛光。

3）塑料模互相接触的承压零件（如互相接触的型芯、凸模与挤压环）之间应有适当的间隙或合理的承压面积及承压形式，以防零件间直接挤压。

4）各飞边方向应保证不影响工件正常脱模。

5）模具闭合后分型面应均匀密合，动、定模接触面间隙≤0.03mm 且小于成型塑料的溢料值。

3. 塑料模导向机构装配要求

1）导柱、导套要垂直于动、定模座板，垂直度误差≤0.02mm。

2）导向精度要达到图样要求的配合精度，能对动、定模起良好的导向、定位作用。

4. 塑料模斜楔及活动零件装配要求

1）各活动零件配合间隙要适当，起止位置定位要正确，嵌件紧固零件的紧固要安全可靠。

2）活动型芯、顶出及导向部位运动时，应滑动平稳，动作可靠灵活，互相协调，间隙适当，不得有卡紧及感觉发涩等现象。

5. 锁紧及紧固零件装配要求

1）锁紧作用要可靠。

2）各紧固螺钉要拧紧，不得松动，圆柱销要销紧。

6. 顶出机构零件装配要求

1）开模时顶出部分应保证顺利脱模，以便取出工件及浇口废料。

2）推件时推杆和卸料板动作必须保持同步，不得有卡住现象。

3）模具稳定性要好，应有足够的强度，工作时受力要均匀。

7. 加热及冷却系统装配要求

1）冷却水路要通畅无漏水现象，阀门控制要正常。

2）电加热系统要无漏电现象，安全可靠，能达到模温要求。

3）各气动、液压控制机构动作要正常。

二、注射模总体装配程序

1. 装配动模部分

1）装配型芯。

2）加工动模固定板上的推杆孔。

3）配作限位螺杆孔和复位杆孔。

4）装配推杆及复位杆。

5）垫块及定模座板的装配。

2. 装配定模部分

1）定模镶块与定模板的装配。

2）定模板与定模座板的装配。

三、注射模整体装配示例

（一）斜导柱侧抽芯推杆推出两板式注射模总体装配示例

图6-7-1所示为端盖斜导柱侧抽芯侧浇口推杆推出两板式注射模，其总体装配工艺如下：

1. 定模板组件的装配

将浇口套10装入定模板13中，倒置定模板组件放在垫高块18上，磨平，将磨平的浇口套10稍微退出定模板13，磨去定模板0.02mm，重新压入浇口套10。将楔紧块8装入定模板13，形成定模板组件。

2. 动模部分的装配

（1）动模板组件装配　将动模板16倒置在垫高块上，在相应位置打入型芯24，磨平下端面。

（2）检测和调整型芯24的成型高度　若型芯高度大于设计高度，则修磨或调整型芯；若型芯高度小于设计高度，则在平面磨床上磨削动模板上下面，以保证型芯高度。

（3）配钻支承板17及推杆固定板21上的推杆过孔　将动模板组件、支承板17和推杆固定板21用平行夹钳夹紧，以型芯24上的推杆孔为基准，在支承板17和推杆固定板21相应位置钻推杆过孔，松开平行夹钳，倒置推杆固定板21，锪推杆沉头孔。

（4）装配推出机构和动模部分　将支承板17搁置在动模板组件上，压入推板导柱2，形成支承板组件；将动模板组件倒置在平板上，支承板倒置在动模板上，将推杆固定板21倒置在支承板17上（对齐推杆过孔），在推杆固定板21推杆孔相应位置放入推杆25，在复位杆孔相应位置放入复位杆19；在推杆固定板21上放上推板22，用螺钉拧紧推杆固定板和推板，形成推出组件；接着在支承板17上放置垫高块18，再放上动模座板20，然后用长螺钉拧紧，形成动模部分。

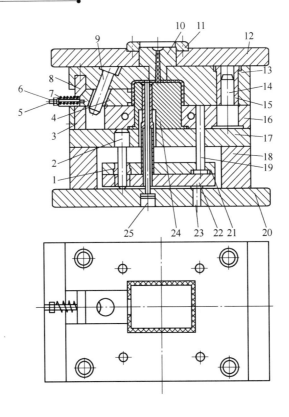

图 6-7-1 端盖斜导柱侧抽芯侧浇口推杆推出两板式注射模

1—推板导套 2—推板导柱 3—限位块 4—滑块 5—双头螺柱 6—螺母 7—弹簧 8—楔紧块 9—斜导柱
10—浇口套 11—定位圈 12—定模座板 13—定模板 14—导柱 15—导套 16—动模板 17—支承板
18—垫高块 19—复位杆 20—动模座板 21—推杆固定板 22—推板 23—螺钉 24—型芯 25—推杆

（5）装配滑块抽芯机构

1）安装滑块 4。在动模板 16 的滑块槽中装入滑块 4，将其推到前端与型芯 24 接触。

2）检查、修磨滑块 4。将装有滑块的动模板放在等高块上，将定模板组件放在动模板上，使楔紧块 8 与滑块 4 斜面处紧密接触，用塞尺检查滑块上平面与分型面是否有 0.2mm 的间隙，如没有，修磨滑块斜面。

3）镗削导柱孔：将定模板 13、滑块 4、动模板组件用平行夹钳夹紧，在镗床上配镗定模板导柱孔和滑块导柱过孔，在定模板 13 中装入斜导柱 9。

4）安装限位块 3、弹簧 7、双头螺柱 5 及螺母 6，使滑块能定位和复位。

3. 装配定模座板

找正定模座板和定模板基准，安装定位圈 11，用螺钉拧紧定模座板 12 和定模板组件，最后配钻、铰定位销孔，打入定位销。

（二）三板注射模总体装配示例

图 6-7-2 所示为盒盖点浇口推杆推出三板注射模，其总体装配工艺如下：

拆下购入模架的螺钉，将其拆卸成各零（组）件，但导柱、导套与相应模板的装配不用拆卸。

1. 装配定模部分

（1）浇口套19与定模座板16的装配　将定模座板放在等高块上，在定模座板16中压入浇口套19，磨平，将磨平的浇口套19稍微退出定模座板16，磨去定模座板0.02mm，重新压入浇口套。

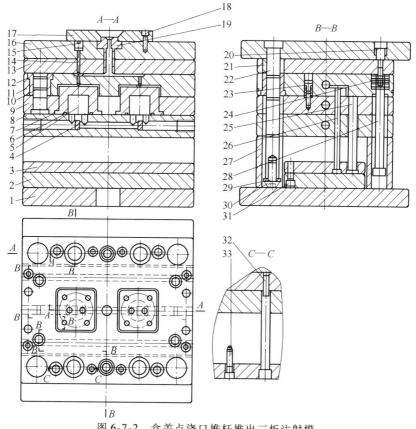

图6-7-2　盒盖点浇口推杆推出三板注射模

1—动模座板　2—推板　3—推杆固定板　4—水堵　5—隔水片　6—密封圈　7—型芯　8—支承板　9—动模板
10—导柱　11—定模板　12—导套　13—流道板　14—拉料杆　15—螺堵　16—定模座板　17—定位圈
18、31、32、33—沉头螺钉　19—浇口套　20—限位螺钉　21—直导套　22—大拉杆　23—圆形拉模扣
24—弹簧　25—复位杆　26—推杆　27—垫高块　28—小拉杆　29—压板　30—平头螺钉

（2）拉料杆14与定模座板16的装配　将拉料杆14压入定模座板16中，拧紧螺堵15，形成定模座板组件。

2. 装配动模部分

（1）将动模板9与型芯7装配成动模板组件　在型芯7中插入隔水片5，将动模板9倒置在垫高块上，在相应孔位压入型芯7，磨平下端面，在型芯7的密封槽中放置O形密封圈。

（2）检测和调整型芯7的成型高度　若型芯高度大于设计高度，则修磨或调整型芯；若型芯高度小于设计高度，则在平面磨床上磨削推件板上下面，以保证型芯高度。

（3）配钻支承板8及推杆固定板3上的推杆过孔　将动模板组件、支承板8和推杆固定板3用平行夹钳夹紧，以型芯7上的推杆孔为基准，在支承板8和推杆固定板3的相应位置钻推杆过孔，松开平行夹钳，倒置推杆固定板3，锪推杆沉头孔。

（4）推出机构的装配　将动模板组件倒置，支承板8搁置在动模板组件上，然后将推杆固定板3倒置在支承板8上，对齐推杆过孔，在推杆固定板3推杆孔的相应位置装入推杆26，在复位杆孔相应位置装入复位杆25；在推杆固定板3上放上推板2，将推板2与推杆固定板3及推杆、复位杆用沉头螺钉31拧紧，形成推出机构，最后将动模基准面落平板。

（5）水堵的装配　在支承板8中装入水堵4。

3. 动、定模两部分总体装配

（1）圆形拉模扣23的装配　在定模板拉模扣孔中装入圆形拉模扣23，再紧贴动模组件，拧紧拉模扣23的螺钉。

（2）压板29、平头螺钉30的装配　在定模板相应位置放上弹簧24，将定模座板组件的大拉杆22插入流道板13和定模板11，并使三板紧贴，在大拉杆22下端面安装压板29，拧紧平头螺钉30。

（3）定模的限位螺钉20与动模的小拉杆28的装配　将垫高块27紧贴动模部分的支承板8，对正垫高块、支承板、动模板、定模板四零件小拉杆过孔位置，在相应孔中插入小拉杆28；对准定模座板、流道的限位螺钉孔和动、定模板小拉杆孔位，在定模座板相应孔位插入限位螺钉20，将其拧入动模部分的小拉杆28螺孔中。

（4）动模座板装配　将动模座板1紧贴垫高块27，用沉头螺钉32、33拧紧各零件，形成动模部分。

4. 定位圈17的安装

在定模座板16上放置定位圈17，拧紧沉头螺钉18。

任务实施

端盖推件板推出的两板注射模装配工艺（表6-7-1）。

表6-7-1　端盖推件板推出的两板注射模装配工艺

序号	名称	工序内容
1		采购模架后,拆开模架
2		1)将定模板6放在定模座板5上,安装浇口套1,拧紧螺栓,打入圆柱销2 2)安装定位圈,拧紧螺钉 3)在定模板上拧入水嘴
3	钳	1)将动模板8与型芯3、拉料杆18装配成型芯固定板组件:将带导柱的动模板8倒置在平板上,在相应位置装入型芯3和拉料杆18,磨平下端面 2)配钻支承板9和推杆固定板16上的推杆过孔:将动模板组件、支承板9和推杆固定板16用平行夹头夹紧,以动模板8上的推杆孔为定位基准,在支承板9和推杆固定板16相应位置上钻推杆过孔,松开平行夹头,倒置推杆固定板16,锪推杆沉头孔 3)检测和调整型芯3成型高度:检查型芯3与推件板的运动灵活性,将推件板套在动模板组件上,检查型芯3的成型高度。若型芯高度大于设计高度,则修磨或调整型芯;若型芯高度小于设计高度,则在平面磨床上磨削推件板上下面,以保证型芯高度 4)装配推出机构及动模部分:将动模板组件倒置,支承板9搁置在动模板组件上,然后将推杆固定板16倒置在支承板9上,对齐推杆过孔,在推杆固定板16推杆孔相应位置插入推杆,在复位杆孔相应位置插入复位杆;在推杆固定板16上放上推板14,将推板14与推杆固定板16及推杆、复位杆用螺钉15拧紧,形成推出组件;接着在支承板9上放置垫高块12,最后在垫高块12上放置动模座板,用长螺钉11拧紧各零件,形成动模部分,放正动模部分,套上推件板7
4		将动模组件与定模组件装配成整套模具

任务拓展

图 6-6-23 所示为衬套两板侧浇口推管推出注射模，塑件材料为 PVC，外形尺寸为 200mm×150mm×100mm，合模距离为 100mm，顶出行程为 50mm，编制其整体装配工艺过程。

衬套两板侧浇口推管推出注射模装配工艺见表 6-7-2。

表 6-7-2　衬套两板侧浇口推管推出注射模装配工艺

序号	名称	工序内容
1		采购模架后,拆开模架
2		定模部分装配 1)定模座板组件的装配:将浇口套 7 打入定模座板 9 中形成定模座板组件,倒置定模座板组件放在垫块上,磨平,将磨平的浇口套 7 稍微退出定模座板 9,磨去定模座板 0.02mm,重新压入浇口套 2)定模板组件的装配:将定模镶件 5 打入定模板 10 中形成定模板组件,磨平下端面 3)装配定模部分:找正定模座板和定模板基准,用螺钉拧紧定模座板组件和定模板组件,最后配钻、铰定位销孔,打入定位销
3	钳	动模部分装配 1)将动模板 11 与动模镶件 8 装配成动模板组件:将动模板 11 倒置在垫块上,在相应位置装入动模镶件 8,磨平下端面 2)配钻支承板 12 及推杆固定板 14 上的推管过孔:将动模板组件、支承板 12 和推杆固定板 14 用平行夹钳夹紧,以动模镶件 8 上推管孔和拉料杆孔为定位基准,在支承板 12 和推杆固定板 14 相应位置分别钻推管过孔和拉料杆过孔,松开平行夹钳,倒置推杆固定板 14,锪推管沉头孔 3)装配推出机构:将支承板 12 搁置在动模板组件上,装入推板导柱 3,形成支承板组件,将动模板组件倒置,支承板组件放在动模板上,再将推杆固定板 14 倒置在支承板 12 上(对齐推管过孔和拉料杆过孔),对准推板导柱(套)和推管孔,在推杆固定板 14 推管孔相应位置插入推管 20,在复位杆相应位置插入复位杆 21;在拉料杆过孔位置插入拉料杆 6,在推杆固定板 14 上放上推板 15,用螺钉拧紧推杆固定板 14 和推板 15,形成推出组件;接着在支承板 9 上放置垫块 13 4)型芯 19 的装配:将型芯固定板 16 放在推板 15 上,套入推板导柱孔(对准推管孔和推管中孔),在型芯固定板 16 中装入型芯 19,最后将动模座板 17 搁在垫高块 13 上,用长螺钉拧紧各零件,形成动模部分

 思考与练习

一、选择题

1. 装配后的塑料模应打印标记，属于塑料模装配技术要求的有（　　）。

A. 外观要求　　　　　B. 降低成本要求　　　C. 质量管理要求　　　D. 成型技术要求

2. 推出机构的装配需要先将支承板和动模板倒置，然后将（　　）紧贴在支承板上，再插入推杆。

A. 推板　　　　　　　B. 动模座板　　　　　C. 推杆固定板　　　　D. 推块

3. 分流道拉料杆与定模座板须采用（　　）装配方法。

A. 过盈配合式　　　　B. 过渡配合式　　　　C. 间隙配合式　　　　D. 螺母紧固式

4. 圆形整体镶嵌式凹模在压入端不应设置（　　）。

A. 压入圆角半径　　　B. 压入斜度　　　　　C. 间隙配合式　　　　D. 螺母紧固式

二、简答题

1. 型芯与型腔装配后，型芯端面和型腔端面出现了间隙 Δ，可采用哪些办法修正？

2. 型芯怎么装配？

任务八 端盖两板注射模试模

任务引入

图 6-6-1 所示为端盖推件板推出的两板注射模，塑件材料为 PP，外形尺寸为 300mm ×
250mm ×230mm，合模距离为 200mm，顶出行程为 120mm，对其进行试模。

相关知识

一、塑料模安装及试模

模具装配完成后，在交付生产之前，应进行试模。试模既可检查模具在制造上存在的缺
陷，并查明原因加以排除，又可以对模具设计的合理性进行评定并对成型工艺条件进行探
索，这将有益于模具设计和成型工艺水平的提高。试模步骤及过程如下：

1. 塑料模安装

（1）选择注射机 根据模具外形尺寸及合模距离选择注射机。

（2）确定压紧方式 看模具动、定模板有无螺栓安装孔，无安装孔的采用压板螺栓连
接；有安装孔的注射机移动及固定模安装板上相应孔对正，采用双头螺柱加螺母压紧模具。

（3）调节注射机合模行程 利用注射机调模按钮，调节注射机移动模板、固定模板之
间的距离，使其大于模具合模行程 1 ~ 2mm。

（4）安装模具 在注射机拉杆间调入整套模具，使模具定位圈进入注射机固定板定位
孔，以极慢的速度合模，分别用螺栓、压板初步压紧动、定模座板，调小注射机合模行程，
使模具刚好被注射机两块模板压紧，拆去吊模用吊钩。对需要加热的模具，应在模具达到规
定温度后再校正合模的松紧程度。最后，接通冷却水管或加热线路。

（5）开模 按注射机调节模板按钮，使模板处于塑件及浇注系统取出方便的最佳位置，
再确定"高压锁模""低压保护""快速运动""慢速运动"四个接近开关的位置，调整相
应压力阀至可移动模板的最小压力。

（6）调整注射机顶出行程 移动注射机使移动模板到停止位置，调节注射机顶杆长度，
使模具上推板和推杆之间的距离 >5mm，以免顶坏模具，同时调节注射机行程开关，使顶杆
能顶出模具为止。

2. 塑料模试模

经过以上调整、检查，做好试模准备后，选用合格的原料毛坯，根据推荐的工艺参数将
注射机料筒和喷嘴加热。由于制件大小、形状和壁厚不同，注射机上热电偶位置的深度和温
度表误差也各有差异，应根据具体条件试模和调试。

判断料筒和喷嘴温度是否合适：将注射机喷嘴与模具主流道脱开，用较低的注射压力使
塑料自喷嘴中缓慢流出，观察料流。若没冷料头、气泡、银丝、变色，且料流光滑明亮，则
料筒和喷嘴温度是合适的，可开机试模。

注射成型时可选用高速或低速，制件壁薄而面积大时，用高速注射；制件壁厚且面积小时，用低速注射；若高速和低速注射都能充满型腔，除玻璃纤维增强塑料外，用低速注射。

对黏度高和热稳定性差的塑料，采用较慢的螺杆转速和略低的背压加料及预塑；而黏度低和热稳定性好的塑料，可采用较快的螺杆转速和略高的背压。若喷嘴温度合适，喷嘴可固定，以提高生产率。当喷嘴温度太低或太高时，宜在每次注射后向后移喷嘴（喷嘴温度低时，由于后加料时喷嘴离开模具，减少了散热，故可使喷嘴温度升高；而喷嘴温度太高时，后加料时可挤出一些过热的塑料）。

二、塑料模试模故障排除

塑料模试模故障分析及解决措施见表6-8-1。

表6-8-1　塑料模试模故障分析及解决措施

序号	塑件成型缺陷	产生原因	解决措施
1	形状欠缺	1. 料筒及喷嘴温度偏低 2. 模具温度太低 3. 加料量不足 4. 注射压力低 5. 进料速度慢 6. 锁模力不够 7. 模具型腔无适当排气孔 8. 注射时间太短，螺杆回退时间太早 9. 杂物堵塞喷嘴 10. 模具流道、浇口太小、太薄、太长	1. 提高料筒及喷嘴温度 2. 提高模具温度 3. 增加料量 4. 提高注射压力 5. 调节进料速度 6. 增加锁模力 7. 修改模具，增加排气孔 8. 延长注射时间 9. 清理喷嘴 10. 修改模具浇注系统
2	制品有飞边	1. 注射压力太大 2. 锁模力太小或单向受力 3. 模具磨损或碰损 4. 模具型腔有杂物 5. 料温太高 6. 模具变形或分型面不平	1. 降低注射压力 2. 调节锁模力 3. 修理模具 4. 清洗模具 5. 降低料温 6. 调整模具或磨平
3	熔合纹明显	1. 料温太低 2. 模温低 3. 脱模剂太多 4. 注射压力低 5. 注射速度小 6. 加料不足 7. 模具排气不良	1. 提高料温 2. 提高模温 3. 减少脱模剂 4. 提高注射压力 5. 增大注射速度 6. 加足料 7. 修理模具排气孔
4	黑点及条纹	1. 料温高，并分解 2. 料筒或喷嘴结合不严 3. 模具排气不良 4. 染色不均匀 5. 物料中混有深色物	1. 降低料温 2. 修理结合处，除去死角 3. 改善模具排气 4. 重新染色 5. 去除物料中深色物
5	银丝、斑纹	1. 料温过高，料分解物进入模腔 2. 原料含水分高，成型时汽化 3. 原料含有易挥发物	1. 迅速降低料温 2. 进行原料预热或干燥 3. 控制原料各比例

（续）

序号	塑件成型缺陷	产 生 原 因	解 决 措 施
6	塑件变形	1. 冷却时间短 2. 模具顶出力不均匀 3. 模温太高 4. 塑件内应力太大 5. 模具冷却不均匀 6. 塑件厚薄不均匀	1. 加大冷却时间 2. 重新布置模具顶杆 3. 降低模温 4. 消除塑件内应力 5. 改变模具水路 6. 修改塑件和模具
7	塑件脱皮、分层	1. 原料不纯 2. 不同原料混合 3. 原料中润滑剂过多 4. 塑化不均匀 5. 原料混入异物 6. 模具浇口断面尺寸太小 7. 成型保压时间过短	1. 净化原料 2. 使用同级或同牌号原料 3. 减少原料中的润滑剂 4. 增加注射机塑化能力 5. 去除原料异物 6. 重加工模具浇口 7. 延长成型保压时间
8	裂纹	1. 模温太低 2. 塑件冷却时间太长 3. 塑件与金属嵌件收缩率不同 4. 模具顶杆布置不当,顶出截面积小或分布不当 5. 塑件脱模斜度小,脱模困难	1. 提高模具温度 2. 减少冷却时间 3. 预热金属嵌件 4. 重新布置顶杆,增加顶杆数量 5. 加大塑件脱模斜度
9	塑件表面有波纹	1. 料温低,流动性差 2. 注射压力不当 3. 模具温度低 4. 注射速度太小 5. 模具浇口断面尺寸太小	1. 提高料温 2. 调整注射压力 3. 提高模具温度 4. 提高注射速度 5. 重加工模具浇口
10	塑件脆、强度低	1. 料温太高,塑料分解 2. 塑料嵌件处内应力过大 3. 原料回用次数多 4. 原料水分太多	1. 降低料温,控制原料在料筒内的滞留时间 2. 预热嵌件,保证嵌件周围有一定厚度的塑料 3. 减少回用次数 4. 预热或干燥原料
11	脱模困难	1. 模具顶出机构结构不良 2. 模具型腔脱模斜度小 3. 模具型腔温度不当 4. 模具型腔有接缝或存料 5. 成型周期不当 6. 模具型芯无进气孔	1. 改善模具顶出机构结构 2. 加大模具型腔脱模斜度 3. 严格控制模具型腔温度 4. 清理模具型腔 5. 调整成型周期 6. 增设模具型芯进气孔
12	塑件尺寸不稳定	1. 注射机电路或油路系统不稳 2. 成型周期不一致 3. 成型温度、时间、压力变化 4. 原料颗粒大小不均	1. 维修注射机电路或油路 2. 控制成型周期,使其一致 3. 调节成型工艺参数,使其保持稳定 4. 使用颗粒大小均匀的原料

 任务实施

端盖推件板推出的两板注射模与注射机的安装方法和步骤

1. 塑料模安装

（1）选择注射机　根据端盖推件板推出的两板注射模外形尺寸 300mm × 250mm × 230mm、合模距离 200mm 及顶出行程 120mm，选择 XS-ZY-125 型注射机。

（2）确定压紧方式　该模具动、定模板无螺栓安装孔，采用压板、螺栓压紧。

（3）调节注射机合模行程　利用注射机调模按钮，调节注射机移动模板、固定模板之间的距离，使注射机移动模板、固定模板之间的距离为 201～202mm。

（4）安装模具　在注射机拉杆间吊入整套模具，使模具定位圈进入注射机固定板定位孔，以极慢的速度合模，分别用螺栓、压板初步压紧动、定模座板，调小注射机合模行程，使模具刚好被注射机两块模板压紧，拆去吊模用吊钩。在模具达到规定温度后校正合模松紧程度，最后，接通冷却水管。

（5）开模　按注射机调节模板按钮，使模板处于塑件及浇注系统取出方便的最佳位置，再确定"高压锁模""低压保护""快速运动""慢速运动"四个接近开关的位置，调整相应压力阀至可移动模板的最小压力。

（6）调整注射机顶出行程　起动注射机使移动模板到停止位置，调节注射机顶杆长度，使模具上推板和推杆之间的距离 >5mm，调节注射机行程开关，使顶杆能顶出模具为止。

2. 塑料模试模

将注射机喷嘴与模具主流道脱开，用较低的注射压力，使塑料自喷嘴中缓慢地流出，观察料流。如果没有冷料头、气泡、银丝、变色，且料流光滑明亮，则开机试模。

由于本塑件材料为 PP，黏度小，壁薄且面积大，故采用高速注射。

采用较快的螺杆转速和略高的背压。当喷嘴温度合适时，可固定喷嘴以提高生产率。

 任务拓展

图 6-6-23 所示为衬套两板侧浇口推管推出注射模，塑件材料为 PVC，外形尺寸为 200mm × 150mm × 100mm，合模距离为 100mm，顶出行程为 50mm，进行衬套两板侧浇口推管推出注射模的安装与试模。

1. 塑料模安装

（1）选择注射机　根据衬套两板侧浇口推管推出注射模外形尺寸 200mm × 150mm × 100mm、合模距离 100mm 及顶出行程 50mm，选择 XS-Z-60 型注射机。

（2）确定压紧方式　根据模具动、定模座板设有安装孔，采用双头螺柱加螺母压紧模具。

（3）调节注射机合模行程　利用 XS-Z-60 型注射机调模按钮，调节注射机移动模板、固定模板之间的距离，使其大于模具合模行程 1～2mm。

（4）安装模具　在 XS-Z-60 型注射机拉杆间吊入整套模具，使模具定位圈进入注射机固定板定位孔，以极慢的速度合模，分别用螺栓、压板初步压紧动、定模座板，调小注射机合模行程，使模具刚好被注射机两块模板压紧，拆去吊模用吊钩。对需要加热的模具，应在模具达到规定温度后再校正合模的松紧程度。最后，接通冷却水管或加热线路。

（5）开模　按注射机调节模板按钮，使模板处于塑件及浇注系统取出方便的最佳位置，再确定"高压锁模""低压保护""快速运动""慢速运动"四个接近开关的位置，调整相应压力阀至可移动模板的最小压力。

（6）调整注射机顶出行程 起动注射机使移动模板到停止位置，调节注射机顶杆长度，使模具上推板和推杆之间的距离＞5mm，以免顶坏模具，同时调节注射机行程开关，使顶杆能顶出模具为止。

2. 塑料模试模

将注射机喷嘴与模具主流道脱开，用较低的注射压力，使塑料自喷嘴中缓慢地流出，观察料流。如果没有冷料头、气泡、银丝、变色，且料流光滑明亮，则开机试模。

由于塑件 PV 是黏度高、热稳定性差的塑料，故用较慢的螺杆转速和略低的背压加料及预塑，若喷嘴温度合适，可固定喷嘴以提高生产率；当喷嘴温度太低或太高时，宜在每次注射后向后移动喷嘴。

 思考与练习

一、填空题

1. 模具装配完成后，在交付生产之前，应进行_____，既可检查模具在制造上_____，并查明原因_____，又可以对模具设计的合理性进行_____并对成型工艺条件进行探索，有益于模具设计和成型_____的提高。

2. 在注射机拉杆间调入整套模具，使模具定位圈进入注射机固定板_____，以极慢的速度合模，分别用螺栓、压板初步压紧动、定模座板，调小注射机_____，使模具刚好被注射机两块模板压紧，拆去吊模用吊钩。对需要加热的模具，应在模具达到_____后再校正合模的松紧程度。最后，_____冷却水管或加热线路。

二、简答题

1. 塑件形状欠缺有哪些解决措施？
2. 怎样判断注射机料筒和喷嘴温度是否合适？

参 考 文 献

[1]　谭海林. 模具制造技术［M］. 北京：机械工业出版社，2009.

[2]　刘航. 模具制造技术［M］. 北京：机械工业出版社，2011.

[3]　刘明. 模具制造工艺学［M］. 北京：机械工业出版社，2008.

[4]　夏致斌. 模具制造钳工［M］. 北京：清华大学出版社，2009.

[5]　方世杰. 模具制造工艺学［M］. 南京：南京大学出版社，2011.

[6]　李云程. 模具制造工艺学［M］. 北京：机械工业出版社，2007.

[7]　腾宏春. 模具制造工艺学［M］. 大连：大连理工大学出版社，2009.

[8]　林承全. 模具制造技术［M］. 北京：清华大学出版社，2010.

[9]　宋满仓. 模具制造工艺［M］. 北京：电子工业出版社，2010.

[10]　王立华. 模具制造实训［M］. 北京：清华大学出版社，2006.

[11]　胡彦辉. 模具制造工艺学［M］. 重庆：重庆大学出版社，2005.

[12]　鲁昌国，何冰强. 机械制造技术［M］. 大连：大连理工大学出版社，2009.

[13]　陈磊. 机械制造工艺［M］. 北京：北京理工大学出版社，2010.

[14]　孙庆群. 机械加工技术及设备［M］. 北京：机械工业出版社，2012.